JN169579

国家と石綿（せきめん）

永尾俊彦
NAGAO Toshihiko

ルポ・アスベスト被害者
「息ほしき人々」の闘い

現代書館

国家と石綿（せきめん）＊目次

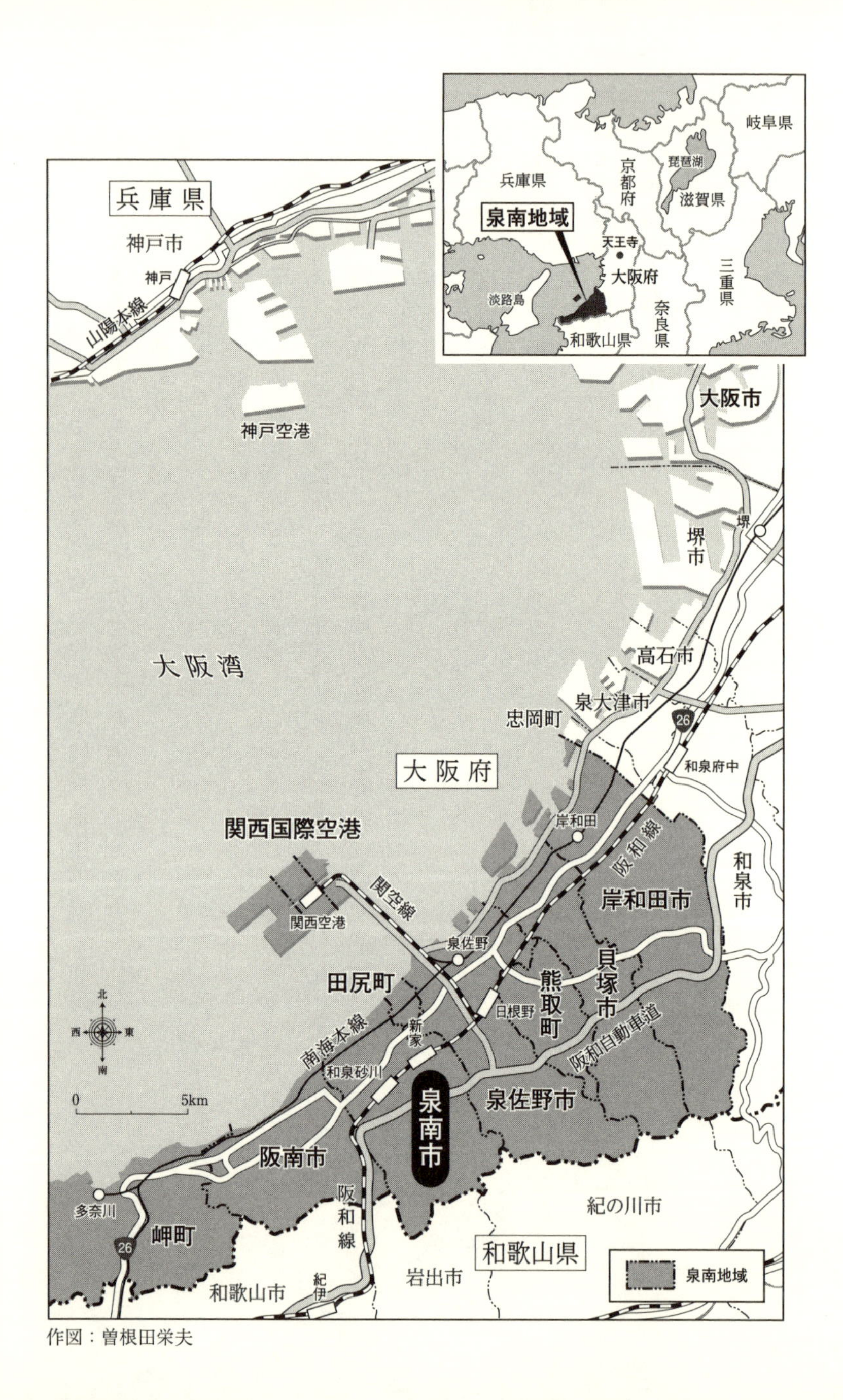
兵庫県
神戸市
神戸
山陽本線
神戸空港
大阪湾
大阪府
関西国際空港
関西空港
関空線
泉佐野
田尻町
南海本線
新家
和泉砂川
日根野
熊取町
貝塚市
岸和田市
岸和田
阪和線
阪和自動車道
泉佐野市
泉南市
阪南市
多奈川
岬町
阪和線
紀伊
和歌山市
岩出市
和歌山県
紀の川市
泉南地域
和泉市
和泉府中
忠岡町
泉大津市
高石市
堺市
堺
大阪市
26
北
西
東
南
0
5km
岐阜県
兵庫県
京都府
琵琶湖
滋賀県
泉南地域
天王寺
大阪府
三重県
淡路島
奈良県
和歌山県
作図：曽根田栄夫

まえがき　～歴史から黙殺されていた人々が歴史を創った記録～

見ようとしなければ見えない現実がある。同様に、見ようとしなければ見えない歴史もある。
石綿（せきめん）産業の歴史とは、まさしく見ようとしなければ見えない歴史だった。

石炭産業や鉄鋼産業などと並び、明治以降の日本の近代化や工業化を支えた重要な産業の一つが石綿産業であった。たとえば、工場のボイラーの断熱材やパイプのパッキン（詰め物）に石綿製品は不可欠だった。石綿がなければ工場は動かないのだ。

にもかかわらず、石綿問題の取材を始めてから、石綿産業の歴史を調べようと資料を探したが、その歴史についてのまとまった書物や研究書がほとんどないことに驚いた。

統計書などでも、石綿紡織業が独立した業種に産業分類されておらず、紡織業や窯業（ようぎょう）（窯（かま）を使用して陶磁器やガラス製品などを製造する工業）の中に含まれている場合もあった。石炭産業や鉄鋼産業については膨大な文献の蓄積があるのに、石綿産業の歴史は黙殺されるかのように日本の近代史からすっぽり欠落していた。その被害も一般には知られていなかった。

二〇〇五年、「クボタショック」が起きる。農機具メーカー・クボタの兵庫県尼崎市にあった工場の周辺住民が、飛散した石綿で中皮腫というがんを発症して亡くなっている「石綿公害」が発覚したのだ。この工場では石綿で強度を強めた水道管を製造していた。

以後、全国各地で石綿による被害が続々と明らかになっていく。

当初は、わたしも尼崎のクボタの被害者の取材をしていた。その後、泉南地域にも被害者が多数いるらしいと聞き、泉南の取材も始めた。おそらく、クボタショックがなければ泉南の石綿産業の歴史と被害の実態は埋もれたままだっただろう。

そのクボタショックのあった二〇〇五年に、日本で最初の石綿工場である栄屋石綿紡織所が廃業し、泉南の石綿産業は一世紀の歴史に幕をおろした。

今、泉南地域のかつての石綿工場の多くは、駐車場やパチンコ店などになっている。被害者も次々に亡くなっている。

とはいえ、まだ存命の人もいるし、遺族もいる。支援者や弁護士らは被害者や遺族を探し出し、聞き取り調査を始めた。被害者や遺族が語ることで、少しずつ泉南の石綿被害の実態や石綿産業の歴史もつまびらかになってきた。同時に、弁護士や支援者、研究者らの調査によって国策としての石綿産業の歴史や国の責任も明らかになってきた。

泉南は、日本の石綿紡織業の発祥の地で、在日朝鮮人や同和地区の人々、離島やへき地の出身者、炭鉱離職者などが多数働いていた。中には文字すら読めない人もいた。そのような貧しく仕事を選べなかった人々が泉南に吸い寄せられるようにして集まってくる構造があった。

そして、国は戦前から泉南の石綿工場の被害のすざまじい実態を調査し、よく把握していた。

しかし、有効な対策をとらなかった。労働者や石綿工場の近隣住民らは石綿の病を得て普通に呼吸することすらできずに亡くなっていき、あるいは息も絶え絶えに苦しんでいた。

このような差別の上に石綿産業はあり、わが国の近代化があった。しかも他産業と違って歴史すら残されず、黙殺されていた。これ以上の差別があるだろうか。この点で、石綿産業は日本の近代化の象徴と言えるかもしれない。

だが、「息ほしき」人々は立ちあがった。

二〇〇六年、被害者と遺族は国の責任を問う「大阪泉南石綿国家賠償請求訴訟」を提訴した。

そして、弁護士、支援者と共に闘い、見事に歴史的な勝利を収めた。

本書は、歴史から黙殺されていた人々が立ち上がり、歴史を語り、歴史を創った記録だ。

※石綿の読み方については、「せきめん」と「イシワタ」の二通りがある。一般的には「せきめん」なので、題名「国家と石綿（せきめん）」はそれに従った。ただ、泉南地域の石綿工場の元労働者は「イシワタ」と言う場合が多く、第一章は地元泉南と石綿労働者の置かれた特殊な構造に力点があるので、「国家とイシワタ」とした。

第一章　国家とイシワタ

石綿の王者

羽田空港を飛び立った飛行機は、一時間ほどで関西空港に近づき、着陸態勢に入った。紀伊半島から大阪府南部の泉南地域(注1)にかけて次第に高度を下げていく。機上から見下ろすと、雲の切れ目から大小数多くのため池が目に入る。

飛行機は、間もなく大阪湾に浮かぶ人工島の関西空港に着陸した。

大阪湾に面した泉南地域は、瀬戸内海の東端に位置し、瀬戸内気候で雨が少ない。それで、農業の水源はため池に頼ってきた。

少雨は綿花の生育に適している。約四五〇年前の天正年間から、泉南では綿花を栽培し、布を生産していた。江戸時代には「和泉木綿(いずみもめん)」として全国的に販売された。

明治に入ると輸入綿花が増え、また生産性の高い織機(しょっき)も発明されて、泉南は糸を紡(つむ)ぎ、布を織る一大産地となった。

石綿（せきめん）の原石

明治の終わり、この地を栄屋誠貴（一八六九〜一九三二年）という人物が訪れる。誠貴は、現在の愛媛県松山市に生まれた。

当初は軍人を志し、後に陸軍大将になる白川義則と共に大阪に出る。だが、近眼だったので軍人はあきらめ、一八九四（明治二七）年、同郷の愛媛県出身の久保貢とボイラーなどの熱を保つための石綿保温材を売る「久栄商店」を大阪市内に設立した。だが、当時の石綿保温材は、まだ酸化マグネシウムまたはけい藻土に、大鋸屑を混入した粉状石綿にすぎなかった[1]。

とはいえ、この石綿の将来性に着目した点に、誠貴の慧眼がある。

石綿（せきめん／イシワタ）は、英語ではAsbestos（アスベスト）だが、「永久不滅」「消えない炎」を意味するギリシャ語が語源だ。古代エジプトではミイラを包む布に、ギリシャやローマではランプの芯に利用されたといわれる。一九世紀から二〇世紀にかけて工業化が進展して石綿の需要が高まり、またこの頃カナダやロシア、南アフリカで石綿の鉱山開発が進んだことから世界の石綿産業は急成長をとげる。国内では良質の石綿は採掘できず、ほぼ輸入に頼っていた。

石綿は、天然の鉱物だが、石綿原石をほぐすと植物の綿のように柔らかくなり、糸のように紡ぎ、布のように織れるからさまざまな製品に利用できる。

石綿は燃えず、耐熱性や保温性が高いことから発生する蒸気を冷

栄屋誠貴

やさないよう戦艦や工場などのボイラーを覆うのに不可欠だし、摩擦に強いので戦車や戦闘機、自動車のブレーキなどにも欠かせない。また、酸に強く腐らないので化学工場などのパイプの被覆材やパイプの継ぎ目の詰め物にも重宝だ。さらに電気も通さないので電線の被覆にも適している。しかも安価だ。まさに「奇跡の鉱物」と言われるゆえんだ（石綿が工業化に不可欠の「奇跡の鉱物」だというのは通説だが、これへの疑問は第三章で紹介する）。

折しも、「富国強兵・殖産興業」が明治政府の国策だった。戦争遂行や工業化になくてはならないもの、それが石綿だと誠貴は見抜いていたのだろう。

一八九四～五年の日清戦争で、日本海軍は清の軍艦「鎮遠」を捕獲した。

「この軍艦はドイツで建造された最新鋭の戦艦であり、その機関部には石綿を主材とする優秀なパッキン類や保温材が使用されていることが判明した」(2)。パッキンとは、機器類やパイプなどの接合部分に使われる詰め物のことだ。

当時、海軍は国産初の軍艦「宮古」を建造しようとしていたが、国内メーカーにはまだボイラー用のパッキンと保温材を製造するための石綿の紡織（糸を紡ぎ、布を織ること）技術がなかった。

「海軍当局は、国内に有力な石綿製品メーカーの出現を強く要請した。この海軍側の強い要請にこたえ、明治二九（一八九六）年四月九日、久保貢、栄屋誠貴共同出資の久栄商店の事業を引き継いで大阪府西成郡下福島村に日本アスベスト株式会社が創設され、当初はもっぱら保温材生産に主力を注ぎ、数年後にようやくパッキン類の製造に着手したのである[3]」

かつての石綿メーカー大手で、現在も工業用パッキン大手の日本バルカー工業株式会社の社史はこう記す。

ここで注目したいのは、「海軍側の強い要請にこたえ」、創設されたのが日本アスベスト（現ニチアス）株式会社だという事実である。

この点、同社の社史も、「わが国工業社会の始動期において、保温、断熱材への軍需を中心とする官需および一部基幹民需の強い要求があった[4]」と同社設立の背景を記している。

このように、石綿産業はその始まりから軍と強く結びついていた。それは、国策と結びついていたということでもある。

一八九六（明治二九）年、政府は一定の基準を満たした艦船に補助金を交付する造船奨励法を施行し、造船に欠かせない石綿産業への追い風になった。

誠貴の日本アスベストは、しかし、なかなか石綿紡織技術を確立できなかった。石綿は、柔らかいと言っても鉱物であり、また繊維も短く綿のように自由自在に糸を紡ぎ、布を織るのは難しい。

そこで誠貴が目をつけたのが、当時泉南地域で盛んだった紋羽（もんぱ）製造のための糸を紡ぐ機械「ガラ紡」だった。

紋羽とは、足袋の裏地や防寒用肌着などに使うため、ネルのように柔らかく起毛した綿織物だ。その紋羽製造のための「ガラ紡」が石綿糸の製造に転用できるとひらめいたのだ。

「ガラ紡とは唐紡（からぼう）即ち唐糸を引く機（はた）のことで支那式の紡機である。支那では早くからこの機械を使って落綿（おちわた）、屑綿（くずわた）等の毛足のみじかい綿を原料とし、水車によって運転した」[5]。日本では幕末の頃から三河（現在の愛知県）地方で使われるようになり、一八九七（明治三〇）年に泉南地域に導入された[6]。

他に、泉南には綿紡績工場（綿から糸を紡ぐ工場）が多く、石綿紡織のための「つなぎ」に使うクズ綿が入手しやすかったこと、綿紡績の熟練工が多く、工程が似ている石綿紡織業の労働力を確保しやすかったこと、輸入する石綿原料を荷揚げする大阪湾の堺港に近いこと、また稲作用のかんがい水路を活かして水車を動力に使えることなど石綿産業に有利な立地条件がそろっていた[7]。

このような泉南地域の特徴に、誠貴は目をつけた。

一九〇六（明治三九）年、誠貴は当時の紡績業の先進地・三河の岡崎を訪ね、ガラ紡から石綿糸を紡績する方法を研究、翌〇七（明治四〇）年に泉南郡北信達村（きたしんだちむら）に水車動力の工場を建設した[8]。

だが、所期の結果を得られず、日本アスベストはこの工場を誠貴に譲渡し、誠貴は同社を退社して工場経営に専心することになった。「栄屋石綿紡織所」の誕生である。この栄屋から、日本の石綿産業は始まる。

誠貴は、みずから三河を訪ねて研究しただけではなく、三河から泉南に来たガラ紡の専門家にもガラ紡で石綿糸を紡ぐ研究をしてもらったようだ。

「栄屋誠貴は（中略）、当時ガラ紡糸の技術家として三河より来たりし岩月留吉なる人に石綿を以てガラ紡糸の如き糸を紡ぎ得べく研究せしめたところ成功を見た」[9]

また、『泉南市史』はこう記す[10]。

「栄屋石綿もその創業期には生産面・市場面において克服せねばならぬ問題が多く、業績も伸び悩んでいたが、鋭意工夫研究を重ねるうちに優良なヤーン（紡糸）・パッキング（ママ）（組紐ともいい、ヤーンを長い袋状に編んだもの）・クロース（ママ）（ヤーンを織布したもの）などを製造できるようになった」

そして誠貴は、事業の「刷新改良に日夜励精（ママ）し、遂に優良品を製出して石綿紡績の王者となる」[11]。

このような誠貴の人物像について、泉南市で不動産管理業を営む柚岡一禎さんは、「今でいうベンチャー精神旺盛な人だったようやな」と語る。誠貴の妻は、柚岡さんの祖父・寿一の姉にあたる。

産業構造の転換期に、新しいビジネスに果敢に挑戦し、新市場を拓くのがベンチャー起業家だとすれば、誠貴はまさにその走りだということができるだろう。

そして、石綿の「王者」になった。

誠貴の業績はこう評価されている。

「栄屋によりアスベスト紡織技術が確立され、国産の紡織製品の製造が可能となり、その技術が各企業に伝わっていったものと考えられる。その点で日本のアスベスト産業にとって画期的な出来事であった[12]」

しかし、その石綿によって後日多くの人々が苦しむことになるとは、誠貴には思いもよらなかったことだろう。

艦上攻撃機「石綿号」

栄屋石綿は、戦争で大きく業績を伸ばす。

「大正三（一九一四）年八月、第一次世界大戦の勃発を契機としてわが国経済界は未曾有の好況に浴することとなり、栄屋石綿の製品の市場もにわかに大きく開けてきた」[13]。戦艦のボイラーや蒸気パイプなどの保温材、隔壁の防火材、各種車両のブレーキなどさまざまな用途に石綿は使われた。

「大阪は（明治）二〇年代前半において紡績業の全国的中心となり、やがて造船や海運業においても大拠点の地位を占めるようになり、〝工都〟の名で呼ばれるようになった」[14]。造船業や海運業は、石綿製品の最大の需要家だ。

また、「ドイツの潜水艦が地中海、印度洋方面に出没したので、東洋や南洋から欧州諸国の商品が姿を消し、これに代って日本商品がはいることになり、わが国経済界は空前絶後の繁栄をみた」[15]という面もあるようだ。

このように、軍需と戦況に付随する市場の拡大で栄屋をはじめとする泉南の石綿紡織業は成長した。『泉南記要（ママ）』一九二六（大正一五）年版には、泉南郡に当時すでに八つの石綿工場があったと記載されている[16]。

柚岡さんの自宅前の紀州街道沿いに石綿工場が建ち並び、戦前から戦後にかけて「イシワタ村」と俗称されていた。

同じ『泉南記要』の一九一七（大正六）年版には、当時の栄屋は「大正三年七月欧州戦乱以来特に好影響を受けて益々事業を拡（ひろ）め現今一〇〇人の職工を使用し（中略）、総価額二七万円を算する」（旧字を新字に改変、以下同）とある[17]。柚岡さんは、当時はアンパンが二銭だったので、現在は一〇〇円として単純に換算すると、「一三億五〇〇〇万円の売り上げがあったことになる」と推定する。

柚岡さんの祖父寿一の姉は大阪市内で旦那衆相手の料亭を切り盛りしていたが、誠貫に見初められ、結婚する。その姉が、気が多くて一旗揚げたがっていた弟の寿一を案じて栄屋で修業をさせたようだ。

「やんちゃくれ」で人に使われるのが嫌だった寿一は、修業後一九二一（大正一〇）年、泉南郡東信達(ひがししんだち)村(むら)に柚岡石綿紡毛工場を設立して、独立した。しかし、誠貴の恩は忘れてはいなかった。

「祖父は、自分の子どもの名前に長男の正一以外は、栄屋誠貴の名前から一字ずつとって栄一、屋一(やいち)、誠一と名付けています。誠貴に恩義を感じていたんやろな」

昭和初期には、生産方式がガラ紡から西洋式に切り替えられ、泉南の石綿紡織品の生産量は飛躍的に増大した。

柚岡石綿は、戦時色が強まる中、一九三七（昭和一二）年には合資会社になり、弥栄(やえい)石綿工業所に名称を変更している。「大日本帝国」がますます栄えることを願っての改名のようだ。

柚岡石綿紡毛工場を設立した柚岡寿一（柚岡一禎さんの祖父）と四人の子ども。左から、正一、栄一、誠一、屋一。栄一は当時珍しかった靴をはいている。1925（大正 14）年頃

二〇〇七年七月に、弥栄石綿で働いていた一九一八（大正七）年生まれの田中ヱキ子さん（二〇一一年に九三歳で死去）宅を柚岡さんと共に訪ねた。柚岡さんは、昭和一四（一九三九）年七月七日と日付の入った弥栄石綿の労働者と経営者らの集合写真（カバー裏写真）を持参した。

この日は、日中全面戦争の発端と

なった盧溝橋事件から二年目にあたり、日の丸を掲げ、工場前で記念撮影をしたようだ。

ヱキ子さんはその写真を見て、子どもを除く労働者三一人中、日本人二〇人、朝鮮人九人、不明二人と識別した。高齢だが鮮明な記憶力を持つヱキ子さんは、「朝鮮人は誇り高く、よう働いた」とふり返った。出身は、ほとんど今の韓国南部の慶尚南道(けいしょうなんどう)だったという。親戚同士で呼びあって日本に来るケースが多かったそうだ。

一九一〇(明治四三)年、日本は朝鮮を植民地にした。多くの農民が土地を失い、職を求めて日本に渡ってきた。

この写真が撮られた一九三九年には国民徴用令が制定され、中国での戦線の拡大にともない、男子の多くは前線に送られた。そして、不足した労働力を補うために朝鮮半島から強制連行(政府計画に基づき本人の意志にかかわりなく労働者としての朝鮮人を動員したこと)[18]によって朝鮮人が連れて来られ、すでに日本に定住していた朝鮮人も強制労働に動員された。

岸和田高校の日本史の教師だった横山篤夫(よこやまあつお)氏の『戦時下の社会~大阪の一隅から~』(岩田書院)によれば、『大阪府警察統計書』から「泉南地方全体で在住朝鮮人が七〇〇〇人を超えるのは一九四〇年からで、以後統計の残っている一九四二年までに急増し、一万人になっている」とされる。

泉南地域でも、特に尾崎署管内の朝鮮人男子は一九四〇年に前年の二二九人から四倍以上の九四九人になっている。「その原因は、野間宏氏の小説『真空地帯』にも描かれた川崎重工業株式会社(以下「川重」と略記)泉州工場が、大阪府の最南端多奈川(たながわ)(現泉南郡岬町)に建設されたからである」という。[19]

また、横山氏も調査に参加した大阪府朝鮮人強制連行真相調査団の『泉南における朝鮮人強制連行と強制労働』(一九九一年)によれば、「川重」泉州工場以外にも、泉南地域にあった泉佐野飛行場や田奈川トンネル（岬町）の建設などでも「強制連行」された朝鮮人多数が働かされていた。

同書では、現在の泉佐野市に朝鮮人飯場があったのを覚えている地元の日本人K氏の証言として「当時、現在の泉南市付近の石綿工場などで、低賃金、劣悪労働条件で多数の朝鮮人が働いており、そこよりましだということで（強制労働の飯場に）移った人たちもいたのでは[20]」との推測が記されている。

わたしの取材でも、本書第二章三節「アリ地獄」で詳述するが、泉南の石綿工場で多くの朝鮮半島出身の人々が働いていたことは確認した。だが、「強制連行」で朝鮮半島から連れて来られた人々が泉南の石綿工場でも働いていたという証言は得られなかった。

ヱキ子さんは、他に同和地区の人々も数多く働きに来ていたと証言した。

弥栄石綿は、水車で石綿原石を砕き、石綿糸、石綿布、石綿ロープなどを製造し、すべて日本アスベストに納品していた。

泉南の石綿工場は、「鉄道の布設（ママ）・軍備の増強特に建艦の増設（ママ）は石綿界の盛況となり、次いで太平洋戦争となるや、海軍省、鉄道省、航空会社等の下請工場として、その納品に忙殺される程であった[21]」。

栄屋は二〇〇五年に廃業したが、廃業前の同社のホームページには同社の石綿製品が「戦前は、海軍省、鉄道省の指定工場として戦艦大和を初めとする多くの日本船舶に使用された実績があります」と誇らしげに記されていた。

日本バルカー工業の社史によれば、「海軍の指定工場になることは、その工場が技術的にすぐれていることを証明する〝金看板〟のようなものであった。したがって、各メーカーは、指定工場の登録に熱意を傾けたのであった[22]」という。

日本アスベストもアジア太平洋戦争では、軍需工場に指定され、軍部、特に海軍と結びついて業績を

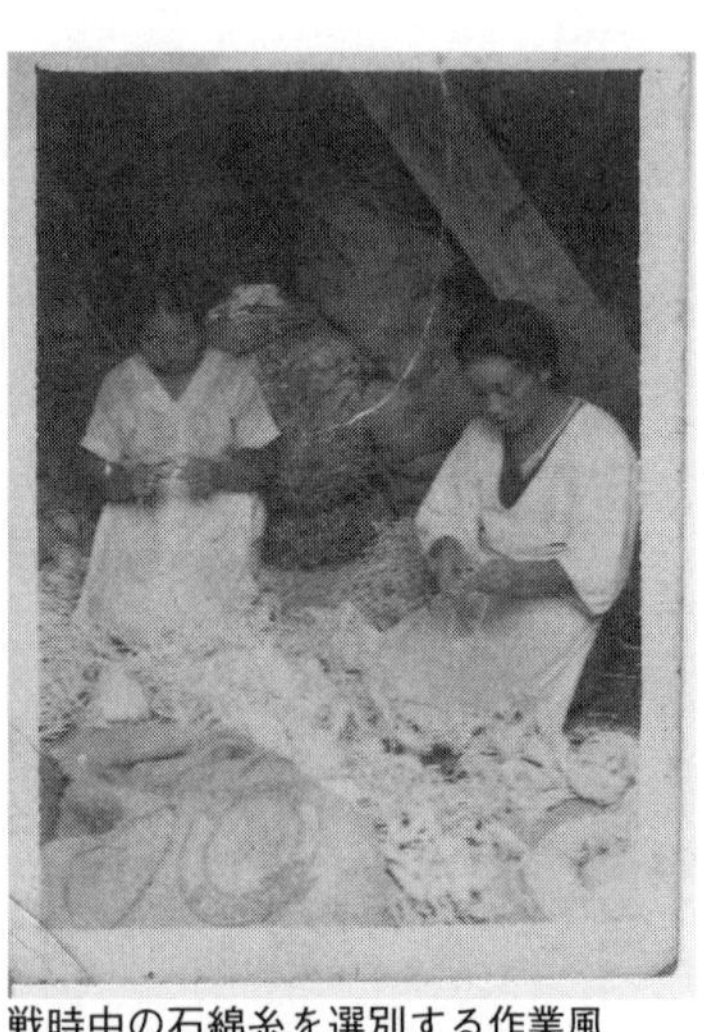

戦時中の石綿糸を選別する作業風景、左が柚岡一禎さんの祖母・くら

大きく伸ばした。戦後もわが国石綿業界最大手として君臨し、一九八一年、社名をニチアスに変更、脱石綿の時代に入った現在も石綿を使わない断熱材や保温材のトップメーカーだ。

同社のトレードマークはトンボだ。それは、「わが日本国は『あきずしま』（秋津州、秋津島など）と表現されており、トンボが、わが国の日本を意味したことによるものであろう」という。[23] 国家と一体化して発展してきた同社の歴史を反映するマークだ。

開戦直前の一九四一（昭和一六）年一一月、石綿業界は「石綿号」と命名した艦上攻撃機を海軍に献納した。その献納式の写真（カバー表写真）は、柚岡さんが父正一のアルバムを整理していて見つけた。

献納する戦闘機を前に、戦闘服を着た操縦士とおぼしき人物や正装した人々約七〇人が写っている。柚岡さんの祖父寿一、父正一もいる。田中ヱキ子さんも参列しており、栄屋石綿、三好石綿など泉南の石綿工場の旦那衆もいたとヱキ子さんは証言した。右の方に「献納者　国際石綿産業株式会社　他一六六団体」と記された立看板らしきものも写っている。

朝日新聞がこの写真の背景を取材し、記事にしている。[24] それによると、戦時中は朝日新聞社なども含めて企業や業界団体、市民らの寄付で軍用機を献納する動きが広がっていたという。

「石綿号」は、空母に搭載される九七式艦上攻撃機で、四一年一一月一六日に大阪第二飛行場（現在の伊丹空港）で命名式があり、献納された。

「石綿でもうけさせてもらったお礼の意味もあったんやろ」と柚岡さんは考えている。まさに軍民一体となり、軍が始めた戦争を民間が支えた象徴が「石綿号」だった。

泉南の石綿産業は、戦争、そして国家と密接に結びついて発展した。

ブラックホール

戦時中に石綿輸入が途絶すると、軍部は国内や朝鮮半島、中国の石綿鉱山を開発してしのいだ。

戦後も、ＧＨＱ（連合国軍総司令部）による統制で石綿原料の輸入がしばらく途絶えた。やむなく、泉南の石綿工場は石綿の機械が使える太く荒い糸で織る毛布、カーテン、軍手などの特殊紡績（太糸紡績）に転換した。柚岡さんの父正一も特紡に替わった。ただ、栄一、誠一はその後も小規模ながら別の工場で石綿布などの生産を続けた。

石綿原料の輸入再開のため、一九四六年には商社を中心に日本石綿輸入協会が設立され、同年には日本石綿協会などの関係団体が結集して石綿輸入促進委員会が発足した。政府もＧＨＱに輸入要請をくり返した。

一九四九年に石綿原料の輸入が再開されると、泉南の日本人経営者が使い古した石綿紡織の機械をクズ鉄並の値段で買って零細な石綿工場を始めたのが在日韓国・朝鮮人だった。

泉南で石綿業を営んでいたある在日コリアンによれば、朝鮮半島出身の人々の中には、石綿の廃材を拾ってきて燃やし、石綿は燃えないので燃え残った石綿に石灰を混ぜ、スレート会社に売っていた人もいたという。

石綿のおかげで暮らしを立てることができた朝鮮半島出身者が、泉南には少なくなかった。だから、この在日コリアンは「石綿は貧乏人のええツール（道具）や。元手なしでできる」と言った。そして、「日本の産業を支えてきた誇りもある」と付け加えた。

彼らは泉南市の隣の現在の阪南市にも多く住み、中には男里川（おのさと）の人糞、牛糞の捨て場の近くの土手に工場を建てた者もいる。

戦前は泉南郡の紀州街道沿いにあった石綿工場が集中する通称「イシワタ村」も、戦後は現在の阪南市の山中川と金熊川（きんゆうじ）が合流して男里川になる地域に移った。柚岡さんらの調査では、わずか七〇〇メートル四方ほどの地域に一七もの石綿工場が集中していたという。

このように、戦前は地元の素封家（そほうか）が経営していた石綿工場は、戦後は在日韓国・朝鮮人が中心になる。

「もともと石綿産業は人のやりたがらない仕事だったが、そこに在日が絡むことでよりさげすまれるようになったと思う」と柚岡さんは説明する。そしてブラックホールのように在日コリアンや同和地区の人々、離島出身者や炭鉱離職者ら貧しい人々を吸い込む産業になっていく。

「戦前の『イシワタ村』という呼称には戦争遂行に不可欠の製品を造っていたから『お国のため』という誇りが込められていたが、戦後現在の阪南市に移ってからの『イシワタ村』には自虐的な意味も込められているのではないか」と柚岡さんは考えている。

戦後の食糧難の時代には食糧増産のために化学肥料（硫安）の需要が高まり、その生産に電解隔膜用の石綿布の需要が高まった。

ＧＨＱの占領下にあった当時の政府は、経済復興のために「傾斜生産方式」という経済政策をとった。

これは、限られた資金や資材を当時の基幹産業である鉄鋼、石炭、化学肥料、電力などの産業に重点的に配給し、増産をはかる政策だ。

そして、それらの基幹産業を支える石綿産業を育成するため、政府は石綿製品の需給計画を策定したり、石綿の輸入に一定の外貨を割り当てたりした。輸入元はカナダ、南アフリカ、ソ連などだった。また、ニッケル、コバルトなど国際的に供給のひっ迫している物質を政府みずから取得し、供給するために設けられた「緊要物質輸入基金特別会計」に民需用の石綿も加えられた。その理由について、当時の通商産業省通商振興局の石井由太郎経理部長はこう説明している。[25]

石綿のごときものにつきましては極めて強い政治的交渉を以て当る。且つ継続的に輸入いたしまする有力なる資力を持って契約いたしませんと輸入ができないのに対しまして、国内における実際の需要家は極めて多数の分散いたしました中小企業等でございます関係もありましてなかなか入って参らない。このような物に対しまして、本資金で石綿等を輸入いたしたいと考えているわけでございます。

中小企業等が多数の石綿産業では政治的交渉力も資力も乏しいから、特別会計で石綿輸入を政府がバックアップするというのである。だから、後に泉南の石綿被害者の国家賠償請求起訴にかかわることになる弁護団は、「石綿産業は、まさに国が種をまき、水と肥料を与え、育て上げたものなのです」と指摘している。[26]

他にも、政府は日本工業規格（ＪＩＳ）を定めて、石綿製品の品質向上と普及をはかった。

ここまで政府が石綿を重視する理由を、一九四七年の片山内閣に商工大臣として入閣した水谷長三郎は、社団法人・日本石綿協会の協会誌『石綿』に、「日本石綿協会の発展を祈る」と題し、こう書いている。[27]

石綿は稀有物質の一つでありこれが為め世界各国ともにその開発増産に力を傾倒している。其製品は食糧増産の鍵を握る硫安肥料の製造、化学工業発展の礎たる曹達工業等に於ける電解隔膜として必須の物質であるのみならず、輸送を司る船舶汽車、自動車の各部に又動力源たる各種の機関に不可欠のものであり一面防火建築資材鉄鋼に代る各種管の製造等凡そ全産業の動脈を構成する各種の重要部分に必ず見出される重要物質である。斯く観察すると石綿製品の良否は国運の進展上重大なる影響を与えるものであり関係業者の活動に俟つ分野は頗る広大である。

石綿製品の良否が、「国運の進展上重大なる影響を与える」とまで当時の商工大臣が認識していたことに注目しておきたい。

また、『泉州の地場産業』も、石綿製品を「殆んどの場合、一個の独立した製品としてでなく、外部からは見えにくい位置に部分品として組み込まれている」「だが、何れの場合においても不可欠の部品であり、機能的においても最重要品としての役割を担っている」と記している。[28]

ただ、「最重要」なのに表ではなく裏の、光が当たらない陰の産業なのである。それが石綿被害を文字通り「見えにくく」させた一因だ。

この点、同じ紡績であっても衣服になる糸を紡ぐ紡績業と石綿紡績業は大きく違う。

表に見える衣服の糸を紡ぐ紡績女工の劣悪な労働環境と健康被害には早くから警鐘が鳴らされてきた。この問題を告発した細井和喜蔵の名ルポルタージュ『女工哀史』が刊行されたのは一九二五（大正一四）年のことだ。

「人類に衣を着せるちょうい（という）と貴き『母性のいとなみ』、彼女はそれを苟めにも忘れたことがない。しかしわれわれは、二百万の母性が喀血に喘ぎながら織りなしてくれた『愛の衣』を纏っていることを忘れている」と細井は書いている。[29]「彼女」、つまり女工の劣悪な労働条件による「喀血」をわれわれが「忘れている」と細井は告発しているのだ。女工問題はその後も多くの研究者や記者が取り上げている。

石綿工場にも女工は多かった。そして、第三章第一節「お国のえらいさん」で詳述するが、すでに戦前に石綿肺などの深刻で甚大な被害が発生していた。

にもかかわらず、二〇〇五年の「クボタショック」まで石綿被害が埋もれてきたのは一体なぜなのだろうか。

衣服という表の目につく産業と、石綿という裏の目につかない産業の違いもあるのではないかと考えざるをえない。

「母性」「愛の衣」という言葉に象徴される詩的で美しいイメージも石綿産業には乏しい。せいぜい「産業を影（ママ）で支える〝裏方さん〟[30]」という程度だ。

また、泉南地域に石綿工場は多かったが、それ以上に紡績・紡織工場が多かった。泉佐野市のタオル、堺市のカーペット、そして泉南市の特殊紡績（太糸紡績）などが有名だ。その意味でも、石綿産業は「陰の産業」であった。

そして、この「陰の産業」という点が、泉南の石綿産業のブラックホールのような吸引力を強めた。

「工場（こうば）行き」

一九五〇年、朝鮮戦争が勃発、戦争特需で泉南の石綿産業は再び活況を呈した。またしても戦争で潤ったのだ。

そして、その後も高度経済成長という「国策」に乗って、泉南の石綿産業も高度成長する。石綿製品（石綿糸・布）の全国の生産数量は高度経済成長が始まった直後の一九五七年には二七〇七トンだったが、そのうち大阪は二〇六〇トンで七六％を占めた。[31] そして、大阪の石綿糸・布を生産する工場の大半は泉南にあった。

高度経済成長の終えん期の一九七二年は、全国の生産数量八三八七トンに対し大阪は四六六〇トンで五五・六％と大阪が占める割合は下がったが、生産数量は倍増以上になっている。[32]

戦争や国策と密接に結びつく石綿産業の基本的な性格は戦後も変わらなかった。

高度経済成長の中心になった鉄鋼、造船、機械、自動車、化学などの「重厚長大」の基幹産業のさまざまな箇所で「奇跡の鉱物」と言われた石綿が使われた。だから、石綿がなければ高度成長もなかったと言う人もいる。

さらに、高度経済成長期以後も石綿糸・布の生産数量は伸び続け、一九八〇年に全国で一万二八四八トン、大阪は九一〇五トンで七〇・九％を占めた。[33] この一九八〇年が全国・大阪ともに石綿糸・布の生産数量のピークで、以後増減はありながらも減っていく。

大阪府商工部『大阪の地場産業その2』（一九八一年）によると、原料の石綿はカナダ、南アフリカから大手商社を通じて輸入され、製品は①大手石綿企業向け②輸出向け③造船、化学工場等向けへほぼ三大別して流通していた[34]。

また、同書は「大阪石綿紡織工業組合の組合員四三社のほとんどは、大なり小なり輸出を扱っているといわれ、なかでも輸出専業が五〜六社もみられるなど、輸出割合の高いのが特徴である。輸出先は東南アジア、アルゼンチン、ルーマニアなどおよそ一〇カ国という。一方、製品の輸入は韓国から行われており、主として彼我の人件費差にもとづく低価格品である」としている[35]。

後述する畠山重信さん（六六頁）は、泉南の石綿工場で働いただけでなく、一九七三年頃から九八年頃まで近畿アスベストという会社で営業の経験もあるが、ルーマニアに石綿糸を輸出していたと証言した。また、一九七〇年代に泉南市で樫原工業所を経営していた樫原茂昭さんは、金線の入った石綿テープ（一テープ三〇メートル）を製造していたが、南米のチリやベネズエラの遊牧民が使うランプの芯として親会社を通して輸出していたそうだ。さらに、一九六〇年代に現在の泉佐野市で井上石綿工業所を経営していた井上國雄さん（一五九頁）は、水道管や船舶のパイプに巻き付ける断熱用の石綿ロープを伊藤忠、丸紅、イトマンなどの商社を通してシンガポールに輸出していたと証言した。

同書は、大阪石綿紡織工業組合の組合員四三社の内訳は、阪南町（一九九一年から阪南市）に一六、泉南市一一、岸和田市三、泉佐野市、貝塚市、岬町各一で泉南地域に集中していることが特徴だと記している[36]。

柚岡さんらの調査では、泉南地域には原料の石綿と綿などを混ぜる混綿から石綿糸、石綿布までを工場内で生産する一貫工場は七〇、下請けや内職程度の小規模作業所まで含めると二〇〇以上の工場があったことが分かっている。

これ以外にも内職や副業として石綿産業にかかわった人々がいた。同書では、「布についてはオリヤと呼ばれる下請けに、また紐やリボンは農家の副業的な家内工業にそれぞれ依存する関係にある」とされている[(37)]。

「オリヤ」とは織屋のことだ。前出の樫原茂明さんによれば、樫原工業所は製造した石綿製品を下請けの農家の「オリヤ」に出し、農家は一室に織機を二台置き、仕上げ作業をしてもらっていたという。石綿粉じんがひどかったが、除去する装置はなかったそうだ。

そのような「オリヤ」が泉南地域に一体何軒あったのか不明だが、石綿産業は農家の家計も支える地場産業になっていた。

街にはノコギリ屋根やトタン屋根の石綿工場が点在し、屋根や壁、窓の集じん装置からは石綿の綿くずがツララのように垂れ下がっていたという。このような光景が、住民がいつも目にする泉南の日常だった。

石綿工場の屋根に雪のように積もる石綿

「重厚長大」の巨大産業を支えた泉南の石綿工場は、しかし、労働者が百人規模の栄屋石綿や三好石綿は例外で、大半は数人から十数人程度の零細な事業所だった。

それは、「石綿製品は多品種少量の需要が多いことや石綿は繊維が短く、加工しにくいので目で見える範囲でしか管理ができず、大量生産には適さなかったからだ」と柚岡さんは指摘する。

こうした「重厚長大」産業とそれを陰で支える零細業者という産業の二重構造がある一方で、同じ石綿産業の中でもさらに一次加工、二次加工の二重構造があった。

大阪府立商工経済研究所が、一九六六年に石綿関連事業所の業態について聞き取り調査をした結果、泉南地域（泉南郡）にあった二九の事業所のうち「一次加工が主」が二八事業所を占め、残りの一事業所は「工事が主」で、「二次加工が主」「問屋が主」はゼロだった。

これに対して大阪市と他の市部の七七事業所では、「問屋が主」が二三、「二次加工が主」が二二、「一次加工が主」が一二、「工事が主」が一〇、「不明」が一〇という順番だった[38]。

泉南地域の大半の石綿業者は零細ゆえ、「二次加工」をほどこして付加価値をつける加工力などは乏しかった。

一九六五年の大阪府内の石綿製品製造業の事業所数は六六で、全国一八二の事業所数の約三六％を占めたが、付加価値額では全国七一億円に対して大阪府は一二億六九〇〇万円で約一八％と比率は半減する[39]。これは大阪府全体の数字なので、零細業者が集中していた泉南地域の付加価値額はさらに低かっただろう。

泉南地域で石綿糸・布の一次加工品の製造が盛んな理由について、同研究所の『大阪地場産業の実態――その10　石綿製品製造業』は、「高性能・多目的の機能が要求される需要部門では大手業者（ないしはその系列下請工場）で一貫生産された製品が使われるが、余り厳密な規格が要求されない部門、例えば町工場のボイラー用の巻糸などは、品質性能ではこれら（落ち綿混紡度の高い製品（ママ））で充分間にあっており、こうした部門ではむしろ価格面が問題にされるという事情もあり、低位品質とも言える製品が結構需要に見合っているのである」と記している[40]。

わたしの取材でも、泉南の石綿工場は、石綿原石から石綿糸、石綿布、石綿ロープなどを製造してニチアス、クボタなど大手企業に出荷し、二次加工をほどこされて大手ブランドの名称を冠して売られる物が多かったと数人の元石綿工場労働者や経営者から聞いた。

先進国と途上国の間の「南北問題」のような支配従属関係が、国内の大手と泉南の零細業者との間にもあった。


泉南地域の石綿業の事業規模が小さく、大半の事業者は自分も家族も現場に入る零細であること、そして、外注下請けの関係があり家内工業クラスの作業に依拠していたことは、最盛期の現象にとどまるものではなかった。石綿業がこの地に興って以来、栄屋など一部を除き続いて来た姿である。実はこのことが、泉南の石綿禍を表面に表れにくく、深く沈んだ状態にして来た最大の理由といえる。資力のない者にとって、粉塵除去装置に資金を掛ける余力はなかっただろうし、親方子方の親密な関係は、被害を隠蔽する方向に作用しただろうことは容易に想像できる

柚岡さんはこう書いている。(41) このような石綿工場で真っ白になって働く人々を、地元住民の多くは「工場行き(こうばいき)」と呼び、「ようあんな汚い仕事してるなあ」という差別的な視線で見ていたという。石綿で肺を病んで死んでいく人が多いことは地元ではよく知られていた。「あの家は肺病持ちや」という噂話が人々の日常の会話の話題によくのぼった。

当時の思い出を、柚岡さんは石綿被害者や支援者、弁護士らで作るメーリングリストに次のように書いている(二〇一四年八月一〇日)。一部抜粋して紹介する。

柚岡さんが小学校三、四年生くらいの頃、自宅近くに住む女性が死んだ。その家の前は、学校への通

学路になっていた。

　ある日いつものようにあちこち寄り道しながら自宅に帰ると、母親が、今日はちがう道を通ったんやろうね、と尋ねる。なんで？　と聞くと、「いつもゆうてるやろ、あの家の前通るなって。肺病持ちのうちや。近づいたらうつるんや！」。

　腰が抜けたようになって、その場にへたり込んだのを覚えている。

　昭和二〇年代国民病だった「肺病」。今の肺結核だが、現在の癌以上に恐れられた。子供らにもその恐怖感はつきまとっていて、女の家の周辺が遊び場だった俺などは、「こうなったらもう死ぬしかない」と、子供心に観念したものだ。Yという家だった。夫も婆さんも終戦まで祖父の柚岡石綿で働き、戦後は別の石綿工場に移ったと聞いた。

　死んだ女はこの家の主婦で、痩せていて、青白い顔でいつも咳をしていたのを覚えている。確認のすべはないが、今から思えば石綿の病気だったのだろう。同じような話は町のほうぼうにあった。

　そして、続々と人が死んでいくのに、「しょせん『工場行き』の話で、自分には関係ないというのが地元の人々の意識ではなかったやろか」と柚岡さんはふり返える。

　しかし、かく言う柚岡さんも祖父寿一は「イシワタで長患いした」と祖母や母親からよく聞かされた。叔父の栄一は石綿肺、同じく叔父の誠一は肺がんで亡くなっているのである。

　それでも、肺を病む人が多いことを特に問題視はしなかった。それはあまりに日常的だったので、「仕事やからそんなこともあるやろ」と気にならなかったという。

よそ者の目から見ると異常でも、地元でその異常さがあたり前の生活を送っていると、異常を異常ととらえる感覚がマヒしてしまうのかもしれない。

あるいは、わたしたちの多くが近所の住宅やマンションなどの解体工事の粉じんがすさまじい現場で、防じんマスクすらつけずに働く労働者を見かけても注意を払わないのと同じような、下積みの人々への無関心、無意識の差別によるのかもしれない。

一九七一年、特定化学物質等障害予防規則（旧特化則）が制定されて石綿は有害物質の一つに指定され、石綿工場には莫大な設備投資が必要な局所排気装置の設置などが義務付けられた。

また、石綿を大量に使う鉄鋼、造船業の不況、中国や韓国からの安い石綿製品に押されて泉南の石綿工場は徐々に減り始める。

八七年には泉南の石綿工場は約三〇ほどに減った。同年、廃業した石綿業者が現在の阪南市の男里川（おのさと）の河原に石綿原料など約三〇〇トンを不法投棄する事件が起きた。

二〇〇〇年代に入ると石綿工場は九つ程度に減り、〇五年にはついに栄屋も廃業、泉南の石綿産業は一〇〇年、一世紀の歴史の幕を閉じた。

今、泉南地域を歩いても数軒の元石綿工場の建物が残っているだけで、かつての石綿の街の面影はほとんど見られない。

二〇〇五年六月、「クボタショック」が起きる。兵庫県尼崎市で石綿で強度を強めた水道管などを製造していたクボタの旧工場の周辺住民が、飛散した石綿が原因で死亡していたことが発覚した。工場内の労働者の労災と見られていた石綿被害が、工場外の一般住民にも被害を与えている「公害」でもあることが分かったのだ。

テレビや新聞は連日大報道を繰り広げた。そして、クボタ以外の石綿を扱っていた企業の労災と周辺住民の被害が徐々に明らかになっていった。

そして泉南の被害にも注目が集まるようになる。

だが、もし「クボタショック」がなかったら、泉南の底知れない石綿被害は人知れず歴史の闇に埋もれていたことは間違いない。

義賊

柚岡一禎さんは、一九四二年に泉南郡信達町(しんだちまち)で生まれた。石綿で財をなし、村会議員もつとめ、地元の名士だった祖父寿一を引き合いに、いろいろな人から「寿一さんの孫やのう」と言われ、可愛がられた。実家はそこそこ裕福だったので、敗戦後の物不足の時代でも不自由なく育った。

父正一は技術者タイプで、豪放で親分肌だった祖父寿一と違って温厚な性格でもあり、柚岡さんには何も言わなかった。身体が弱く、寝間でよく機械の図面を書いていたのを覚えている。

教育熱心な母光子は、柚岡さんに家庭教師をつけ、中学から地元ではなく、国鉄阪和線で一時間以上もかかる天王寺の公立中に通わせた。「勉強せえ」と口うるさかった。

両親の「工場主の息子」への期待をひしひしと感じた。「ええ大学に進学せなあかん」とプレッシャーを感じていた。

高校時代の柚岡さんは、天皇に忠誠心を感じるような右翼的な考えを持っていたという。六〇年安保の政治的な高揚前夜で、高校には左翼的な教師が多かった。それで、柚岡さんは一人で授業をボイコッ

厚労省前で石綿被害者の早期救済を訴える柚岡一禎さん（2014 年 5 月 28 日）

トしたこともある。ただ、それは思想的な問題というより教師も生徒も時代の流行に順応していたことへの反発だったようだ。

しかし、二年目の浪人中に予備校で出会った世界史の教師が、「権力や資本を持つ者が持たざる者を支配する」という「階級的」観点から歴史を説明するのを聞いて、柚岡さんは目からうろこが落ちたように感じた。特に、誰が資本を持っているかによって文化や人々の意識のあり方も決まってくるというような社会科学的なものの見方に感銘を受けた。

柚岡さんの育った地域には、関西有数の大きな同和地区があった。父親が経営していた紡績工場にも同和地区の人がいた。柚岡さんが小学生の頃、同和地区から来ていた労働者が井戸から桶で水を汲み、その水を洗面器に移さず、井戸桶の中で洟（はな）をかんだり、口をすすいだりした。紡績工場の責任者は、それをとがめた。すると、後で同和地区の人々が集団で抗議にきて責任者が殴られるという「事件」が起きた。父親は押しかけてきた人々と対峙して穏やかに解決したようだが、三人の叔父たちは後々まで「あいつらはそういうことを平気でするんや」と言っていた。叔父たちはそれぞれ石綿工場を経営し、「資本」を持っており、持たざる同和地区の人々への差別的な意識があったようだ。子どもの頃の柚岡さんも、同和地区の人々に恐怖を感じていた。

だが、予備校教師の授業でこのような差別的な意識も彼らが資本主義社会の最底辺に置かれているからではないかと考えるようになる。この構造を変えることで、差別もなくなるのではないか。

「そうやったんか。世の中、オレの思っとるんとちゃうな」

そして、社会主義に関心を持ち、「日本の皆様」で始まる北京放送を「ワクワクして」聴くようになる。子どもの頃から柚岡さんは『水滸伝』や『三国志』に親しみ、大陸的な茫洋とした世界で繰り広げられる英雄たちの物語に心惹かれていた。それで、京都大学文学部に入学後は、吉川幸次郎や小川環樹(おがわたまき)ら中国文学・史学の大家が集まっていた中国学の中国哲学科に進んだ。

しかし、当時ベトナム反戦や米国の公民権運動に触発され、日本でも学生運動が高揚しており、柚岡さんも学問より学生運動にのめり込んでいく。

「授業受けるより、世の中変える運動のほうが大事や」

共産党の学生運動団体民青(民主青年同盟)が中心の組織「統一派」に入った柚岡さんは、毛沢東に心酔していたので『実践論』や『矛盾論』の読書会を仲間と開いた。中国語を学び、文化大革命を見るため、当時行けなかった中国行きを計画した。だが、入国はかなわず、今もそのことを悔いている。労組にオルグに行ったり、「帰省運動」と称して、大学で学んだことを地域に返す運動にも参加した。家族や地元の人々を前に、「岸(信介元首相)や佐藤(栄作元首相)は反動や。日本はまた戦前に回帰しようとしている」などとブッたが、他人の言葉の受け売りなので誰も耳を貸さなかった。

また、子どもの頃から気になっていたのが部落問題だったので、入学間もなく「部落研」に参加した。最下層の部落を起点に日本を見ていくと、日本全体を理解することができると感じた。そこから、部落の解放こそ日本の変革の根底にあるべきだと考えるようになる。このことは、後の泉南石綿国家賠償請求訴訟の運動で、被害者に同和地区の人々や在日朝鮮人など社会を底辺で支えていた人々が多かったことから柚岡さんが熱心にかかわることにつながる。

毎晩京都最大の同和地区に通い、将来の解放運動のリーダーを育てようと子供会を組織し、子どもたち相手に勉強を教えたり、卓球をしたりした。

他方、精神的にも肉体的にも「自分は弱い」と自覚していたので、新渡戸稲造の『武士道』を読んで以来やりたかった剣道も始めた。

学生運動に部落解放運動、そして剣道に夢中になり、授業にはほとんど出なかった。

そのうち学生運動は暴力的になっていく。柚岡さんら「統一派」は、敵対していたブント（革命的共産主義者同盟）と五寸クギを打った角材で「どつき合う」ことも度々だった。

ただ、いろいろ理屈はつけるが、今からふり返れば両者共にただ「腹が立つからあばれる」というだけで、レーニンが言う「左翼小児病」にかかっていただけではないかと思う。

当時の柚岡さんは、ブントを叩きのめすことが日本を変えることにつながると考えていたわけではなかったが、次第にそれが自己目的化していく。

両者は学生の自治会をどちらが取るかで争っていた。剣道部だった柚岡さんは、「行動隊長」として先頭に立った。教養部のグラウンドで百人対百人の大乱闘を演じたこともある。

「叩き殺すぞ！」

すごんで角材を振り回した。

共産党にも入りたいと、申請書を出したが、なかなか許可されなかった。それは、「毛沢東に心酔している過激分子」と見られていたからではないかと柚岡さんは推測している。

申請から一年くらいたって、学部卒業前にようやく入党が認められた。栄えある共産党員として日本革命の一翼をになうんだという高揚感に包まれた。

学部卒業後は大学院に進み、全学院生協議会の書記長になった。奨学金の拡充、授業料の値上げ反対、学生食堂のメニューの改善など、「権力そのものにぶつかっていくべきだ」とするブントが小馬鹿にしてやらない学生の日常生活環境を整える地道な活動に取り組んだ。

その他、平和運動にも取り組み、ベトナム解放戦線の代表団が来日した際は、京大で支援の集会を開いた。その頃のことを、柚岡さんはこうふり返っている（二〇一三年一〇月九日メーリングリスト）。

——当時戦火のベトナムから解放戦線の代表が自分の大学に来たことがあった。日本各界の支援を呼びかけるためだ。血の気の多い俺などは、この機会に義勇兵としてベトナムに行くことを本気で思った。

同じようなことを考えた者が、別の代表団だったかに手紙を出して、兵士を募集するかどうか確かめたらしい。答えは「ふんどしを作る布がなくなった時はお願いするかもしれない」というものだった。事実ベトナムは世界の世論を味方につけて自力で戦い抜き、強大なアメリカに打ち勝った。

石綿（の被害者を支援する運動）をやってきて思うのだが、俺にはこの時の気分が今もつづいているようだ。

「世の中変えるには〈力〉しかない、時の権力や支配者に要請・期待したり、彼らを説得するなど幻想や」

現在の日本に「ベトナム」がそのまま適応する条件は有るはずもないと知りつつ、気分は今もベトナムなのだ。

「世の中を変えるには〈力〉しかない」

柚岡さんにとってその〈力〉とは、当時は直接的な「どつきあい」だった。そして、この考え方が、後述（第三章）する泉南石綿国賠訴訟の運動の中で、弁護団と柚岡さんが対立する原因にもなる。

京大で柚岡さんらと敵対していた関西ブントの塩見孝也氏は、後に「共産主義者同盟赤軍派」を結成、〈力〉による革命路線を突き進む。一九七〇年に塩見氏は直前に逮捕されたが、同じく京大生で「赤軍派」だった岡本武ら九人が日航機よど号をハイジャックし、北朝鮮に亡命した。

しかし、柚岡さんはその後次第に「どつきあいでは世の中変わらん」と考えるようになる。いくら学生が騒いでも高度経済成長で豊かになり始めた日本で革命など到底実現できそうにない。

「日本人は皆寝てるぞ、砂のような人々だ」

このような現実感覚が、塩見氏らと柚岡さんとの決定的な違いだったかもしれない。

柚岡さんは次第に学生運動からは遠ざかる。失恋したこともあり、まじめに勉強せず、研究者への道はあきらめて結局大学院は中退した。

共産党からは「不活動につき」という理由で除籍処分を受けた。特にショックでもなかった。

「全部ほうり出してちょっと違う人生を生きてやろうやないか」

一九六八年、二六歳の時に実家に戻り、泉大津で父が創業した糸の専門商社の仕事を始めた。

「実家に帰れば何とかなるやろという甘えがあった」という。

しかし、学生運動から「逃げた」という負い目は感じていた。京大闘争は、柚岡さんが大学を去った後の一九六九年から本格化したからだ。そして、一部をのぞき、かつての仲間の大半はまともに就職できなかった。

「脱走兵にも似たデカダンで自棄的な心境でした」

こういうじくじたる思いを今も抱いている。

その後、父が経営していた泉南市の特紡（太糸紡績）の工場「柚岡紡織所」に移った。

午前七時に出勤し、綿から糸にするまでの工程を地方出身の女工と同じ仕事をして覚えた。同じ物を食べ、共に働いた。

だが、一日一〇時間から一二時間に及ぶ過酷な労働なのに低賃金だった。社会保険には一応加入していたが、退職金はスズメの涙ほど。「搾取」「資本主義」……学生時代に観念的にとらえていた概念の実態を他でもない家業で肌で感じた。

「なんちゅう現場や。こんなこと、許されんぞ」

女工を集めて労働組合を組織し、民主的な会社にすべきだと考え、女工と話しあった。

だが、彼女たちの関心は流行の音楽であり、ボーイフレンドであり、少しでも給料のいい会社に移ることで、「その日を楽しく暮らせればいい」としか考えていないように当時の柚岡さんには感じられた。

「これはあかん」

学生時代に目指していた理念との矛盾に当初は苦しんだ。また、学生運動は困難な時代を迎えていたが、かつての友人は闘い続けていた。「魂を売ったような気分」になることもあった。

しかし日々の雑事にまぎれ、それもいつしか希薄になった。そして、次第に「カネの世界に入った以上は貪欲にもうけてやろう。いつか世の中のためになるような使い方をしたらええんや」

という理屈で自分の矛盾をごまかした。

大金持ちから盗み、貧しいものにバラまいた伝説の盗人・鼠小僧次郎吉のような「義賊」。

「そうや義賊という手もある。これで行ってやろうやないか」

柚岡さんは、岩本栄之助を尊敬しているという。岩本は、「北浜の風雲児」「義侠の相場師」と呼ばれた稀代の相場師で、相場で財を成す。明治末に渋沢栄一らと米国を視察した岩本は、大富豪が公共事業や慈善事業に積極的に私財を寄付していることを知り、感銘を受ける。そして、もうけた一〇〇万円を大阪市中央公会堂（北区中之島）の建設資金として寄付した。当時の一〇〇万円は、現在の数十億円に相当するだろう。

岩本は株で大損し、最後はピストルで自殺している。

だが、堂島川沿いに建つ大阪市中央公会堂（北区中之島）は、ネオルネッサンス様式の壮麗な建築で、現在は国の重要文化財に指定されており、大阪市のシンボルになっている。

このような相場師なりの倫理観に柚岡さんは感じ入った。

「鬼子」の正義感

ベトナム戦争の特需で、「柚岡紡織所」は繁盛していた。

ある日、工場で毛布やカーペットに使う特紡の糸ではない麻の混じった糸が製造されているのに柚岡さんは気づいた。

「なんに使うんやろ?」

父親は答えなかった。

後日、叔父がそれはベトナム戦争で戦死した米兵の遺体をくるむ「死体収納袋」向けの糸だと教えてくれた。

その時はショックを受けた。柚岡さんは、家業についてこう記している。

「戦前は戦闘機・軍艦向けの石綿布製造で、戦後は米軍向けの軍需物資で儲けた、血塗られた我が家の生業(なりわい)ではある」(前掲二〇一三年一〇月九日メーリングリスト)。

だが、ベトナム特需で連日紡機はフル稼働。

「こんなぼろい商売はない」

いつのまにか「死体収納袋」のことも忘れてしまった。

工場の仕事を一通り覚えると、父から製品を持って回る営業や売掛金の回収に行かされた。

長野県の取引先に売掛金の回収に行った時は、相手は取り込み詐欺のような男だったので、夜中に木刀を手に単身乗り込んだ。

泉大津の毛布業者に借金の取り立てに行くと、包丁を机に突き立て、「さあ殺せ」とタンカを切って開き直られた。

和泉市の取引先はリフトのつめにロープをかけて首を吊っていた。

「これで借金をゼロにしてください」という遺書を残して。

毎月手形が落ちるかどうかヒヤヒヤする。が、もうけたのか損したのかが数字でハッキリ出る。もうけてさえいれば何をしてもいい。他のことは何も考えなくていい。

「そういう毎日が、いつの間にかごっつうおもろいもんになって来た」

日常生活に埋没し、学生運動時代の理想も考えなくなってしまった。

安く使え、真面目に働く中卒の女工を集めに鹿児島に「人買い」にも行った。手土産を持って中学校を回って求人のビラを配った。

「寮があるし、夜学にも行けます。習い事をしている人も一杯います」などと「ウソ」を言って毎年二～三人の女工を雇い入れた。

寮があるのはウソではなかったが、十畳に八人を押し込んだ。一日九時間労働、二交代制のキツイ仕事では、夜間高校や習い事はまず無理だった。最盛期には六〇人ほどの労働者を雇っていた。

一九七一年、柚岡さんが二九歳の時に、父正一が亡くなり、特紡の工場経営を引き継ぐ。

翌七二年に地元の女性と結婚した。家庭的な人で柚岡さんの仕事に口出しをしたりはしない。そして、一男一女を授かる。

一九七〇年代に入る頃から泉南の綿紡績、特殊紡績は韓国、中国、パキスタンなどに追い上げられ、斜陽化していく。

柚岡さんの工場も売り上げが落ちてきた。そこで思い切って特紡事業を縮小し、整理した。それが結果として良かった。特紡を続けた業者は倒産し、担保として銀行に工場や自宅を取られた者が多かった。

「苦労していないから同業者のように商売に粘りがなかった」

こう柚岡さんは自己診断をしている。

祖父や父親から引き継いだ工場を整理していくことに対して、周囲の人々は、「三代目はあかんのう」と陰口を言いあっていた。

前述のように岩本栄之助を尊敬していた柚岡さんは、機械や工場の一部を売った資金で株を始める。もうかったこともある。だが、全体としては約二億円の大損だった。

柚岡家は、石綿紡織や特紡という物づくりで堅実に生きてきた家柄だ。二〇一二年に九三歳で死去した母光子は、相場取引に血眼（ちまなこ）になっている柚岡さんを「鬼子」と嘆いたことがあったという。

一九八二年には、カーテンやカーペットなどの製造から軍手製造に切り替えた。だが、中国の安価な製品に押され、二年ほどで見切りをつけた。特紡の機械を売って倉庫業と不動産管理業に替わった。

それで資金的な余裕ができたので、かねて考えていた剣道や空手、棒術などの武道を地元の若者や子どもたちに教える本格的な武道場を八四年に国鉄阪和線の和泉砂川駅そばに開いた。

なぜ道場を開いたのか（メーリングリスト二〇一四年八月二七日）。


武道・スポーツで肉体と精神を鍛えて、強い人間を作りたい、自分もそうなりたいと考えたのが一つの動機だ。もうひとつは、そこで育った者を自分の会社に入れて、会社を大きくする、強い組織を作ることだった。経営をガラス張りにし、利益は正当に分配する、家族のような信頼と共同の精神で、事業を進めたいと考えた。体のよい人手不足の解消策ではないかと言われるとつらいのだが、若い経営者がよく考える理想の組織づくりを、私なりに志向したつもりだった。


かつて女工相手に見た夢をもう一度実現しようとしたのだ。

ただ、柚岡さんは時代の変化に乗れず、会社を大きくすることはできなかった。結果として、この構想もいつの間にかついえてしまった。

しかし、当初は一〇〇人以上の会員を擁する府下でも有数の武道場に成長した。会員数は減ったが、今も続いている。

一九九六年、住友商事の社員が銅の不正取引をし、約二八五〇億円という巨額の損失を出した事件が発覚した。当時、柚岡さんは住商の株を二〇〇〇株ほど持っていた。株価は暴落した。

また、特紡の工場を経営していた頃、住友商事ではないが、商社には値段をたたくだけたたいていじめられた苦い経験もあった。多くの同業の零細業者も大資本の大手商社にしいたげられていた。柚岡さん自身も株主という「資本家」ではあったが、「資本主義は腐っているな」と思った。

それで、経営者の責任を問うべく、柚岡さんは同年六月二七日の株主総会に単身乗り込んだ。その時の様子は、奥村宏著『株主総会』(岩波新書)で紹介されている。(42)

「秋山さん、あなたねえ、(中略)どんな責任をとられますか」

この質問に社長は明確に答えなかったので、柚岡さんは再度手を挙げた。しかし、秋山富一社長は手を挙げているのは柚岡さんだけなのに無視。そのうち「総会終了」と宣言され、散会となってしまった。

質問をする株主を社員株主らが「議事進行!」を連発して露骨に妨害し、社員みんなで組織を守り、組織の不正の責任をウヤムヤにしようとする。このような日本企業特有の「シャンシャン総会」に柚岡さんは我慢がならなかった。それで、株主総会に出席したその足で知人の弁護士を訪ねて相談し、株主代表訴訟を起こすことに決めた。

翌一九九七年四月、柚岡さんは同社社長や取締役らが不正取引を未然に防止する義務を怠ったなどとして社長らに二〇〇〇億円余を同社に支払うよう求めて大阪地裁に提訴した。

そして、柚岡さんは弁護士や大学教授らでつくる市民団体「株主オンブズマン」に加わった。「株主および市民の立場から、企業に関する監視・調査・研究を通して、企業の健全な活動を推奨し、違法・不正な行為を是正する」のが目的だ。学生運動以来の眠っていた柚岡さんの正義感は、この運動で再び火がついた。

結局、住商相手の株主代表訴訟は大阪地裁で元取締役らの法的責任は認めないが、社長ら五人が四億三〇〇〇万円を会社に支払うことで二〇〇一年に和解した。この件は国内外で大きく報道され、イギリスの経済紙フィナンシャルタイムズは「この訴訟は、株主の消極性を指摘されていた国にとって、企業の、そして文化上の画期的なできごととなるだろう」と書いた。[43]

その後も、あの学生運動から「逃げた」という負い目を払拭すべく、グリコ、ソニー、熊谷組、雪印、大林組、住友銀行、吉本興業などと次々に訴訟や株主運動で対決した。

二〇〇五年六月、「クボタショック」が起きた。

だが、柚岡さんは「尼崎にも石綿があったんか」としか感じなかったという。

その年の八月、「株主オンブズマン」の知り合いの弁護士から電話がかかってきた。泉南の石綿被害の調査に協力してくれないかというのである。

正直なところ、気が進まなかった。被害を調べれば、被害の補償をさせるということになるだろう。しかし、大企業のクボタと違って大半が零細な泉南の石綿業者の責任を追及できるのか。祖父や一族は石綿工場を経営していたし、同じ繊維産業にたずさわってきた者として、彼らの苦境は実感として痛いほどよく分かった。

何より、かつて自分が「工場行き」と差別してきた連中とまたかかわるのが気が重かった。それは決別してきた過去だったはずだ。

しかし、断り切れず、最初だけ協力してすぐに手を引くつもりだった。

国家の過ちを問うバクチ

同年一一月、柚岡さんは元泉南市議の林治さんら数人と「泉南地域の石綿被害と市民の会」(以下市民の会)を設立、被害の実態調査を始めた。

「市民の会」は山下甲太郎さん(二〇一三年に七七歳で没)という元石綿工場の労働者の証言を聞いた。山下さんはこう語った[44]。

「この地域に石綿工場は二一~三〇〇社あった。多くは廃業倒産した。百姓も現金ほしさに小屋で織布の内職をした。被害者は方々にいる。自分も毎日咳が出る。俺の歩いた道は痰だらけだ。働いていた者は自分が被害者と分からない。イシワタに行ったんだから仕方ないとあきらめている。多くは労災補償のことを知らないまま死んだ。今更もう遅い。あんたら手遅れや……」

地元では、「石綿(せきめん)」より「イシワタ」のほうが通りがよかった。石綿工場に働きに行くことは「イシワタに行く」と言った。

この山下さんの「手遅れや」という言葉が柚岡さんの胸に突き刺さった。

確かに被害者はどんどん亡くなっている。

「もう一〇年、せめて五年早かったら……」

このような後悔の念を、その後の調査を進める中で一層強く感じるようになる。

同年一一月二七日、「市民の会」は「大阪じん肺アスベスト弁護団」(現大阪アスベスト弁護団)と共に泉南市で「医療と法律の個別相談会」を開いた。柚岡さんが自腹を切って新聞に折り込み広告を入れたこともあってか、一〇二人もの人々が押しかけ、順番の取り合いでもめごとが起きるほどだった。六〇代以上が七一人、最高齢は九一歳だった。自己申告で中皮腫(注2)二人、肺がん四人、石綿肺(注3)五人など何らかの症状がある人が六五人もいた。石綿工場の元労働者が七割を占めたが、工場近くの住民や農民も一六人いた。これは、石綿の被害が工場内だけでなく、工場の外にも広がり、クボタのような「公害」になっている可能性があるということだ。

「市民の会」は健康管理手帳の取得、労災保険の申請、二〇〇六年に石綿健康被害救済法が施行されてからはその手続きなどについて相談に乗り、労基署などに被害者と共に行ったり、病院からカルテを取り寄せたりして被害者を支援した。

「相談会」は数回開いた。そこに当時八七歳だった前出の田中ヱキ子さんの同僚だった二人の八〇代の女性がやってきた。彼女らは、相談用紙の職歴欄に「ユオカ(石綿紡毛工場・弥栄石綿工業所)」と書いていた。そして、「兄やん(父正一)の子かい」と聞かれた。

「あの時はびっくりこいたでぇ」

二人は、尋常小学校を卒業した一二〜一三歳頃から弥栄石綿工業で働いていた。そして、石綿肺などを患い、セキやタンで苦しんでいるという。

彼女たちの労災の手続きなどは少なくとももしてやらねばなるまい。最初だけ手伝ってすぐに手を引くつもりだった柚岡さんは、引くに引けなくなった。

相談会には薮内昌一(やぶうちしょういち)さんという人も来た。聞けば、薮内さんは柚岡さんと同じ小学校の一学年上だった。自宅の住所を見れば近所だ。だが、柚岡さんには薮内さんの記憶は全くない。

貧しい家計を助けるため、薮内さんは小学校六年から糸くずをほぐして再生糸にする反毛工場で働き、中学校にも行けなかった。石綿工場でも二〇年働き、石綿肺になっていた。

「子どもは残酷やと言うけど、貧乏人のことは意識にのぼらんかったんやろな」

かつて学生運動や部落解放運動にかかわり、人権や民主主義には敏感だと柚岡さんは自負していた。それなのに、すぐそばにいたはずの薮内さんの記憶がなかった。

他方、自身は石綿工場を経営し、村会議員もつとめて地元の名士だった祖父の孫として裕福に育ち、大学にも進学し、学生運動にも没頭した。

だが、学生運動からは「逃げ」、その後は父の工場を継いでいつのまにか学生時代の理想を忘れ、それどころか労働者を搾取する側になっていた。

その上、子ども時代の「無意識の差別」まで目の前に突きつけられた気がした。

「薮内を知らんできた自分が許せない。ごっつうショックやった……」

還暦を過ぎて、今までの生き方に根本的な反省を迫られるような衝撃を受けた。

ますます逃げられなくなった。

そして、次第に過去を悔いるのなら、今、目の前にいる人々を助けるべきではないかと考えるようになる。

「無知で蒙昧（もうまい）な『工場行き』。昔の学生運動風にゆうたら『ルンプロ』（ルンペンプロレタリアート＝最下層の労働者）やね。国から賠償金とって、彼ら『工場行き』の貧乏たれ人生のおわりに、ちょっとええ目を見させてやりたい」

だが、こう熱く考える自分を、「横から見ているもう一人の自分がいる。没入でききん」という自己矛盾も柚岡さんはよく感じるという。

しかし、被害者の聞き取り調査を続け、彼らの窮状を知るにつれ、矛盾を抱えながらも支援はやめられなくなった。

そして、「市民の会」や弁護団の調査で、国は実は戦前から泉南の石綿被害の調査をし、被害の実態と石綿の危険性も知っていたことが徐々に明らかになってきた。当然、局所排気装置設置や防じんマスク着用の義務付けなどの安全対策を徹底させようと思えばできた。しかし、やらなかった。

「泉南のイシワタ労働者は、地の底にほうりこまれて炭じん吸いこんだ炭鉱の労働者といっしょや。可哀そうなもんや」

こう柚岡さんは語る。

「市民の会」は、弁護団と話しあい、国の責任を問う国賠訴訟を提訴することに決めた。

しかし、相手は強大な権力も金もある国だ。「国家の過ち」を認めさせる国賠訴訟の勝ち目は薄い。けれども、柚岡さんは次第に決意を固めていく。その根底には、学生運動から「逃げた」との負い目を払拭したいという思いがあった。

「オレは多分にバクチ打ちの気があるが、オレにできる、オレなりのバクチを打ってやろうやないか」

第二章　息ほしき人々

一　「ぐるみ」の被害

「市民の会」の面々や「大阪じん肺アスベスト弁護団」の弁護士は、被害の実態を把握するため、二〇〇五年一一月の「医療と法律の個別相談会」に来た被害者や、「市民の会」に連絡があった人などから聞き取り調査を始めた。

わたしも、「市民の会」に紹介していただいて被害者や遺族を訪ね、歩いた。イシワタの病を得るとはどういうことか、イシワタで死ぬとはどういうことか、それぞれの言葉で語ってくれた。

「ご免な、ご免な」

岡田陽子さん（一九五六年生まれ）は、両親が働いていた石綿工場に隣接する社宅に幼い頃から一三年間住んだ。その工場は、現在の阪南市下出地区にあった濱野石綿工業所といい、労働者は一〇人前後だった。

工場内は石綿の粉じんが舞い散り、白く煙っていた。工場に集じん機はなく、窓は開けっ放しにして扇風機で粉じんを外に出していた。工場と社宅の間は大人が横向きでないと通れないほど近接していたので、社宅の窓を閉めていても石綿の粉じんが窓のすき間から部屋の中にまで入ってきた。

当時濱野石綿で働き、陽子さんと同じ社宅の隣同士だった古川昭子さん（一九二九年生まれ）は、社宅で昼食をとろうと食卓にハムを並べたら「白いカビ」がはえていた。そのハムを捨てて新しいハムを冷蔵庫から出して食卓に並べ、いざ食べようとするとまた「白いカビ」がはえていた。そこでやっと、それはカビではなく、石綿粉じんだったことに気づいたという。工場のみならず、社宅も石綿粉じんにまみれていた。

岡田陽子さん

当時の石綿工場は景気がよく、人手不足で、工場の親方（社長）に「子どもを連れてきていいから」と言われ、陽子さんの母親の春美さん（一九三六年生まれ）は、工場に生後間もない陽子さんを連れて行き、粉じんが発生する石綿の糸やロープなどを編む機械のすぐ近くでカゴに入れ、授乳しながら働いた。

「幼い陽子の頭に石綿の真っ白なほこりがつもっているのを見て、私はかわいそうに思って、思わず、陽子にそっと帽子をかぶせました」（岡田春美さんの陳述書）

しかし、それはただ、ホコリがつもっているのが「かわいそう」だと思っただけで、当時の春美さんは「キラー

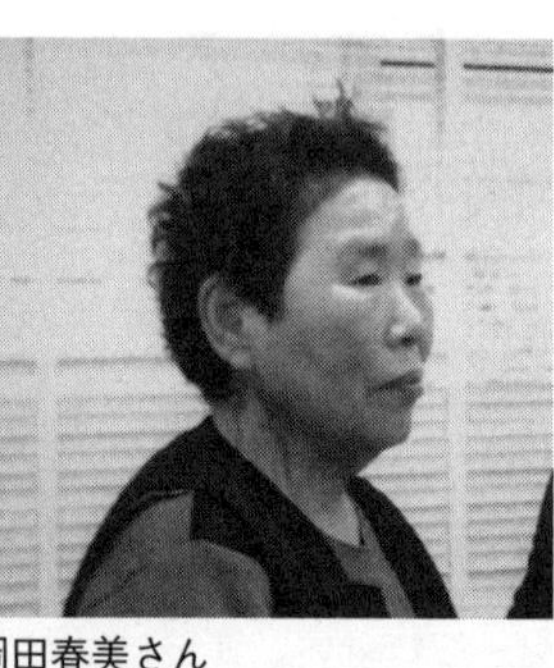
岡田春美さん

ダスト」と言われる石綿のこわさなど全く知らなかった。

石綿の粉じんは花粉より小さく、髪の毛の五〇〇〇分の一ほどしかない。この石綿粉じんを吸い込むことで肺が石のように硬くなり、呼吸困難になり、石綿肺（せきめんはい）や肺がんなどになる。

石綿肺とは、「肺が線維化してしまう肺線維症（じん肺）という病気の一つです。肺の線維化を起こすものとしては石綿のほか、粉じん、薬品等多くの原因があげられますが、石綿のばく露によって起きた肺線維症を特に石綿肺とよんで区別しています。職業上アスベスト粉塵を一〇年以上吸入した労働者に起こるといわれており、潜伏期間は一五～二〇年といわれております。アスベスト曝露をやめたあとでも進行することもあります[1]」とされる。「ばく露」（曝露（ばくろ））とは、石綿粉じんにさらされることだ。

しかし濱野石綿の親方は、「石綿は子どものもん（ベビーパウダー）にも使うし、心配いらんねん」と言って、石綿をなめてみせたという。それで春美さんはマスクもしなかった。

春美さんが働いている間、陽子さんはカゴの中でおもちゃで遊んでいたが、ぐずり出すと工場の同僚や社長が子守りをしてくれた。

原まゆみさん（一九四三年生まれ）は、泉佐野市にあった井上石綿で働いていた一九六七年に社宅で長女を出産した。その社宅は、石綿に綿を混ぜて糸にしやすくする「混綿場」とベニヤ板一枚で仕切られただけだった。混綿場は石綿工場内で最も石綿粉じんが舞う。

「当時はそれが恥ずかしい時代やなかったんです」

と原さんは言う。その後原さんは岡田陽子さんや古川昭子さんも働いていた濱野石綿に移り、岡田春美さんと同じように二人の子どもをカゴに入れて混綿場の片隅に置き、二人がウロウロしないよう体とカゴを石綿の機械にくくりつけて働いたという。

原さんは、子どもをおぶって仕事をすることもしばしばだった。「ロービン」(精紡)という石綿糸をより合わせる機械の糸が切れることがよくあり、糸がどうなっているか石綿粉じんが飛び散るロービンに顔を近づけると、子どもの顔も近づく。自然に石綿粉じんを吸い込むことになる。あるいは、混綿場の上で授乳し、あやし、寝かしつけることもあった。

子どもが小学校にあがる頃には、食卓の上に積もった石綿粉じんで「『はら』(原)って、こうやって書くんやで」とひらがなを書いて教えたという。

原まゆみさん

「今考えると、ぞっとします」

原さんの二人の子どものうち、一人は症状は出ていないが、一人は石綿粉じんが眼に入ったことが原因で失明してしまった。原さん自身も石綿肺と続発性気管支炎を患う。

このように、泉南の石綿工場では、育児をしながら働く女性労働者は珍しくなかった。

岡田陽子さんの両親は、朝七時から夜七時まで働き、社宅に戻って夕食をとり、また午後一〇時頃まで働いた。繁忙期には徹夜で働くこともあった。

両親が帰宅し、石綿まみれの作業着を着替えると石綿の白い粉じんがもうもうと室内に充満し、周囲が真っ白になった。

幼い頃の陽子さんは、石綿工場の中や敷地内で遊んでいた。工場の周囲の草木には白い粉じんが雪のようにつもっていた。

「近くの石綿工場の敷地内には石綿原料の入った麻袋が二メートルほどの高さに積み上げられてあって、私は友達とその石綿袋の山を駆け上がったり、石綿のかたまりが工場の中や外に落ちていたので、社宅の子どもたちはそれをこねて『うどん』とか『ラーメン』を作って遊んでました」

遊んでいた時も陽子さんは石綿粉じんを吸っていたことになる。

古川昭子さん

今は酸素吸入器を鼻につけている陽子さんは、苦しそうではあるがニコニコしながら昔の思い出を話してくれた。

古川昭子さんの四人の子どもも陽子さんらと工場の内外で一緒に遊んだ。

「工場はまるで、保育園のようでした」と古川さんはふり返った。

濱野石綿の社宅の半径一〇〇メートル内に四つの石綿工場が集中していた。陽子さんの小学校への通学路や学校のそばにも石綿工場があり、石綿粉じんが飛散していたという。

「市民の会」の柚岡一禎さんによれば、当時この下出地区周辺が通称「石綿村」(イシワタ村)と呼ばれていたそうだ。石綿工場、社宅、そして地域全体に石綿粉じんが飛散しており、「泉南地域全体が石綿工場だったと言っても言い過ぎではない」という。

陽子さんは、すでに乳幼児健診で肺の異常を指摘されている。中学校では体育祭の一キロ走の後、息苦しくなって保健室に行ったことがある。走るのが速かった母親の春美さんから「ドンくさい子」と言われていたそうだ。だが、息苦しいのが当たり前だったので息苦しさの原因を石綿と結びつけては考えなかったという。

陽子さんの父は米山一夫、本名は姜在熙（カン・チェイヒ）さん（一九二九年生まれ）といい、現在の韓国の全羅北道群山（ぜんらほくどうぐんさん）の出身だ。一九五三年に和歌山県を襲った集中豪雨による有田川水害の復旧作業で多くの在日の人々が働きに来ていた。飯場に収容しきれない労働者は周辺の民家に下宿した。母親の春美さんの実家も労働者を受け入れ、その一人が一夫さんだった。

「お人よし」の一夫さんにひかれた春美さんは、「結婚したい」と両親に打ち明けたが、一夫さんが朝鮮人なので反対され、二人はやむなく駆け落ちし、知人の紹介で働き始めたのが濱野石綿だった。当時の泉南地域の石綿工場は、人のやりたがらない石綿の仕事の労働力を確保するため、濱野石綿のような零細な工場でも社宅がある所が多かった。一夫さんと晴美さんは職場と住居を同時に確保できた。

米山一夫さん

経営者は日本人だったが、一〇人ほどの労働者の大半は在日韓国・朝鮮人だった。

父親がどのような経緯で日本に来たのか、陽子さんは知らない。だが、子どもの頃、テレビで八月一五日前後に放送されたアジア・太平洋戦争に関する番組を父親がにらみつけるように見ながら、「引っ張ってこられたんや」と言ったのを覚えている。それが強制連行を意味するのか否かは分からない。

ただ、第一章で書いたように（一七頁）泉南地域には強制連行で朝鮮半島から連れて来られ、泉佐野飛行場や田奈川トンネル（岬町）の建設、川崎重工軍艦ドック（岬町）などで酷使された人々が多数いたことは事実だ。

一夫さんは、砕いた石綿と綿を混ぜる混綿に主に従事していた。マスクの代わりにタオルで口と鼻を覆っていたが、それでも石綿粉じんが口や鼻の中に入ると一夫さんは言っていたそうだ。

数カ所の石綿工場で合計一〇年間働いた。その後は、土木工事の現場などで働いた。たまにパチンコに行くくらいが息抜きで、一夫さんは真面目に働き続けた。

陽子さんは、高校卒業後看護師を養成する学校に通い、資格をとって、かねて憧れていた看護師として働き始めた。

一九八七年、母親の春美さんが「息が半分しかできひん」と陽子さんに泣いて訴えた。病院に連れていくと、石綿肺と診断された。

春美さんの診察の際、春美さんと陽子さんが石綿工場の社宅に住んでいたと話すと、医師は「娘さんも検査させてください」と申し出た。陽子さんも検査を受けると、「肺にアスベストが入っています」と告げられた。

その後陽子さんもセキやタンがひどくなり、石綿肺と診断された。

一九九三年、今度は父親の一夫さんのセキがひどくなり、医者嫌いの一夫さんを陽子さんが説得して病院に連れて行くと、一夫さんも石綿肺と診断され、九四年には肺がんも併発していることが分かった。

一夫さんは、死ぬ前に故郷の韓国へ里帰りをしたいと望んだ。それで親子三人で先祖の墓参りをし、父親の兄弟にも会ってきた。

春美さんは、自分も石綿肺を患いながら末期の肺がんの夫の看病をした。

「しんどい、しんどい」

一夫さんは食事もノドを通らず、食事の湯気が気管に入るだけでむせ返った。それは「自分の行く末をみるよう」だったと春美さんは言う。

一夫さんに肺がんの告知はしなかったが、抗がん剤の影響で頭髪が抜け落ちてしまい、がんであることには気づいていたようだった。

一九九五年、一夫さんは死去した。六六歳だった。

一方、陽子さんもセキや息切れが一層ひどくなった。仕事中にセキをすると、「自己管理がなってない！」と事情を知らない上司に叱責された。

だが、離婚して息子を一人で育てねばならず、月六~七回の夜勤もこなしていた。

陽子さんは、救急外来の看護部長を務めることになっていた。看護師としての経験と能力を発揮できるやりがいのある役職だ。

けれども、その頃には体力的に救急の勤務はとてもできない状態になっていた。無念だった。が、やむなく高齢者が対象の病院に移った。

しかし、そこでも患者の入浴介助をする際、浴室内の蒸気が気管に入って息苦しさに耐えかねた。また､昼間の勤務はてきぱきと仕事をこなすことが求められ､息切れがひどくなった陽子さんにはつらかった。それで、仕事のペースが比較的ゆっくりした夜勤にかえてもらった。

だが、夜勤にかわっても息苦しさで食事介助用のテーブルにもたれて失神しそうになることがよくあった。夜中の見回りでは、移動式のテーブルを歩行器代わりに使った。

「これ以上続けると事故が起きかねない」

陽子さんは、ついに二〇〇六年に大好きだった看護師の仕事を辞めた。

しかし、看護師の制服とナースキャップは今も捨てられない。石綿は、陽子さんの夢も奪った。

二〇〇八年、身体障害者三級に認定されたので、それまで費用がかかるので買えなかった酸素吸入器を四六時中つけるようになった。二階の寝室に酸素吸入の機械を置き、長い管を引っ張りながら家の中を移動する。食事や睡眠中も鼻から管をはずせない。入浴中は洗髪の際だけはずすが、それは息を止めるのと同じことなので、二分と持たない。大急ぎで洗髪を終え、また管をつける。呼吸が苦しくなり、失神したこともある。外出時は重さ三キロほどの携帯用ボンベを持ち歩く。

「つながれの身です」

と陽子さんは笑みを絶やさず、気丈に話す。

他人の視線も気になる。息子の父母会に参加すると、他の父母や生徒たちからジロジロ見られ、息子に申し訳ない気持ちになる。

症状が重くなるにつれて酸素吸入器の酸素濃度を高めなければならない。それは、死が確実に近くなることを意味する。

数年前までは、陽子さんが春美さんの看病をしていたのに、陽子さんが酸素吸入をするようになってからは陽子さんのほうが春美さんより症状が重くなった。

深夜、陽子さんのセキ込む声が聞こえてくると息が止まっていないか、春美さんはいても立ってもいられなくなる。

「私は、母として、妻として、被害者本人として三重の苦しみを負って暮らしています」（岡田春美さん陳述書）

二〇一一年頃から春美さんは肺に水がたまるようになり、入退院をくり返す。

「楽に息がしたい、普通に息を吸いたい」

これが春美さんの願いだった。

だが、一二年二月、春美さんは亡くなった。七六歳だった。

「私のほうが先に酸素（吸入器）をつけたので、母より先に死ぬもんと思ってました」

母親の遺影の横で、陽子さんは親より先に逝く「逆縁」を覚悟していたと語った。

生前、春美さんは「こんな大変な病気になると知っとったら、石綿工場で働かんかったし、社宅にも住まんかった。子どもも連れて行かんかった」とよく言っていたそうだ。そして、陽子さんに「ご免な、ご免な」と何回も謝っていたという。

「国は、なぜもっと早く石綿の危険性を知らせてくれなかったのでしょうか」

このような「家族ぐるみの被害」が泉南の石綿被害の特徴だ。

春美さんは、石綿肺と続発性気管支炎（石綿肺に関連して発症した気管支炎）の合併で二〇〇五年に労働災害（以下労災）の認定を受けた。(注1)

一夫さんの場合は、亡くなる前の九四年に労災申請をしたのに、認定されたのは死後になってからだった。「こんなに苦しいのに、何で、何で」となかなか認定されないことを気にしながら一夫さんは逝った。

陽子さんは、二人の労災認定のため、何回も大阪労働局や岸和田労働基準監督署などに足を運んだ。書類を間違えられたり、説明が不親切だったそうだ。

また、春美さんがやっと労災に認定された際は、その金額について労基署の役人から「僕ら大学出てるのに、アンタはそれより上か」と露骨に嫌味を言われ、春美さんは黙ってうつむいてしまったという。

陽子さん自身は、石綿工場の労働者ではないから労災の対象にはならない。それでも、労基署に行くたび、陽子さんは「労働者の家族は救済されないんですか」と訴え続けた。だが、労基署は何の対応もとらなかった。

クボタショックをきっかけに、ようやく二〇〇六年になって環境ばく露の被害者も対象に石綿健康被害救済法（以下救済法）が施行された。しかし、救済法は石綿粉じんの飛散を規制しなかった国の責任を認めていない前提で作られたので、補償ではなく「救済金」という名目で、支給額も労災に比べると著しく低い。たとえば、遺族に対する給付では、労災なら数千万円になるのに、救済法では特別遺族弔慰金と葬祭料あわせて約三〇〇万円が支払われるにすぎない。同じ石綿による被害なのに、「命の値段」にこれだけの差がついてしまう理不尽さがある。

また、当初は救済の対象を中皮腫と肺がんに限り、石綿肺をはずしていた。石綿肺は、石綿工場で大量に石綿粉じんにばく露した労働者だけがなる病気だと思われていたのだ。

「行政の人は、『環境ばく露で石綿肺になることはあり得ない』と言います。昔は子どもをつれて石綿工場で働いていた人もいるということを理解しようとしないんです」

陽子さんはこう話した。泉南地域の特殊性が理解されていないのだ。「市民の会」が求めている地域全体の石綿ばく露の実態を明らかにするための「地域ぐるみの疫学調査の実施」もしていない。

そもそも「すき間のない救済」が同法を制定した目的だったはずだ。しかし実態は「すき間だらけだ」と石綿疾患の患者団体や建材に大量に使われた石綿の被害で苦しむ建設労働者の労組などが批判したことから同法は二〇一〇年に改正され、「著しい呼吸機能障害を伴う石綿肺」と「著しい呼吸機能障害を伴うびまん性胸膜肥厚」が追加された。

だが、陽子さんのような石綿肺の場合、石綿健康被害救済制度に基づき、被害の認定などを行っている独立行政法人・環境再生保全機構に聞くと、労災保険に入っていなかった「一人親方」（労働者を雇わずに一人で事業をする事業主）などは救済されているが、「環境ばく露で石綿肺になった人が（救済法で）認定されたかどうかは確認できません」と答えた。これは、認定された人がいたとしてもごくわずかという意味だ。

しかし、「仮に救済法で救われても、とても生活できません」

陽子さんは、石綿の規制を怠った国の責任を認めさせる裁判の原告になる決意を固めた。

「堪忍してくれ」

労働者一〇人前後の零細工場が多かった泉南地域で、三好石綿工業は労働者一〇〇人ほどの最大手で、戦中は栄屋石綿と共に海軍の指定工場だった。現在の泉南市新家（しんげ）で一九一九（大正八）年から一九七七年（昭和五二年）まで五八年間、石綿紡織品、自動車用のブレーキ関係部品などを生産した。その後工場を千葉県に移し、現在は三菱マテリアルの子会社の三菱マテリアル建材になっている。

南和子さん（一九四二年生まれ）の父親、寛三（かんぞう）さん（一九一三年生まれ）は、戦後満州から復員後、自宅近くの農地で米や泉州（大阪府南部の泉北地域と泉南地域をあわせた総称）名物の水ナス、タマネギなどを作っていた。

和子さんによれば、工場は二四時間操業で、窓は開けっ放し。石綿の原石を砕く際の粉じんが工場の煙突から噴き出していた。工場内には「大きな扇風機のような機械」があった。そこからも石綿粉じん

父の遺影を掲げる南和子さん

を工場の外に排出していた。工場の敷地内のビワの木の葉や実には白い粉じんがつもっていた。

寛三さんは和子さんら子どもたちに、「童話のお姫様が毒リンゴを食べて死んだのはこのことや」とたとえ話で石綿粉じんがついたビワの実は絶対食べるなと諭した。ただ、その時寛三さんは石綿粉じんがついたものを食べると「毒」だが、空中に浮遊する石綿粉じんを吸い込むと重い病気になるとは知らなかった。

工場の外の寛三さんの農地の稲やタマネギの葉にも石綿の白い粉じんが付着していた。田の畦の雑草にも白い粉じんがくっつき、ミジンコのようになって垂れていたという。工場内には神社の朱い鳥居があり、そこにもうっすらと白いものがついていた。

農作業を終えて寛三さんが帰宅すると、いつもまつ毛の上や鼻毛に白いホコリがついていたのを和子さんは覚えている。

石綿粉じんは南さん宅の家屋の中にも入り込み、障子のさんが真っ白になっていた。子どもの頃、掃除を命じられて和子さんは「なんでうちの家はこんなにホコリがあるの」と親に聞いたことがある。

南さん一家は、その石綿の粉じんに四六時中さらされていた。

せめて窓を閉めて操業するよう工場に頼んでも「（工場の）中のモン（者）がどうもないのに、外のモンには絶対気づかいない（心配ない）」と拒絶された。

だが、「中のモン」にも「肺病を苦にして自殺する人もいました」と和子さんは証言する。

一九六〇年頃、近所のため池の水際で、和子さんは三好の寮にいた新潟県出身で髪の長いきれいな二〇歳くらいの女性の水死体を見た。そばには下駄がそろえてあり、「国元には伝えないで」という趣旨の遺書があったという。

このことを寛三さんに話すと、「また死んだか」と言ったそうだ。以前も自殺した人がいたらしい。

三好石綿には、地元出身者は少なく、集団就職などで東北や中国、四国、九州、沖縄などから来た人が多かったという。他に近接する和歌山県からも多くの人が働きに来ており、朝の通勤ラッシュの際は、三好に通う労働者で工場近くの国鉄阪和線の新家の駅は「人でぶっちゃけて（あふれて）いました」と和子さんはふり返る。

六〇歳を過ぎた頃から寛三さんは「耕耘機のエンジンを回す手に力が入らん、息があがる」とこぼすようになった。

「隣のおっちゃんは『パーン』とエンジンかけるのに、何でやねん」

和子さんは不思議だった。石綿の影響などとはつゆ疑っていなかった。

七〇歳頃からはセキやタンがよく出るようになり、ノドの奥から絞り出すように「ガハッ、ガハッ」とセキをしていた。その後血タンが出始め、寝たきりの生活になる。

一九八七年に病院で診察を受けると、医師に「（寛三さんは）アスベスト工場で働いたことがあるんですか」と問われた。

――アスベストって何ですか。

「石綿のことです」

――家のそばに三好石綿の工場がありました。

「そのホコリを吸ったんでしょう」

この時初めて和子さんは石綿粉じんが肺に入ると石綿肺という病気になることを知る。

――ピンセットで取れないいんですか。

「一生そのままです」

あまりに激しくセキ込むので、寛三さんは、セキをするとオムツの中に失禁してしまうようになった。ベッドのまわりにはタンを拭き取ったティッシュが散乱していた。

背中をさすると多少楽になるので、寛三さんは一日に何回か和子さんに「背中をさすってくれ」と頼んだ。

一九九九年頃から、寛三さんは酸素吸入器を使うようになった。酸素の量は最小の一から、中程度の二、最大の三まで三段階で調整できるようになっていた。

医師は、「酸素を吸いすぎると痴呆になったり、脳梗塞の危険があるからダイヤルは一にしときなさい」と命じた。和子さんも「ダイヤル三は絶対だめよ」と寛三さんに言い、ダイヤル三に赤い印をつけておいた。

しかし、苦しさのあまり、寛三さんはダイヤル三に上げてしまうことがあった。

オムツの交換、入浴、着替え、体位の変換、食事やお茶の用意……。介護は四六時中続くので夜もおちおち眠れない。和子さんは自宅でタオル工場を営んでおり、疲れ果て、このままでは共倒れになってしまうと思いつめた。

寛三さんの介護をしていたある時、苛立ちのあまり、つい口走ってしまった。

「早よ死に！」

「もう少しの命や、堪忍してくれ」

寛三さんは涙ぐんだ。

二〇〇五年一月、酸素マスクをつけても苦しくなり、入院する。

「水をくれ、水をくれ、水を飲ましてくれ！」

寛三さんが訴えた。

だが、水を飲ませると窒息してしまうかもしれない。和子さんは綿を水に浸して唇をしめらせた。寛三さんは和子さんの指にかみついて綿の水分をすすろうとした。指から血がにじんだ。

何とか息をしようと胸を突き上げてもがき、寛三さんは半狂乱のようになった。手をおさえようとするとのし上がってくる。息苦しさのあまりのけぞって、ベッドの柵をたたくので、爪がはがれた。看護師はやむなく寛三さんの両手を縛った。

「先生、石綿を患うと、こんなにならないと死ねないんですか。早くあの世に行かしてあげてください」

和子さんは医師に懇願した。

寛三さんが入院して数日たった頃、もがきながら「三好の社長を呼んで来い。三好へ早う（被害を）言うて行け。この苦しみを見てもらえ」と和子さんに言った。

だが、すでに三好は工場を千葉県に移しており、泉南にはなかった。そう和子さんが寛三さんに告げると、「かめへん、市役所か、大阪府へ言うて行け」と言った。

これが寛三さんのほぼ最後の言葉になった。

そして「ミイラのようにやせ細り」、同年二月、九一歳で亡くなった。

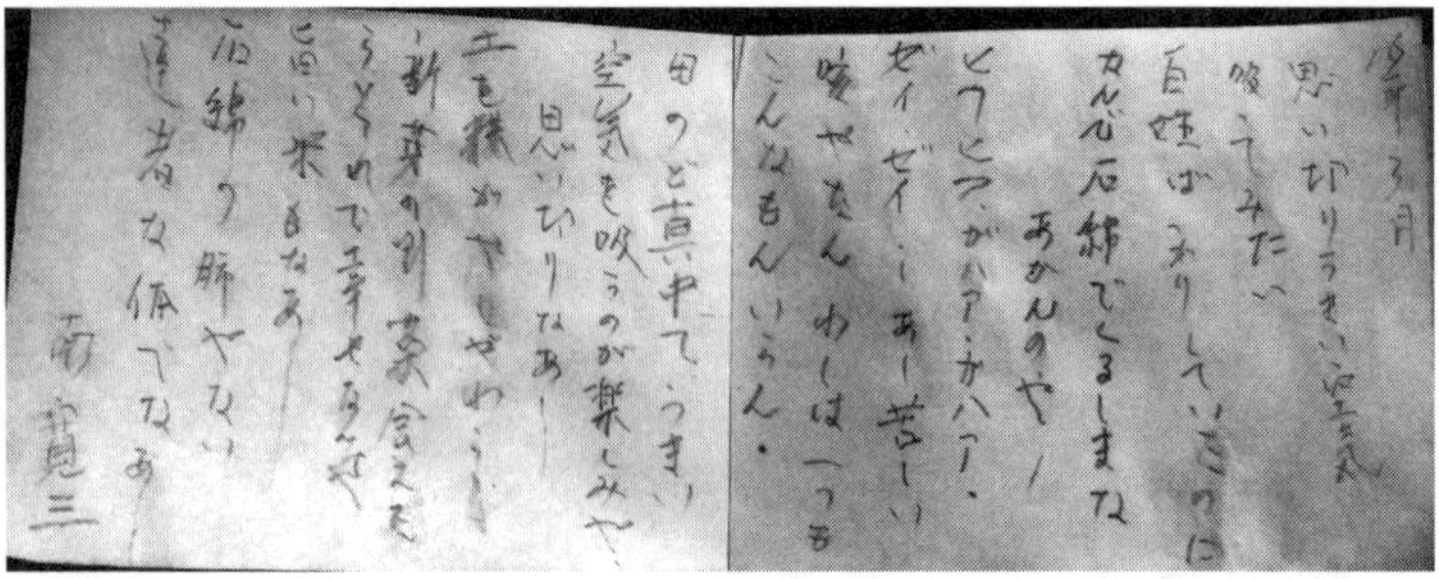

南寛三さんの手記

わたしが初めて和子さんにお話をうかがったのは二〇〇六年のことだが、以後何人もの被害者遺族からこの「ミイラのよう」という言葉を聞くことになる。自分の身内の最期をミイラにたとえざるをえないとは、これ以上の悲惨があるだろうか。

また、石綿の病は、普通に呼吸をすることすらできなくする。その想像を絶する苦しみも、多くの被害者が異口同音に語った。

前出の、古川昭子さん（四九頁）は、石綿工場の元同僚が肺を病み、見舞いに行った。友達の言うことがよく聴き取れず、枕元に耳を近づけた。すると、友達に「空気がなくなるから寄らんといて」と言われた。

「友達は、その場の空気を私が吸ってしまうと思ったからそう言ったんでしょうね」

古川さんはこうふり返った。

また、五〇頁で紹介した原まゆみさんも、石綿工場で共に働いた義理の姉が同じく肺の病気で苦しんでいた。見舞いに行き、「何か欲しいものがあったら買うてきてあげるよ」と声をかけた。

「息がほしい」

これが義理の姉の答えだった。

南寛三さんは、亡くなる前年の二〇〇四年三月に手記を書いていた。死後、和子さんが寛三さんのベッドの下から発見した。

思い切りうまい空気吸ってみたい
百姓ばかりしていたのになんで石綿でくるしまなあかんのや！
ヒフヒフ、ガハア、ガハア、ゼイ、ゼイ、あー苦しい
咳やたん　わしは一つもこんなもんいらん。
田のど真ん中でうまい空気を吸うのが楽しみや　思い切りなあー
土を耕がやし（ママ）、やわらかな新芽の野菜食えたらそれで幸せなんや
旨い米もなあー
石綿の肺やない達者な体でなあー

普通に空気を吸うことすら、石綿の病は許さない。

しかも、石綿肺は一五年から二〇年の潜伏期間の後、寛三さんのように発症後も長く苦しんで亡くなっていく人が多い点が特徴だ。泉南の被害者は石綿肺が多い。

その点、大手機械メーカー・クボタ（本社大阪市）の兵庫県尼崎市にあった工場から飛散した石綿公害の被害者は、肺や心臓を覆う胸膜などの中皮にできるがんの一種の中皮腫が多い。中皮腫は三〇年から五〇年もの長い潜伏期間を経て、いざ発症する半年から二年ほどのあっという間に亡くなってしまう。石綿が「静かな時限爆弾」と言われるゆえんだ。

その違いは、泉南が紡織に向く繊維が長くて柔らかいために加工しやすい白石綿を多く使っていたのに対して、クボタは水道管の強度を高めるために白石綿より繊維が短くて硬く毒性の強い青石綿を多く

使っていたためではないかと見られている。

わたしはクボタの被害者の取材もした。死に方として、中皮腫を発症して激痛にのたうち回りながらあっという間に亡くなるのは本当にむごい。だが、寛三さんのように真綿で首を絞められるように徐々に息ができなくなり、拷問のような苦痛が二〇年以上続くというのも実に残酷だ。共に石綿疾患特有の悲惨さだ。

三好が泉南の工場を閉じたのが一九七七年。戦後日本経済の高度経済成長期は、一九五四年から七三年までとされる。高度成長の終えんと三好の移転は四年の時差があるが、ほぼ重なる。

和子さんはこう言う。

「おじいちゃん（父親）は戦争に行って苦労して、戦後もまた石綿で苦しんで死んでいきました。その死に様を見た時、国に対して私一人でも闘ってみせると心に決めました」

寛三さんは、戦争と高度経済成長という二つの「国策」の被害者だった。

被害者であって加害者

「今思えば、『共電』にいればよかった」

畠山重信さん（一九四四年生まれ）は、中学校卒業後、地元の愛媛県新居浜市で火力や水力の発電事業をしていた住友共同電力に入社した。

だが、一年後に中学の先生から「泉南の大正アスベストに行かないか」と誘われた。先生の兄が同社で研究職として働いていた。当時は大都会・大阪に憧れていたので、一九六一年に現在の阪南市にあった大正アスベストに入社した。この選択を、重信さんは後悔している。

大正アスベストは、泉南地域の石綿会社としては大きく、工場は二つあって労働者は合わせて一〇〇人ほどいた。JISマーク（日本工業規格に適合した品質が保証されたマーク）も持っていた。重信さんによれば、泉南でJISマークを持っていたのは他に三好石綿（現三菱マテリアル建材）、栄屋石綿、松山石綿の合計四社だけだった。

中学の先生から、石綿紡織業は、「汚い仕事だよ」とは聞かされていたが、重信さんが工場に最初に行った日、工場内は真っ白で、ホコリのすさまじさは想像以上だった。

混綿や、混綿を梳いてよりをかける前の篠（粗糸）を作るカードの工程に重信さんは主に従事した。混綿は手作業だったという。

畠山重信さん

一日の仕事が終わると、カード機の下に落ちた石綿の落ちワタをスコップですくい、四〇キログラムの石綿原料が入っていた「ドンゴロス」と呼ぶ麻袋に集めた。一日でドンゴロス一袋が一杯になった。それほど大量の石綿粉じんが飛散していた。

落ちワタは何度か再利用した。再利用するたびに品質は落ちる。JISマークの規格で順番に品質を落としながら利用しつくした。

一～二カ月に一回は針研ぎもした。まず、カード機の針と針の間にこびりついている石綿クズを取り除く。その後、一分間に一二〇〇回の高速で回るカード機の針がついているシリンダーに研磨機をあてて磨く。初めて針研ぎをした際、重信さんは恐怖で「足がすくんだ」という。指を落とした人もいると聞いた。この作業は前にいる人が見えないくらいのもうもうたる粉じんが飛び散った。針研ぎは、工場が稼働を停止している土曜日夜から日曜日の夜にかけて行い、月曜日の始業に間に合わせた。別の工場の親方から声がかかり、針研ぎのアルバイトに行くこともあった。

器用だった重信さんは機械の修理もした。別の工場で修理のアルバイトもした。

大正アスベストに集じん機はあったが、効果があったようには思えなかった。石綿粉じんがあまりにひどいので自主的にガーゼのマスクをしていたが、していない人もいた。

この大正アスベストで、重信さんは鹿児島県阿久根市出身の幸子さん（一九四一年生まれ）と出会う。幸子さんは集団就職で重信さんより一年前から同社で働いていた。

「べっぴんさんやな」

重信さんの一目ぼれだったという。幸子さんは三歳年上だった。二年半ほど交際して、結婚したいと両方の親に申し出たが反対された。当時重信さんはまだ一九歳で、経済力がないと見られたようだ。だが、借家を借りて同棲を始め、子どももできた。重信さんは、幸子さんの実家に正式に結婚したいと挨拶に行った。

「（幸子さんを）ほかさんと（棄てないで）、ずーと面倒見てくれますか」

と幸子さんの両親に問われた。

「幸せにはようせんけど、幸せにする努力はします」

重信さんはこう答えたのを覚えている。一九六五年に入籍した。

針研ぎや機械の修理もできる重信さんは、あちこちの石綿工場から声がかかり、大正アスベストから、南石綿、日の出アスベスト、濱野石綿とすべて「引き抜き」で移籍し、働いた。そのたびに、幸子さんも一緒に工場をかわり、その工場の寮や社宅に家族で住んだ。幸子さんは、カード機でできた篠によりをかけて単糸にするロービンや、ロービンでよった単糸を数本合せて一本にする合糸の工程のインターに従事した。

重信さんが強く言ったため、幸子さんはガーゼのマスクはしていたが、マスクのすき間から石綿粉じんが入ってきたので、効果はあまりなかったようだ。

一九七三年に、重信さんは大阪市内の石綿問屋・近畿アスベストの営業の仕事にかわる。以前重信さんを雇った工場の親方が、重信さんは石綿紡織の現場もよく知っているし、話術も巧みなことから推薦してくれたのだった。ただ、近畿アスベストは、阪南町（現阪南市）に自社の石綿工場も持っており、現場作業や機械の修理に行くこともあった。

同社は、泉南地域の「お抱え工場」七～八社や韓国、中国から石綿糸や石綿布などを輸入し、五〇％から時には二〇〇％のマージンを乗せて売ったという。営業職は数人いた。

営業には、和歌山県の住友金属の製鉄所によく行った。溶鉱炉から一二〇〇～一三〇〇度の鉄板が出て来る。「一〇〇メートル離れていても熱風を感じたね」と重信さん。これを一気に冷ますと品質が落ちるので徐々に冷ます。その際に、保温用に石綿含有量の多い最高級の石綿シートが大量に使われた。

火力発電所の他、原発建設の現場にも営業に行った。福井県の敦賀、美浜、大飯原発などだ。建設の際に、たくさんのパイプを溶接する。その際に火花が飛び散っても周囲に引火しないよう石綿シートが不可欠だった。使い捨てなので、「生半可な量とちゃうで」という。原発完成後もパイプ周りの保温材などに石綿製品を買ってもらえるので営業に行った。

国鉄も座席の下のスチームの保温用などに石綿製品が使われており、大口需要者だった。

缶コーヒーなどの自動販売機の中にも石綿は使われていたので自販機メーカーや消防服の需要がある消防署、石綿金網（いしわたかなあみ）を製造する会社など多種多様な職種で石綿製品が求められており、北海道から沖縄まで全国各地を売り歩いた。ちなみに、石綿の「用途は三〇〇〇種類以上にのぼると言われています。その九割以上が建築資材の原料として使用され、建築物の壁材、屋根材、外装材、内装材に利用されています。住宅や倉庫では、軒裏、外壁、屋根等にセメント板が使用され、ビルでは、空調機械室等の天井、壁に吹付け材が使用されています。その他、自動車のブレーキ、電線の被覆材、器具の断熱材、シーリング材等に使用されていました」とされる。[2]

重信さんは、「煙突があったら営業に行け」と上司から言われていた。火葬場にも営業に行った同僚もいるという。

ただ、何といっても最も需要が多かったのは日立造船や三菱重工などの「船舶関係」だ。船のボイラーやパイプ周りに、大量の石綿製品が必要だった。

「ただ、これら大きな会社の場合は、近畿アスベストのような小さな規模の会社とは取引をしてもらえず、ニチアスや朝日石綿（後のアスク、現在のエーアンドエーマテリアル）や日本バルカー工業などの大手会社がまず注文を受け、そこから近畿アスベストが再発注（下請けのようなもの）を受け、納めていたのです」（畠山重信さん陳述書）。

重信さんの営業経歴の中では、一九九五年の阪神淡路大震災から二年間くらいの間が、石綿製品が一番よく売れた。

まず倒壊しかかった建物を解体する際、鉄骨などをバーナーで焼き切る必要があり、その際飛び散る火花の引火防止に石綿シートが使われた。また、復興で新しいビルなどを建てる際も溶接に石綿シートが大量に使われた。一メートル幅で三〇メートル巻きの石綿シートが飛ぶように売れた。その他、地震や災害があるとよく売れた。

「人の不幸を喜ぶ仕事や」

重信さんは自嘲ぎみにこう言った。

その他、何に使われたのかは分からないが、石綿糸をルーマニアによく輸出した（二五頁参照）のを重信さんは覚えている。石綿原料の輸入も手がけ、カナダ産の白石綿が多かったそうだ。

一九七一年には、「特定化学物質等障害予防規則」（旧特化則）が制定され、人体に有害性のある化学物質の一つとして石綿が指定された。この規則では、事業者は「特定化学物質等作業主任者講習」を受講して必要な知識を学習した人の中から、作業主任者を選任しなければならないと定められた。

重信さんは会社に命じられてこの講習のために岸和田労基署に一週間通い、石綿を扱ってがんになった人もいるなどの危険性を学んだ。他に原則として局所排気装置を設置しなければならないことやマスクを着用しなければならないことなども学んだ。

しかし、当時の重信さんは「今さら商売はかえられない」と、危険性は知りながらも営業の仕事を続け、時には現場の作業も続けた。

近畿アスベストの阪南町（現阪南市）の工場には、労基署から依頼された業者が石綿粉じんの濃度を半年に一回程度測定しに来た。

事前に業者から測定日の連絡があり、重信さんと打ち合わせて石綿粉じんが発生しない場所で測定してもらうようにしていたという。粉じん濃度が高ければ、労基署から注意されたり、面倒なことになる

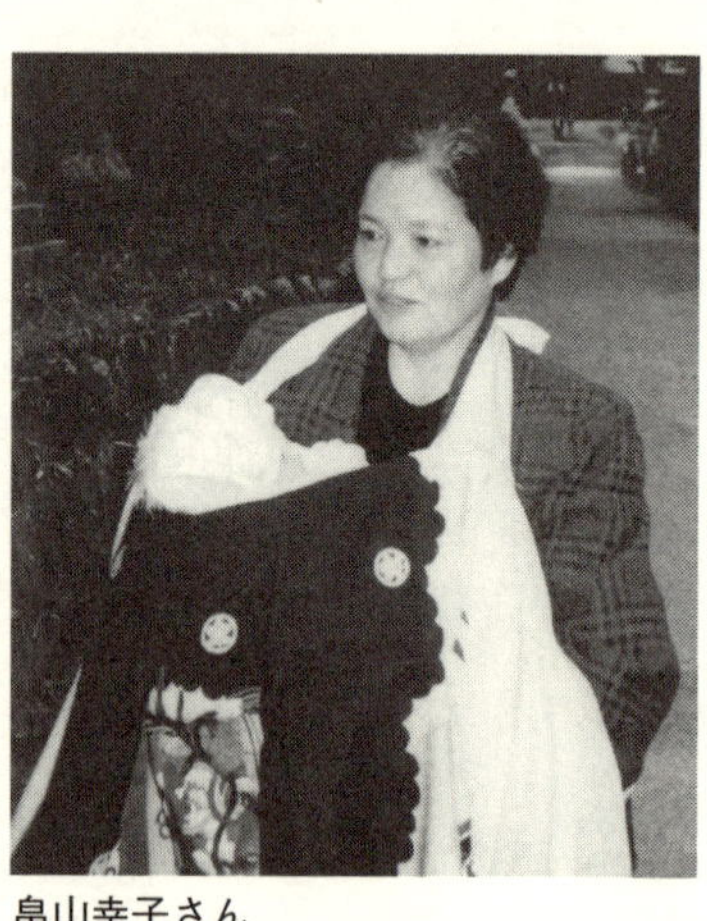
畠山幸子さん

からだ。

当時の重信さんは、石綿の危険性について頭では分かっていてもまだ症状が出ていなかったこともあり、楽観視していた。何より国の規制が甘く、特化則などに違反しても処罰されることはなかった。

取引先でも「とにかく商品がほしい」と言われ、商談ではどれくらいの量が納品できるのかや石綿製品の性能の話がほんとんどで、石綿の危険性について質問されたり、話題になった記憶はないという。

よく売れた一メートル幅で三〇メートル巻きの石綿シートには、名刺大くらいの「マスクをつけろ」などの注意書きが貼り付けられていた。だが、たいていの人はそんな物をいちいち読まなかったと重信さんは言う。

近畿アスベストでは、「月に二〇〇〇万円売り上げて一人前」と言われていたが、重信さんは三五〇〇万円前後を売り上げていた。

「売ってナンボ、売れば売るほど給料も上がる」

重信さんは、年収一〇〇〇万円はいかなかったが、泉南の石綿工場労働者の平均年収の二倍～三倍はとっていたという。石綿の危険性より、いかに売るかに熱中していた。

営業先とのつきあいで、徹夜でマージャンをし、朝帰りになることもあったが、幸子さんは文句ひとつ言わなかった。休日は、趣味の釣りや競馬に出かけてしまい、家事や育児は幸子さんまかせきりだった。

「一週間右を向いとれ」と言えば向いているような夫に従順な妻だったという。

幸子さんは、重信さんが主に営業の仕事をしている間も泉南市の三和石綿工業所で一九七三年から八二年頃まで働いた。その後は、専業主婦をしていた。

一九九六年頃から、幸子さんはセキやタンが多くなり、息切れが激しくなった。翌九七年に医師に「石綿肺です。この病気は悪くなることはあっても良くなることはありません」と告げられた。

二〜三日ふさぎ込んでしまった。

症状は徐々にひどくなり、タンがしょっちゅう出るのでティッシュペーパーが一日に一箱はなくなった。タンがなかなか切れず、重信さんが背中をさすっても切れず、苦しんだ。

夜も寝床の隣で幸子さんはしきりにセキ込み、重信さんはなかなか眠れなかった。

「うるさい、静かにせえ！」

と、怒鳴ってしまったこともあった。

幸子さんは「ごめん、ごめん」と謝った。重信さんはひどく後悔したが、幸子さんに素直に謝れなかったという。

また、幸子さんがトイレに立つ時など、ふらふらして壁などにぶつかってしまうことがあった。

「よたよたするな！」

ときつく言ってしまい、また後悔した。だが、やはり謝れなかった。

幸子さんの症状は重くなる一方だった。そんな幸子さんを見て、一九九八年に重信さんは近畿アスベストを退職する決断をした。

「営業は誰でもできるが、嫁の世話はオレしかできん」

それを聞き、幸子さんは泣いた。

結婚の承諾を得に行った時、幸子さんの両親に「ほかさんと、ずーと面倒見てくれますか」と言われたことが念頭にあったという。

同年、大阪労働基準局は幸子さんの石綿肺を最も重篤な「じん肺管理区分四」と決定した。「じん肺管理区分」とは、粉じん作業従事者のじん肺予防のための作業内容の監督や指導、健康管理の指標だ。粉じん職歴、呼吸困難度、胸部レントゲン分類などによって最も軽い管理一、二、三から最も重い四までに区分される。

その頃から、重信さん自身もセキやタンが出始めたが、幸子さんの介護の他家事一切をやっていたので、自分のことを考える余裕はなかった。それまで、買い物すら行ったことがなかったので、炊事、洗濯、掃除などが最初はなかなかうまくいかず、イライラすることもあったが何とかこなすようになった。

身体が動くうちにと、重信さんは幸子さんを連れて車で京都や奈良、淡路島や琵琶湖などを旅した。幸子さんは、琵琶湖の『ミシガン』という遊覧船が好きで、よく乗った。

二〇〇三年からは、酸素吸入をするようになった。好きだった庭の花いじりもできなくなった。風呂は、胸が圧迫されるので苦しくて入れなくなり、二日に一回程度重信さんが幸子さんの身体をふいてあげた。

苦しくて、幸子さんはなかなか眠れない。そんな時、よく重信さんに「お父さん、話しよう」とねだった。苦しさと不安を紛らわせたかったようだ。

重信さんは、寝ながら昔の思い出など思いつくままとりとめのない話をした。話し疲れていい加減眠りそうになると、幸子さんは「もっと話をしよう」とせがんだ。

「うっとおしいなあ、明日にしてよ」

と言ってしまうこともあった。だが、幸子さんがあとどれだけ生きられるか分からないと思い直し、重信さんはできるだけ話を続けるようにした。

徐々に食べられなくなり、体重は五六キロはあったのに、二八キロと半分ほどにやせてしまった。トイレにも行けなくなり、ポータブルトイレを部屋に置き、重信さんが世話をした。

二〇〇五年三月、幸子さんが「桜が見たい」と言ったので、重信さんは車で近所に連れて行った。車窓から桜を眺めた。

「キレイや。来年の桜はよう見んな」

幸子さんは、カレンダーにその日の記録を短く書き込んでいた。

五月二六日　苦しい
五月二七日　苦しい
五月二八日　サンソ　そうじ　ケンサ　主人熱
ここまでで書き込みは途切れている。

六月四日、幸子さんは意識不明の状態に陥る。だが、幸子さんの手を重信さんが握ると「ビクビク」と動き、握り返した。

同六月六日、幸子さんは息を引き取った。六四歳だった。

「生まれ変わっても彼女と一緒になりたいね。それは本心や」

二〇〇六年に、重信さんは幸子さんの労災の遺族補償給付の申請に岸和田労基署に行った。その際、職員から重信さんも石綿工場で働いていたと話すと、健康診断を受けるよう勧められた。そして、二〇〇七年に受診、「石綿肺、胸膜プラーク(注2)」という診断を受けた。

同年には「じん肺管理区分二・否療養」と決定された。幸子さんの介護をしていただけに、今後自分がどうなっていくかよく分かる。

他方で、そういう害のある石綿製品を売ってきたことを「悪いことしたなーと思うで」という罪悪感もある。二〇〇五年の「クボタショック」以降、石綿の危険性を知らずに石綿製品を扱い、被害を受けた人々が次々に報道された。造船所、製鉄所、発電所、国鉄……。

それはまさしく重信さんがかつて営業に飛び回っていた事業所の人々だった。そして、最愛の妻を失い、自分も石綿の病になった。

今、重信さんは「被害者であって、加害者」という精神的に二重の苦しみを負って暮らしている。

韓流ドラマが重信さんは大好きだ。ハッピーエンドで終わる所が気に入っている。

朝から晩まで観ていることもあるという。

農・工・住が混在していたため、岡田陽子さんのような「家族ぐるみ」、南寛三さんのような「地域ぐるみ」の被害が泉南の石綿被害の特徴だ。また、泉南の石綿工場は労働力を確保するために社宅を備えている事業所が多く、夫婦で住んで共働きをするので、畠山さんのケースのように「夫婦ぐるみ」の被害が多いのも特徴だ。

二　ミヨシ様

三好石綿は、工場の外にも石綿粉じんを大量にまき散らし、工場に隣接する農地で農作業をしていた南寛三さんらに被害を与えたが、工場内の労働者にははるかに甚大な被害を与えていた。

青春の代償

流行の服も着たいし、映画も観たい。難波の大劇（大阪劇場）にも行ってみたい。

一九三七年に島根県の沖合五〇キロに浮かぶ離島、隠岐（おき）諸島西ノ島の漁師の家に生まれた石川チウ子さんは、一〇代の頃大都会大阪に憧れていた。

石川チウ子さん

中学校卒業後、一度大阪の堺市で女中として働いていたが、五人兄妹の末っ子だったせいか「甘えた」（甘えん坊）で長続きせず、半年で帰郷した。

だが、大阪で働いていた隠岐出身の人たちが、盆や正月に着飾って大阪名物の米菓「岩おこし」などを手土産に帰省するの

石綿糸からクロス（布）を織る工程。労働者はマスクをしていない

を見るたびに憧れはまた募った。

だから、すでに大阪泉南の三好で働いていた郷里の人のツテを頼って石川さんが二〇歳の年（一九五七年）から同社で働けることになり、入社する際は、「ワクワク」していた。だが、三好という会社が石綿を扱う会社だということすら知らなかったという。

三好は、一八九六（明治二九）年に「三好石綿商会」という名称で設立され、一九一九（大正八）年に三好石綿工業に商号を変更、現在の泉南市新家で操業を始める。

戦前、戦後の一時期、泉南に第二、第三工場を持つほど発展した。零細な事業所が多い泉南の石綿工場の中で、三好は例外的に労働者一〇〇人ほどで最大だった。地元では、別格扱いで「ミヨシ様」と呼ばれていたという。「ミヨシ様」に勤める工場労働者のおかげで地元の商店が潤い、工場のおかげで地元自治体も事業税で潤った。

一九五八年には二社を吸収合併し、石綿スレート、ブレーキライニング（自動車のブレーキに使う摩擦材）の分野にも進出した。

一九七二年までに三社と合併、一社から営業譲渡を受けて同年三菱セメント石綿工業に社名を変更、翌七三年には三菱セメント建材に再度社名を変更、九二年にはさらに四社が合併して三菱マテリアル建材になった。

三菱マテリアル建材は、大企業三菱マテリアルの一〇〇%子会社で、東京都中央区日本橋に本社を構える。

泉南市新家にあった工場は、前述のように一九七七年に千葉県に移転した。

隠岐からは五〜六人が働きに来ていた。他に、地元泉南、和歌山はもとより九州、沖縄、四国、東北など全国から労働者が集まっていた。集団就職で来た人が多かった。他に、九州から三菱などの炭鉱閉鎖に伴い離職して三好へ来た人も少なくなかった。

地元から通勤する者以外の夫婦は社宅か夫婦寮、独身者は独身寮に入っていた。石川さんは、独身寮の一〇畳間に、八人で寝起きしていた。

仕事は、石綿糸から幅三〜一五センチまでの長さの帯状のリボンや幅一メートル、長さ三〇メートルほどのクロス(布)を織る工程の作業だった。

また、石綿糸を合糸したヤーンと呼ばれる石綿ロープや、クロスを縫い合わせて袋状にし、内側に金網を張って石綿と綿を詰めて入り口を縫う座布団大の「布団」と呼ばれた製品も作っていた。これは蒸気機関車のボイラーの保温材などとして使われると聞いた。

石綿産業は他産業よりも給料はやや高く、石川さんは日給七〇円で、残業をして月給三〇〇〇円の初任給をもらった時はうれしかった。夢中で働いたという。

工場全体に粉じんが舞っているのが見え、白く煙っていた。換気扇、集じん機はどこにあるのか分からなかった。

リボンやクロスを機械で織る際に、横糸と縦糸がこすれて石綿粉じんが「ワーッと舞い上がる」。

機械を監視している目の前三〇〜四〇センチで粉じんが舞い上がり、顔にあたる。眉毛に積もり、鼻の穴も白くなった。トイレに行って、ズボンを脱ぐと下着の中にまで粉じんが入っている。仕事を終えると「小麦粉をつけたように」真っ白になった。粉じんを掃除しても五分とたたないうちに字が書けるほどまたつもった。

仕事の後に風呂に入っても石綿の粉じんはトゲのように肌に突き刺さり、全部はとれなかった。

会社からブタの鼻のようなマスクが支給され、説明もなく「マスクをつけろ」と指示されたことがあるが、手元が見えないので作業がしづらく、息苦しいのでつける人はほとんどいなかった。

石綿の危険性について会社から説明されたことはないし、安全教育もなかった。年一回程度レントゲン撮影をしたが、結果を知らされた記憶はない。

結核など肺の病気になったことを苦にし、自殺した人が三人くらいいると石川さんは聞いたことがある。これは、前出の南和子さんの証言（六一頁）を裏付ける。

泉南最大で「ミヨシ様」と言われた工場ですら、安全管理は泉南のその他大多数の零細事業所と大差はなかった。

だが、ホコリさえ我慢すれば健康そのものだった当時の石川さんにとって、毎日が楽しく、「青春を謳歌していました」という。

当初は、隠岐弁がコンプレックスで、隠岐出身の先輩に「チウちゃんは田舎の言葉出すから嫌い」と言われ、のけ者にされたこともあった。だが、徐々に皆と仲良くなった。

昼休みには三角屋根の工場横のグラウンドでバレーボールをした。年に一〜二回社員旅行があり、岐阜県の下呂（げろ）温泉や日本三景の一つに数えられる京都府の天の橋立などに行った。社員全員で近くの山に松茸狩りに行って、松茸鍋を囲んだこともある。念願だった大劇にも行き、美空ひばりや都はるみらの歌謡ショーを楽しんだ。映画や演劇に当時盛んだった歌声喫茶にもよく行った。

一九六七年には、真面目に働いたことが評価され、会社から「永年勤続表彰」を受けた。

翌六八年に土木関係の仕事をしていた人と結婚したのを機に、三好を辞めた。その後専業主婦やパートをしていた。

一九八五年頃、保健所で無料のがん検診を受けた際に胸のレントゲン写真を撮った。

「石川さんこれ何や、何か白いもんがいっぱい刺さってるで」

と医師に言われた。石綿の繊維がトゲのように刺さっていたようだ。だが、当時は症状が出ておらず、気にしなかった。

二〇〇五年頃から風邪をひきやすくなり、風邪をひくと二～三カ月は治らなくなった。セキやタンもよく出るようになった。

次第にタンがなかなか切れなくなった。タンを出そうとするとノドがつまり、息が止まりそうになる。涙が出て内臓が飛び出しそうになるくらい「オエーッ、オエーッ」とえずく（吐く）。そしてやっと血タンが出る。

この頃、夫も糖尿病で入退院を繰り返し、生活保護を受けざるをえなくなった。

二〇〇六年、石川さんは「びまん性胸膜肥厚」と診断され、〇八年に労災認定された。

びまん性胸膜肥厚とは、「アスベストによる胸膜炎の発症に引き続き、胸膜が癒着して広範囲に硬くなり、肺がふくらみにくくなり呼吸困難を引き起こす病気です。比較的高濃度の石綿のばく露が累積して発症すると考えられています。潜伏期間三〇～四〇年」[3]とされる。石綿肺や肺がんの危険性が高まるとも言われている。

　隠岐出身で三好で石川さんの同僚だった人が、帰郷して苦しんだ末に肺がんで亡くなっている。自分も同じようになるのかと考えると怖くて眠れなくなる。他にも元同僚が次々に亡くなっていく。

「あっちこっち（で元同僚が）、ミイラのようにやせ細って亡くなっていくんが、悔しいねん」

　石川さんの友人で同じ隠岐出身の水本美代子さん（一九四三年生まれ）も中学校を卒業した一九五九年から結婚して退職する六四年まで石川さんと一緒に着飾って難波にあったジャズ喫茶に遊びに行くなど楽しい思い出もある。

水本美代子さん

　まで五年九カ月三好で働いた。

　三好で働きながら看護師の資格をとり、その後は病院で働き、六五歳で退職した。だが、退職した二〇〇八年に「胸膜プラーク」と診断された。水本さんの症状は急速に進み、わずか一年弱で最も重篤な管理区分四の石綿肺になってしまった。

「胸膜プラークがみられ、胸部エックス線、胸部CT検査で石綿肺に相当する線維化の所見があれば、肺がん発症の危険が二倍以上であると考えられます[4]」という。

　看護師を辞めてから、水本さんは夫が営むカラオケスナック店を手伝っている。演歌のデュエットをしてあげると客が喜ぶ。だが、タンが出て息苦しくて歌えなくなった。

　石川さんと共通の隠岐出身の友人が肺がんで亡くなった。他にも何人もの三好の元同僚が次々に亡くなっていく。その変化の様子を間近に見ているから、水本さんは次に自分がどういう段階になるかも予想ができると言う。

二〇一二年三月に、水本さんも原告になった国賠訴訟の早期解決を訴える手紙を、各原告が当時の野田佳彦首相あてに送った。その中で、水本さんはこう書いている。

「アスベストの被害者には明日という日はありません。（中略）薬もない。治療方法もない。死を待つ恐怖におびえる毎日です」

健康なら、明日が来るのを疑わない。だが、石綿被害者にはその「明日」がない。「死を待つ恐怖におびえる毎日」とは、いつ自分の処刑の日が来るかを待つ死刑囚と同じだ。

何もしていないと気が滅入るのであまり客はこないが毎日店は開けている。その店のカウンターで、水本さんはときどき水を口に含み、ノドを潤しながら話してくれた。

石川さん、水本さんは、三好で働くことで青春を謳歌できた。だが、その代償はあまりに重い肺の病だった。

勤勉のはて

「自分も大事なもんを断とうと……」

「私の主人は、三好石綿で三六年間働きました。あんな恐ろしい病気になるとは知らず、会社のために、毎日一分も遅れずに働きました……」

二〇一四年の八月に泉南市の澤井たま江さん（一九三五年生まれ）のお宅にお邪魔すると、用意しておいてくれた最高裁の裁判官にあてて書いた手紙を五分ほどかけて訥々と全文読み上げてくれた。

その頃、たま江さんたち泉南の石綿被害者や遺族は石綿の危険性を早くから知っていたのに規制しなかった国の責任を問う国賠訴訟で最高裁に上告しており、原告全員が同様の手紙を書いていた。

たま江さんの夫・石正（いしまさ）さん（一九二三年生まれ）も島根県の隠岐諸島西ノ島出身だ。石正さんはすでに九〇年に石綿肺で亡くなっている。

「『石正』という名前の通りカタイ人でした。几帳面でまっすぐで、間違ったことが大嫌い」

通勤のため、毎朝決まった時刻に石正さんが駅近くの踏切を横切った姿を見かけると、その後に電車が通過する。近所の人に「時計のような人やね」と言われていた。

たま江さんは石正さんのおいたちを詳しく聞いたことがないので、家族がおらず一人で育ったこと、戦争から復員後にツテを頼って三好で働き始めたことくらいしか知らない。

一人で育ったせいで家族を大切にし、また三好の同僚や後輩を家に招いてにぎやかに食事をするのが好きだった。

前出の石川チウ子さんは、面倒見のいい石正さんを頼って三好で働くことになった。隠岐の海に親しんで育ったので、釣りが趣味だった。

三好では、主に石綿原料と綿などを混ぜる混綿をしていた。真面目でよく働く「会社人間」だったとたま江さんは言う。ほとんど休まず、三好から表彰されている。

たま江さんは石正さんの職場を見たことはないが、石綿粉じんまみれの作業着で帰宅していたことから、相当なホコリの中で働いていたのだろうと考えている。

石正さんが三好から持ち帰る石綿の布を、三本指の手袋に縫う内職をたま江さんはやっていた。その石綿手袋が何に使われるのか、聞いたことはない。おそらく、鋳物工場や溶鉱炉、消防士など耐熱性が求められる職場で使われたのだろう。

この手袋の内職は三好の労働者の妻に順番に割り当てられていた。普通の内職より多少賃金がよく、夕食の後片付けが終わった後の午後八時頃から午後一一時頃まで、マキなどを保管してある二畳の小屋で裸電球を吊るしてこの内職をやっていた。

縫う際に石綿布についている粉じんが舞い、それを吸い込んでいた。また、たま江さんは石正さんの作業着を洗濯する際にも石綿粉じんを吸い込んでいる。それで、たま江さんにも胸膜プラークがある。

石正さんは、四五歳の一九六八年頃からよくセキをするようになった。セキ込みがだんだん激しくなり、あお向けになると苦しいので正座して布団を抱えて前かがみになって眠っていた。

それでも休まずに勤めた。六〇歳で定年退職した後、「石綿肺」と診断された。労災認定された時も、無口な石正さんは「これで、わしが死んでもお前に（遺族年金を）やれるんやで」と言っただけだった。

石綿肺の恐ろしさを知らなかったたま江さんは深刻に受け止めず、「石綿で働いとったらなるんやね」としか思わなかったという（澤井たま江さん陳述書）。

澤井石正さん

だが、六四歳（一九八八年）で「肺がん」と宣告された。
「医者が何を言っているのかわからず、ただ涙がぽろぽろ出ました」
本人にがんと告げることはできず、たま江さんは涙を見られないよう、色付きの眼鏡をかけて隠していた。
手術を受けたが、がんは脳に転移し、八九年には脳腫瘍の手術も受ける。

にぎやかなことが好きな石正さんのため、翌一九九〇年の初夏、たま江さん家族とたま江さんの兄弟一五〜六人で伊勢を旅する。伊勢参りをする体力は残っていなかったが、それでも石正さんは旅館で大好きなサザエやアワビをおいしそうに食べた。

「また行こな」

たま江さんの兄弟が声をかけた。

「そやなあ」

石正さんはうれしそうに答えた。

しかし、それが最後の旅になる。旅行から帰ってくると日々弱っていった。

タンの吸引を看護師がする際に嫌がって暴れ、看護師の手にかみついた。やせて手からは点滴ができず、首から入れていた。だが、暴れて点滴の管が抜け、「こわいくらい血まみれ」になり、輸血をしたこともあった。やむなく手足をベッドにくくりつけざるをえなくなった。

石正さんが少しでも楽になるよう、長生きできるよう、たま江さんはお地蔵さんを拝んだり、亡くなる前の四〇日間ほどは「米断ち」をした。

「今考えたらアホみたいやけど、主人がこんだけ苦しんでるし、自分も大事なもんを断とうと……」

石正さんは、最期はやせ細り「まるでガイコツのようでした」という。もがき苦しみながらも近く孫が生まれるのを楽しみにしていた。

だが、ついに会えずに逝った。

隠岐出身で泉南の石綿工場で働いた人々が一体何人死んでいるのか。二〇〇八年の五月と一一月の二回、「市民の会」のメンバーが調査に行った。その結果、少なくとも二四人が隠岐から泉南に来ており、半数以上が死亡していることが判明した。

「お栄ちゃん」

木下お栄さん（一九二七年生まれ）も一九四八年から七七年まで二九年間、ほとんど休まず三好に勤めた。

木下お栄さん

朝五時半過ぎには起床し、和歌山市内の自宅を出てバスと電車を乗り継ぎ、一時間半ほどかかる阪和線新家駅そばにあった三好の工場に出勤する。夜は八時、残業すると一〇時頃帰宅するような生活を続けた。

当時、和歌山県から府県境を越えて三好に働きに行く人は多く、長女の竹井弘子さん（一九五六年生まれ）によれば、お栄さんの他に親族三人も働きに行っていたという。

二〇〇六年にお栄さんは死去しており、どんな仕事をしていたのか詳細は不明だが、前出の石川チウ子さんたちと石綿のクロス（布）やパッキン（石綿製の詰め物）などを製造する作業に従事していたこともあったようだ。

一九七六年の大学の冬休みに、弘子さんは三好で一カ月間アルバイトをした。

「工場の中は、こんなおそろしいことが起きるような所とは思いもつかないくらい、働く人たちが笑顔で仕事をしていた」（竹井弘子さん陳述書）という。

その時のお栄さんの仕事は、ブレーキライニングのネジ穴を開ける作業だった。ブレーキライニングは、自動車のブレーキに使われる摩擦材だ。この摩擦材を回転体（ドラム）の内側に押し付け、その摩擦で回転体を停止させるのが当時のブレーキの仕組みだ。

お栄さんは椅子に座り、作業台の上にのせた縦二〇センチ、横五〇センチ、厚さ一・五センチほどの四角い石綿製板のブレーキライニングに電気ドリルでネジ穴のような穴を開ける作業をしていた。ドリルで穴を開けるたびに石綿粉じんが飛散した。手元と顔の間は、せいぜい二〇〜三〇センチほど。いきおい粉じんを吸い込むことになる。

お栄さんたち労働者は安全靴をはいていたが、粉じんは新雪のように床から五センチくらいつもり、安全靴がすっぽり隠れるくらいだった。

換気扇はあったが、真っ白になっていた。だが、お栄さんも他の労働者もマスクはしていなかった。弘子さんは、アルバイト中にトゲのように石綿粉じんが眼に刺さったこともあるという。

お栄さんたちが穴を開けたブレーキライニングをフォークリフトのパレットに積むのが弘子さんの仕事で、息つく暇もないほどだった。

昼食は別棟二階の食堂でとった。ご飯とみそ汁はお替り自由。若かった弘子さんは、最初は「ラッキー」と思ってお替りをしたが、二週間たった頃から次第にセキが出るようになり、食事をするのもつらくなった。石綿で手が荒れ、「バサバサ」になった。お栄さんの手もひび割れ、荒れていた。

しかし、そうやって働いたお金で、お栄さんは弘子さんに習字などの習い事をさせ、英語塾にも行かせてくれた。ピアノも買ってくれた。そして大学にも進学させてくれた。

退職後の一九八四年、お栄さんは急性肺炎で入院した。その際、夫（弘子さんの父親）は「奥さん、肺が真っ白ですよ」と言われたという。

その後徐々に息苦しくなり、二〇〇〇年頃から、息苦しさがひどくなった。翌〇一年末頃から酸素吸入を始めた。

それでも社交的なお栄さんは、小奇麗におしゃれをしてデイサービスなどに出かけて行ったという。「お栄ちゃん」と呼ばれ、皆から親しまれていた。

だが、〇四年には呼吸困難になり、気管切開をした。話せなくなるのは分かっていたが、ノドに直径約二センチの呼吸弁を入れ、口から食べられないので鼻からチューブで栄養剤を胃に送った。

苦しいはずのお栄さんだが、それでもユーモアを忘れなかったという。

「何が食べたい」と聞くと、声を出せないので文字盤を指さし、食べられないのが分かっているのに「カレー」「焼肉」「ビール」などの好物を並べ、弘子さんたちを笑わせたそうだ。

結局二年間、病院で寝たきりになる。次第にやせて、「身体は骨と皮ばかりで軽くてカリカリ、文字どおりミイラのようになり、膝や肘などの関節は固くなって曲がったままでした」（竹井弘子さん陳述書）。

お栄さんは、夜中に自分で人工呼吸器をはずしてしまうことが数回あった。それも医師や看護師がいない夜中に。手をベッドに縛られてもはずしてしまった。そこから、弘子さんは「母はもう生きていたくなかったのだとしか思えません」と言う。

二〇〇六年二月、お栄さんは亡くなった。社交的だった性格を反映し、葬式には弘子さんが知らない人もたくさん集まった。

死因は「陳旧性肺結核（ちんきゅう）」とされた。一度治ったが再発した結核という意味だ。

二〇〇五年の「クボタショック」を契機に石綿被害が大きく報道されるようになり、弘子さんはお栄さんの病気が石綿と関係があるのではないかと疑い、担当医に数回聞いた。だが、医師は明確な説明をしなかった。

弘子さんは釈然とせず、お栄さんの本当の死因は何なのか、病院からレントゲン写真を借りて別の医師に診てもらうなどした。そして、やはり石綿の病（びまん性胸膜肥厚に伴う呼吸不全）だったことが判明、最終的には二〇〇七年になってお栄さんは石綿肺で管理区分四とされ、労災が認められた。

お栄さんは、自分の病気が何なのか、なぜ死ななくてはならないのか、知らないまま亡くなった。

「竹やりで刺されるようや」

酒は飲まず、パチンコに行くと景品に子どもにチョコレートを取ってくるような子煩悩な人。六四年に三好の同僚だった山田英介（えいすけ）さん（一九三三年生まれ）と職場結婚した妻のカヨミさん（一九四三年生まれ）は、夫の英介さんについてこう語った。

英介さんは神奈川県川崎市生まれだが、一五歳くらいの時に家族で父親の出身地である大阪府泉佐野市に戻った。家庭の生活が苦しく、英介さんは中学時代から泉南市にあった電気工場で働き始めた。

一九五〇年に給料のよりよい三好に移り、以後二九年間勤めた。

最初の九年間は石綿原料や石綿製品の搬出入、石綿製品の梱包などの製造現場の仕事をしていた。その後は事務職にかかわったが、人手不足だったので現場の手伝いも続けた。

三好に勤めながら夜間高校に通い、簿記を学んだ。

六四年に三好の同僚だったカヨミさんと結婚、三人の子どもに恵まれた。

七九年に退職、その後は半年ほど石綿関連の事業所に勤めたことはあるが、簿記の知識を活かして経理の仕事などをしていた。

英介さんは、健康でスポーツ好きだった。夏はプールに毎日のように通い、休日には近所の人やサークル仲間とよく山登りやハイキングをした。

だが、二〇〇一年頃から胸が苦しくなったり、セキが止まらなくなった。入退院をくり返すがなかなか病名が分からない。

翌二〇〇二年一一月になって病院で「悪性腹膜中皮腫の可能性が極めて高いです。断言はできませんが、余命は半年です」と宣告された。

腹膜中皮腫とは、肝臓や胃などの臓器を囲む腹膜などにできるがんだ。潜伏期間が二〇年から五〇年と長いが、発症すると石綿肺と違って死亡するまで半年〜一年ほどと短いのが特徴だ。

山田英介さん

英介さんの担当医師は、「悪性腹膜中皮腫」という病気は石綿を扱う仕事をしている人がよくかかる病気だとカヨミさんや次男の哲也（一九六七年生まれ）さんらに説明した。

カヨミさんも哲也さんも「石綿」という言葉がどうして医師の口から出てくるのか、「セキメン」という言葉の意味もよく分からなかったという。英介さんが三好石綿で働いていたのはもう何十年も前のことだったからだ。

同年一二月、別の病院で検査したところやはり「悪性腹膜中皮腫」と確定し、医師は英介さんに告知した。

前述のように、繊維の硬い青石綿を使って強度を強めた水道管を製造していたクボタの兵庫県尼崎の旧工場周辺住民の石綿公害の被害者は、中皮腫で亡くなる人が多い。

それに対して、三好石綿も含めて泉南の石綿工場は石綿紡織業が中心だったので青石綿より繊維の柔らかい白石綿が多く使われ、石綿被害者は圧倒的に石綿肺が多く、中皮腫は珍しい。

英介さんは、孫がせめて大学生になるまで生きたいと願っていた。

翌〇三年一月、カヨミさんと哲也さんは、医師に紹介状を書いてもらい、中皮腫の先端治療をしている近畿中央胸部疾患センター（大阪府堺市）に英介さんの検査結果などの資料を持って良い治療方法はないか、相談に行った。

対応したのは院長だった。「院長先生なら何か良い治療方法を教えてくれるに違いない」と二人は期待しつつ、英介さんの職歴や病状を説明した。だが、院長はこう言った。

「こんなもん、一年も延命できたらノーベル賞もんや。この病気に逆転ホームランはないですよ。当院に来ても、手荒い治療になって、患者も家族も辛い思いをしますよ」（山田哲也さん陳述書）。

しかも笑いながら言ったという。

腹膜中皮腫は、腹水がたまるので激痛をもたらす。カヨミさんによれば、英介さんは「まるで浮き輪をしているように」お腹がパンパンに膨らんだという。

そして、「竹やりで刺されるようや」と苦しんだ。横になれず、座ったまま寝る。排泄ができないから、よく嘔吐した。カヨミさんは病院に泊まり込んで徹夜で看病することもしばしばだった。

ある日、哲也さんが病室に行くと、疲れ果てたカヨミさんが、英介さんのそばで二人仲むつまじそうに寝入っていたこともあったという。

せめておいしい水を飲ませたいと家族で和歌山や奈良の山に行って水を汲んできた。哲也さんは練習せずにフルマラソンを完走し、それを報告して父を励ました。

だが、腹水に血が混じるのか赤くなるなど症状は進んだ。そんな時に、英介さんは点滴をはずし、ベッドから落ちたことがあった。

「私が今思うには、あれはベッドから『落ちた』のではなく、自ら死を選ぼうとしたのではないか」(同)

その後抗がん剤治療も効かなくなり、中止された。

二〇〇三年四月、英介さんは死去した。

「逝ったらあかんがね！」

カヨミさんは遺体にすがって号泣した。

中田敏夫さん

小さく小さく息をしていた父

三好の工場に舞う石綿粉じんが、西日に当たり、キラキラと光って輝いている。

「見てみい、きれいやなあ」

誰かが言った。皆で見とれた。それは「石綿の怖さを知らなかったからやねえ」。

今は鼻に酸素吸入のチューブをつけている中田秀子さん（一九三二年生まれ）は、苦しそうにふり返った。

共に和歌山県出身の秀子さんと敏夫さん（一九三一年生まれ）は

一九六二年に職場結婚し、三好の工場敷地内の社宅で暮らした。一九七七年に三好の泉南の工場が千葉移転にともない閉鎖されるまで、秀子さんは約二〇年、敏夫さんは約二四年働いた。

敏夫さんは、前出の澤井石正さんらと素手で石綿と綿を混ぜる混綿作業をしていた。

働きながら夜間高校を卒業し、フォークリフトの免許やボイラー技士の資格をとった。のみならず、危険物取扱主任者（現在の危険物取扱者）の免許もとったので、石綿に薬品を混ぜる「準備」と呼ばれていた作業などにも従事した。

混綿された塊は、解きほぐして梳いて粗い糸の篠にする「カード」（粗紡）と呼ばれる工程にかかる。その次に、「ロービン」（精紡）という篠によりをかけて糸に仕上げる工程に移るが、秀子さんはこのロービンに従事した。ロービン機上部の篠を下部の「錘」と呼ばれる木管に機械でよりをかけて巻き取る。巻き取った玉が一定の太さになると機械が止まり、秀子さんが玉をはずして新たな木管を刺して運転を再開する。機械がよりをかける際に石綿粉じんが飛散し、顔にかかる。

三好石綿の女性労働者たち（後列右端が中田秀子さん）。背後に三好の三角屋根の石綿工場の建物が見える。

篠は切れやすく、切れると隣の篠に巻き付いてしまう。工員はこの状態を「花が咲く」と呼んだ。すると、機械を止めて糸をつなぐ。

その他、秀子さんは「石綿布団」を縫ったり、ブレーキライニング（ブレーキの摩擦材）の製造、石綿の粉を金型に入れて焼いて固める「焼成プレス」という作業などに従事した。

「焼成プレス」は、焼いた後に金型からはみ出した部分をヤスリで落とし、グラインダーで磨いて仕上げる。その際、大量の石綿粉じんが発生したが、ちゃんと磨けているかを確認するために顔を近づける必要があるので、どうしても粉じんを吸い込んでしまう。

三好からマスクをつけるよう指示された記憶はないが、秀子さんは自分でナイロンマスクを買ってつけていた。敏夫さんもつけていたが、鼻とマスクの境目に石綿粉じんがつもっていた。

仕事が終わると、工場内の扇風機の前に立って粉じんを飛ばしたが、それでも落ち切らないので「エアー」と呼ばれる空気が噴出するホースで吹き落とした。

元労働者の証言を聞くと、安全管理の面では労働者の健康を考えていたとは到底言えない三好だが、社員旅行や演芸大会などもあり、「会社は楽しかった」と口をそろえる。社宅の人たちは皆家族のようで、仲が良かったそうだ。

敏夫さんは、おしゃべりではないが人を笑わせるのが好きで、よく冗談を言っていた。会社の演芸大会で、敏夫さんは女形を演じることになり、秀子さんが長じゅばんを貸した思い出もある。

秀子さんは、「三好で働いて子どもを大きくすることができた。有難うと思わないかんな」と言った。

しかし、それは健康と引き換えだった。

三好時代から、敏夫さんはセキやタンがよく出たが、退職後、食品会社に勤めていた一九八七年に痩せてきたので家族が病院に行くことを強く勧め、渋々受診したところ即入院することになった。

後日、秀子さんと長女の弘子さん（一九六三年生まれ）が病院に呼ばれ、「肺がんです。余命は半年です。手術はできません」と告げられた。

二人は敏夫さんにはどうしても本当のことを打ち明けられなかった。敏夫さんはがんと知らないまま、がんの進行とともにやせ細り、点滴の針は刺せる所がなくなり、最後は足に打った。

抗がん剤の影響で、髪が抜け落ちてがんであることに気づいていたかもしれないが、それでも我慢強い敏夫さんは家族に当たり散らすこともなく、吐き気やめまい、呼吸困難などの苦しさに黙って耐えていた。

一九八八年の正月に、敏夫さんは一時帰宅した。

「家族としてはおいしい物を好きな物を食べてもらいたいのですが、味覚をなくした父にはおかゆが一番で食欲もないしいらないと言うのです。最後の正月なんだよと何でも無茶を言ってほしかったのです。力無く居間に座った父はすごく小さな背中に後少しの人生を背負って小さく小さく息をしているようでした」（弘子さんの三菱マテリアル建材への手紙）

その後、同年二月に再入院した敏夫さんは三月に亡くなった。まだ五七歳だった。

「寝たきりでもいいから生きてて欲しかった。自分より、お父さんのことがかわいそうで……」

こう秀子さんはつぶやいた。老後は夫婦二人で旅行をしようと楽しみにしていたが、果たせなくなった。

それどころか、秀子さんも二〇〇三年頃から胸の痛みを感じるようになり、〇九年には「びまん性胸膜肥厚」で労災認定を受けた。

二〇一〇年には酸素吸入器が手放せなくなった。

秀子さんは「私は、よく『お父ちゃんだけじゃなく私まで』と落ち込むことがありますが、『お父ちゃんより二〇年は生きたから』と、あきらめの気持ちもあります」（中田秀子さん陳述書）という。

勤勉のはてにあったのは、筆舌に尽くしがたい苦しみ、そして諦念だった。

「人柱」

「この幸せが続いてほしい」

地下一〇〇〇メートルまで坑道をトロッコで降り、ダイナマイトを仕掛けて石炭の層を破砕、ツルハシをふるい、スコップで石炭をかき出す。佐賀県の現在の多久市にあった明治鉱業明治佐賀炭鉱で、迫園敬吉（さこぞのけいきち）さん（一九三二年生まれ）は、一九五二年から約一〇年間、真っ黒になって働いた。炭じんを吸い込むことで起こるじん肺で亡くなった人もいたという。迫園さん自身は経験していないが、落盤や爆発事故も起こる。

だが、「炭鉱は危なかったけど、景気はよかったですよ」という。石炭はかつて「黒いダイヤ」と呼ばれ、斜陽産業化する以前の石炭産業の賃金は悪くなかった。

迫園敬吉さん

しかし、羊羹（ようかん）を製造していた妻セツ子さん（一九三三年生まれ）の実家の手伝いを頼まれ、炭鉱をやめて五年ほど働いた。

その後、敬吉さんと同じように佐賀の炭鉱から三好に転職した知人の姉に、当時三好は人手不足だったので、「九州の人間はよう働く」と見込まれ、誘われた。

社宅もあるから家賃もいらず、夫婦で働ける。おまけに三好は引っ越し代まで負担してくれるというので一九六七年に娘二人を連れ、一家四人で泉南に移り住んだ。

工場の周辺にはタマネギ畑が広がり、佐賀に似ていた。

「大阪にもこんな所があったのか」と敬吉さんは感じた。

「コマツ」向けの農業用トラクターや建設重機用の石綿製のブレーキライニング（ブレーキの摩擦材）や同じく石綿製のクラッチフェーシング（駆動力の伝達を制御する摩擦材）を研磨機で決められた厚さに削るのが敬吉さんの仕事だった。

セツ子さんは、製品をノギスで計り、規定を満たしているか検査する仕事をしていた。座って研磨する際、敬吉さんの顔の前で石綿粉じんが飛び散る。集じん機が研磨機の上についてはいたが、粉じんを吸い込むのは避けられなかった。

工場全体に粉じんが飛散していた。三好からマスクをしろと指示された記憶はない。ガーゼマスクをしたことはあるが、しないことのほうが多かった。

年に一回レントゲンを撮ったが、会社は結果を教えてくれなかった。

三好に労働組合は一応あった。だが、労働者の労働環境を守るために何か具体的な対策を提起したことはなかった。この点、わたしは他の三好の元労働者にも尋ねたが、同じ答えだった。

工場の屋根のトイから石綿が「ツララ」のように垂れ下がっていた光景を、敬吉さんは鮮明に覚えている。

工場裏には幼稚園や水田があったが、工場から石綿粉じんが飛散していた。これは、前出の南和子さんの証言（六〇頁）を裏付ける。

社宅は工場の敷地内にあり、寮もあり、二〇世帯くらいが住んでいた。

「寮や社宅に住んでいる従業員やその家族たちは、全員が家族のようにわいわいがやがやと楽しく暮らしていました。みんな石綿がこんな恐ろしい病気になるなど全く知らなかったのです」（迫園敬吉さん陳述書）

昼食は夫婦で社宅に戻り、石綿粉じんがついた作業着のままとった。社宅の中も粉じんが舞っていた。社宅の子らは学校がひけると友だちを連れてきて、工場の横の木にブランコをかけたり、資材置き場でかくれんぼなどをして遊んでいた。時には工場の中にも入ってくることがあり、今からふり返ると石綿粉じんを吸っていたと思われる。

一九七七年、泉南工場の千葉移転を契機に迫園さん夫婦は三好を退社し、敬吉さんは泉佐野市のホンダアスベストという会社に移った。

同社では、全国の発電所や製鉄所、石油精製所、造船所、病院などをまわり、配管の保温材の耐久性をチェックする仕事をした。同社はニチアスの孫請け会社で、保温材はニチアスの製品が多かった。新しい保温材に貼りかえる際、保温材を配管の形にあわせてノコギリで切断する。

その時に石綿粉じんが飛散した。自分で買ったガーゼマスクをしたりしなかったりだった。作業が終わった後に作業服を払うと石綿が飛散してキラキラ光っていた。

原発の定期検査にも行き、配管の保温材を交換した。福井県の大飯、高浜、美浜、敦賀、鹿児島県の川内（せんだい）などの原発をまわった。

炭鉱、石綿、原発……戦後の高度経済成長を支えた産業で敬吉さんは働いてきた。

ホンダアスベストで働いていた一九八九年頃から、敬吉さんはタンがよくでるようになった。二〇〇八年頃から息苦しくなり始め、〇九年には「びまん性胸膜肥厚」との診断を受け、労災認定された。セツ子さんも「胸膜プラーク」と診断された。

二〇〇五年のクボタショックの前まで、敬吉さんもセツ子さんも三好時代の元同僚が次々に亡くなっていくのが不思議だった。前出の中田敏夫さん、木下お栄さんらセツ子さんの知人で亡くなった人は一〇人以上にのぼる。

「昨日も葬式したのにまた葬式という日があって、三好の人ばかり亡くなっていくのは何でやろう」

セツ子さんは不思議だった。

「ボロボロ死んだ」

敬吉さんもこう言った。

だが、石綿が原因ではないかと疑うことはなかったという。

猛烈な石綿粉じんの中で仕事をしていた同僚が次々に死んでいくのに、石綿を疑わないのは一体なぜなのか。この点をわたしは敬吉さんとセツ子さんにしつこく何回も聞いたが、「知識がなかったから疑えなかった」と二人とも口をそろえた。たかがホコリを吸い込んだくらいで、まさか命までとられるとは到底考えられなかったようだ。

二人が石綿の危険性を知ったのは、二〇〇五年の「クボタショック」の後に知人に誘われて参加した「市民の会」が開いた「医療と法律の個別相談会」だった。

敬吉さんは「肺がんの恐れがある」という診断を受けた。その後、医師から「肺がんではなかった」と言われ、「腰が抜けそう」になったという。

また、子どもたちが子どもの頃に石綿工場の周辺で遊び、石綿粉じんを吸っていたことも気がかりだ。もし子どもたちにも症状が出たらと考えると、いても立ってもいられない。

「平凡な生活だけど、これが続いて欲しい。家族や娘二人の家族もいます。孫もいます。この幸せが続いてほしい」

「ノドに穴があいているから、オレは口をふさいでも死なへん」

三好の被害は工場内の労働者だけでなく、石綿原料や製品を運ぶ運転者にまで及んでいた。

満田（みつだ）ヨリ子さん（一九四四年生まれ）は、鹿児島県鹿屋市出身だ。泉南の紡績会社に就職後、知人の紹介で鹿児島県の離島・奄美大島の名瀬市（現奄美市）出身の健男（けんお）さん（一九四三年生まれ）と知り合い、一九六五年に結婚した。

健男さんは、奄美大島の中学校を卒業後、泉南市の理容院に住み込みで働き、理容師の資格をとった。だが、給料が安く、女性客が顔をそりに来て気を使わねばならないのも嫌だった。

「男の仕事じゃない。オレにあわない」と言って辞め、健男さんは一九六三年から現在の阪南市にあった在日朝鮮人の経営する西河石綿という労働者二〇人ほどの小さな石綿工場で働き始めた。

満田健男さん

結婚前にヨリ子さんが健男さんを西河石綿の工場に訪ねると、健男さんは頭からつま先まで石綿の粉じんまみれで真っ白になって出てきた。混綿やカードなど最も石綿粉じんを浴びる工程に従事していた。

その後、健男さんは別の石綿工場に引き抜かれたが、より収入の多い運送の仕事をしようと大型車の免許をとり、一九六八年から三好で石綿原料や石綿製品などを運ぶ運転者の仕事にかかわった。

健男さんは、身長は一七五センチある立派な体格で、力持ちだった。

泉南工場の千葉移転にともない、下請け会社が製造したブレーキライニングや輸入された石綿原料を堺港や神戸港から千葉県の工場に運び、完成品を大阪へ運搬することになった。

麻袋やビニール袋に入っていた石綿原料を手カギで引っ掛けて持ち上げ、トラックに積み込む。その際、袋が破れて石綿粉じんが舞い散り、それを健男さんは吸い込んでいた。

「神戸港は石綿の全輸入量の三分の一程度を取り扱ったとされ、港湾労働者らに石綿による肺がんや中皮腫の発症が相次いでいる」「全港湾神戸弁天浜支部は、神戸港で働いた九五人の労災認定を把握」したという報道もある（神戸新聞二〇一四年一一月一一日）。このような港湾労働者と同じ危険な作業を、健男さんもしていた。

千葉へ運送する日は、午前中に石綿原料や石綿製品を大阪や神戸で集荷し、一度自宅に戻って昼食をとってから徹夜で運んだ。

健男さんは、三好で運送の仕事を始めた一九六八年頃からすでにセキやタンが多かった。

「お父さん、若いのに何でそんなにセキやタンが出るの」

とヨリ子さんは聞いたことがある。だが、当時は「そういう体質なんだろう」としか考えなかったという。

一九八七年頃からノドの調子が悪くなり、八九年には「喉頭（こうとう）がん」と宣告された。手術したが、手術後の傷がなかなか接合せず、縫合（ほうごう）手術を五回もやり直した。

ノドには直径一センチ弱の穴があいた。そこから息をしていた。傷穴にホコリが入るとむせるので、ノドにはホコリが入らないよう「前掛け」のような布を掛けていた。ノドの穴に水が入ると窒息するので、風呂は肩までしか入れない。

声が出なくなり、ノドの振動でロボットのような声に変わるドイツ製の人工声帯をつけて話した。そんな身体になっても健男さんは手術後約一〇年も運転者として働いた。

「普通の人なら気がおかしくなるような状態でも、辛抱強く耐えていました」

とヨリ子さんは言った。

トラックの運転中にノドの穴からしょっちゅうタンが出てくる。運転席横に置いたティッシュで拭いて運転を続けた。何回もノド穴を拭くので、ノドの穴と周辺がカチカチに固く真っ赤なコブのようになっていた。それでも、健男さんは「ノドに穴があいているから、オレは口をふさいでも死なへん」と冗談を言って笑っていたという。

ヨリ子さんは心配で、千葉への運送に何回か付き添ったことがある。荷物の積み下ろしをする際は、息が荒くなり、酸欠で顔色も悪くなり、ふらふらだった。

「泣き言言わんと、人と同じように働ける所を見せて、自分は半端じゃないと私に思わせたかったんでしょう」

こうヨリ子さんは感じたという。

食べ物をなかなか呑み込めないので、米ではなく麺類を食べていた。だが、満腹感を感じられない。それで、ビールは腹がふくれ、アルコールの力で眠れることもあり、飲んでいた。

九七年頃には喀血するようになった。それでも仕事は辞めず、運転中に喀血しそうになるとドライブインに入ってしのいだ。

一九九九年に結核を発症した。やむなく三菱マテリアル建材（旧三好石綿工業）は辞めた。

だが、一カ月で退院すると、また運送の仕事についた。しかし、喀血がひどく、一カ月たらずで辞めざるをえなかった。

その後、ノドの傷穴からまるで噴水のように喀血することが週に一回はあった。身体の半分以上の血が出たのではないかと思うような大量喀血が数回あった。

しかし、自宅で療養するようになっても、健男さんは亡くなる前日までヨリ子さんのほうの病気を気遣い、ヨリ子さんを車で病院に送った。

二〇〇四年七月二七日は真夏の暑い日だった。午前一一時頃にヨリ子さんがパートから帰ってくると、健男さんは二階で大リーグ・ヤンキースのテレビ中継を観ていた。当時ヤンキースには松井秀喜選手がいた。大リーグでは、巨人時代ほどホームランを打てなかったからか、「松井は大変やな」と健男さんが言ったのをヨリ子さんは覚えている。

午後四時過ぎ、ヨリ子さんが二階にあがると、健男さんはベッド横に敷いたビニールに座り、洗面器半分ほどの大量の吐血をし、洗面器を抱きかかえたまま硬直して息絶えていた。

健男さんを抱き起こした。

「ホントにきれいな、安らかな顔で、眠ったようでした」

テレビとクーラーはつけっぱなしになっていた。

だが、健男さんがなぜこんな死に方をしなければならなかったのか。健男さんも無念だったろうが、それを目撃してしまったヨリ子さんの心の傷も深い。

「思い出すたびに夫がどれだけ苦しかったかと胸がつまり、涙がとまりません。『背中をさすってあげればよかった。近くにいて苦しくないようにいろいろしてあげればよかった。そばにいたら助かったかもしれない』と、何度も何度も考えてしまいます[5]」

死因が石綿だと分かったのは「市民の会」の相談会がきっかけだった。それまで、ヨリ子さんも健男さんも石綿の危険性を聞かされたことは全くない。

死後、二〇〇七年に石綿肺と肺結核の合併症で、労災認定を受けた。

健男さんも、病気が石綿のせいとは知らず、自分がなぜ死ななければならないのか分からないまま、逝った。

「おバアー、早よ迎えに来い」

和歌山県に住む川崎武次(たけじ)さん(一九四三年生まれ)の父・武雄さんも石綿肺で二〇一〇年に八八歳で亡くなった。武雄さんも三好で働いた。母・梅子さんも三好で働いており、九二年に六九歳で死去している。梅子さんの死因は「呼吸器不全」だったが、当時は「石綿肺」など石綿の病が医師に広く知られておらず、石綿が原因ではないかと武次さんは考えている。

武雄さんは戦地から復員した後、ツテを頼って三好で働き始めた。川崎さん一家が住む地域は同和地区で、他に仕事がなかったので何人もの人が三好に働きに行っていた。

わたしはこのことを書いてもいいか、武次さんに聞いた。

「いまさら隠したってしゃあない」

あっさりと許可してくれた。三好には、他の同和地区から働きに来ている人たちもいた。

川崎武雄さん

武次さんは、母親から差別のない公務員になるよう勧められ、消防局に勤めた。

両親は阪和線で泉南の三好に通った。

小学生の頃、武次さんはよく父母を三好に迎えに行き、工場内の風呂に一緒に入って帰った。工場内は「えらいホコリ」で、夕陽でキラキラ光っていたことを覚えている。両親がどんな仕事をしていたのか聞いたことはないが、石綿粉じんをかぶり、真っ白だった。

武雄さんは退職後の一九九一年頃から、タンがよく出るようになり、「鉛筆の芯」のような黒い粉が混じっていたという。

九七年に石綿肺と診断された。

二〇〇三年頃から呼吸困難がひどくなり、タンを出したいのになかなか出ない。苦しさのあまり、転倒してふすまを倒し、意識不明になったり、失禁したこともある。入退院を繰り返した。

医師には「肺は真っ白で、生きていること自体が不思議だ」と言われた。

武次さんは、消防局の仕事をしながら介護もした。気休めだとは分かっていたが、カリンとハチミツを混ぜたものや、黒豆を柔らかく煮てハチミツと混ぜたものを交互に飲ませた。

「こんなもん、きかへん」

武雄さんは拒んだ。

「ノドが楽になるやろがよ」

と武次さんは言って、飲ませた。

苦しさのあまり、武雄さんは先に亡くなった妻・梅子さんに呼びかけるように、「おバアー、早よ迎えに来い」とうめいた。

武次さんは、その姿を見ていられず、医師に「苦しみだけでもとっちゃれ、何とかならんのか」と言った。だが、この病気に治療法はないと医師から聞き、「石綿肺は病気であって病気でない」と思ったという。「家族としては治療法がないのが一番情けなかった。楽になるには、死ぬしかないということやから……」

武次さんはこうふり返った。

「病気であって病気でない」とは、治らないからだ。不治の病ということだ。がんも不治の病とされるが、それでも最近では医学の進歩によってかなりのがんが治るようになってきた。しかし、石綿が原因のがんは今も不治の病だ。石綿肺もまた同じ。ここに、石綿の病の恐ろしさがある。

「ミヨシ様」は、泉南の石綿工場では唯一成功をおさめ、今は大企業三菱マテリアルの子会社の三菱マテリアル建材になっている。

その成功は、離島出身者、炭鉱離職者、過疎地出身者、そして同和地区の人たちが支えていた。その人たちは天下の「ミヨシ様」に勤めていたのに石綿が危険だとは全く知らされず、多くの人がやりたがらないホコリまみれになる地味な仕事を真面目に勤め、そして次々に石綿の病気にかかり、もがき苦しみながら亡くなっていった。

まさに「人柱」だった。

三　アリ地獄

信者

「（日本の）学校ではずいぶんいじめにあいました」

青木善四郎さんは、堺市の府営アパートの一室で静かにふり返った。

善四郎さんは、朝鮮半島南部の慶尚南道山清郡丹城面で一九二六年に生まれた。三歳の頃、母に連れられ来日、父親の出稼ぎ先の名古屋市に住んだ。

その後、同じく朝鮮半島出身の親類のツテを頼って福井県、山口県に移り住み、山口県で高等小学校を卒業した。

小学校時代から父親を手伝い、炭焼きの仕事をしていた。

善四郎さんの本名は李善萬という。戦前、皇民化政策の一環として朝鮮人は創氏改名を強いられた。やむなく善四郎さんの父親も一九四二年頃、日本名を名乗らざるをえなくなった。善四郎さんの本貫（家系の始祖の出身地、本籍）は「碧珍李氏」だ。「碧」は「あお（青）」なので、そこから「青山でもよかったが、青木と名乗るようにした」そうだ。

二〇〇七年に善四郎さんのアパートを訪ねた際、電話帳のようにぶ厚い家系図の一種の「族譜」（朝鮮語でチョクポ）を大切そうに取り出し、見せてくれた。善四郎さんは祖先から三四代目にあたる。

祖先を大切にする善四郎さんのような朝鮮半島出身者にとって、本名を奪われ、日本名を名乗らざるをえないのが、どれだけ屈辱的なことか。

アジア・太平洋戦争が始まると、役場の兵事係から「立派な体をしているのだから、志願せい」と勧められた。だが、「何でワシが日本人のために死にに行かな、あかんのや」という反発心があり、拒否していた。

「朝鮮人に対する差別があったから、そういう気持ちになるんですよ」

善四郎さんはこう言った。

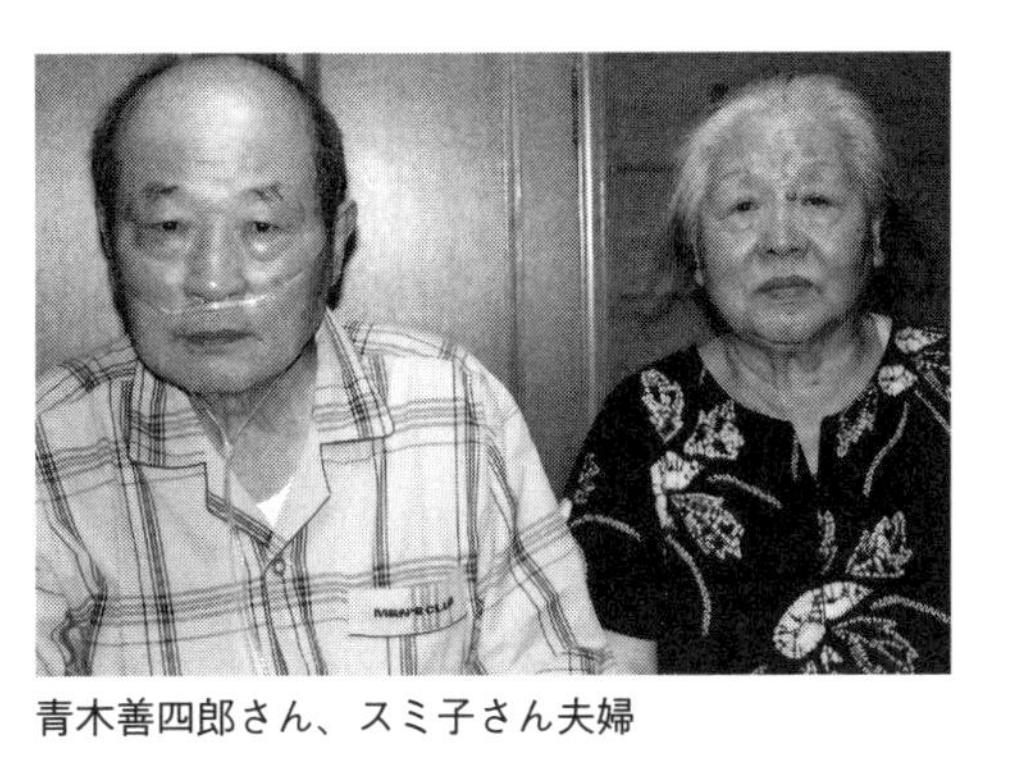
青木善四郎さん、スミ子さん夫婦

けれども、結局一九四五年二月に徴兵検査を受けざるをえなくなった。甲種合格だったが、赤紙（招集令状）が来る前に同年八月の敗戦を迎えた。
同年暮れ、長男だった父親は母親と善四郎さんを連れて帰国した。祖父は、「ワシはいつ死ぬか分からん。早く嫁をもらえ」と言い、勝手に結婚相手を決めてしまった。四六年、相手の写真すら見ずに善四郎さんは朴順済（パク・スンジェ）（日本名・新井スミ子）さんと結婚した。
スミ子さんは、善四郎さんと同じく山清郡出身で、一九二九年に生まれた。六歳の時に家族と来日、父親は福岡県の「赤坂村」の炭鉱で働いていたという。赤坂村とは、現在の飯塚市赤坂だ。ここには多くの朝鮮人を強制連行して働かせた麻生産業赤坂炭鉱があった。
麻生産業は、麻生太郎元首相の祖父、麻生太吉が創業し、その後麻生セメントを経て、現在は病院、専門学校なども多角的に経営する株式会社麻生になっている。また、麻生元首相は麻生セメントの社長をつとめたが、その一〇〇%子会社の麻生石綿工業は熊本県松橋町(まつばせまち)(現宇城市)で一九七〇年まで石綿を使った建設資材の製造をしていた。一九八八年の松橋町がん検診で、受診者三五七人中一四八人に胸膜肥厚及び石灰化の所見が認められた。「これらの原因として、鉱山及び工場からの低濃度アスベスト環境曝露が考えられた」とされる。(6)

スミ子さんは後年夜間中学に通い、幼年期をふり返った『私の中の日本』という作文を書いている。当時の朝鮮人に対する差別の実態がよく分かるので、やや長くなるが原文のまま全文引用する。

私の中の日本

朴　順済

私は朝鮮人です。六歳のとき、家族といっしょに日本にきました。九州の炭鉱町でした。父は、ちょうよう(徴用)で炭鉱で働いていました。そこには、おおぜいの朝鮮人が働いていて、つらいのと、ひもじいのとで、逃げ出す朝鮮人もいっぱいいいました。あるとき逃げ出した朝鮮人がつれもどされて、熱く焼かれた火ばしを腕におしつけられるのを見ました。気絶をするとバケツの水をかけられるのです。朝鮮から連れてこられた人は人間あつかいされていませんでした。強制連行されてきた親せきのおじは、炭鉱で亡くなりました。

そのころ私は、学校へ行きたいと、母にせがみましたが、行かせてもらえませんでした。働く母に代わって、下のきょうだいたちのめんどうを見なければならなかったからです。それでも学校へ行きたくて、行きたくてたまらんかったので、赤ん坊をせおって、毎日のように学校に行き、窓の外からのぞきました。帰れといわれても行きました。「さいた、さいた、さくらがさいた。」と読む声が聞こえきて、ええなあ、あの本一回読んでみたいなあと思いました。赤ん坊におもゆを飲ませる時間も忘れて聞いていて、よく母にしかられました。学校に通う子どもらがはいている運動ぐつをはいてみたくて、学校でこっそり足を入れてみたこともありました。ほんとうにじぶんの運動ぐつをはけたのは、かぞえで十八のとき、主人がかってくれたときでした。ちゅうこの運動ぐつと夏の古着の上下ひとそろえで、一円六十銭でした。あの時のことは、わすれられません。ダイヤモンドもらうよりうれしかったと思います。

学校にはいかなかったけれども、日本語はおぼえました。日本語がわからない母に代わって、配給を取りに行くのも、役所へ行くのも私でした。防空えんしゅうにも行きました。組長さんの話を聞いたり、みんなといっしょに訓練したりするのが、うれしくて、うれしくて。たぶん学校のイメージと重なったからでしょう。

家には、神だながあったし、毎日、お宮さんに行っておがまされたし、名前も日本名に変えるようにいわれました。おじいさんが、「新井」という名前を考えて、「朴」の一族に手紙で知らせました。子どもの私は、何もわからず、自分が日本人になっていると思っていました。だから、せっかく遠い所からバケツに水をくんで運んできたのに、近所の男の子に石を投げられ、ひっくりかえされ「朝鮮、朝鮮」とからかわれたとき、「天皇へいかはいっしょや」とさけんでけんかをしました。あんまり腹が立つので、その子の母親にいいにいったら、「おまえが朝鮮人やからしょうがない。朝鮮人なんやからそういわれても当たり前や」と反対に怒られました。

父は、やさしい人でした。軍の仕事で、福岡の飛行場で働いていたときのことです。明日の弁当のために、あわや麦やこうりゃんを洗ってざるにあげて、バラックの台所においていると、ひもじい日本の兵隊が盗みにくるのです。それを見て、父は、「国のために働いているのにかわいそうや。おにぎりにしておいておけ」といいました。涙ぐんでいるようにも見えました。飛行場で働かされている、捕虜のアメリカ人の前にわざと吸いかけのたばこをすてて、吸わせてやろうとして見つかり、なぐられ、もう少しで銃殺されそうになった事もありました。

戦争が終わったとき、私は十六歳でした。買出しに行っても、子どもやし、朝鮮人やから売ってくれません。畑にすててあるいもづるをもらったり、野原の山菜をとってきて飢えをしのぎました。

翌年から朝鮮への引き揚げがはじまって皆帰りました。母は日本に残ろうといっていましたが、ある日、父が駅で、朝鮮から引き揚げてきた日本人に半殺しにされました。ささえられて帰ってきて、何日も歩けませんでした。敗戦後の朝鮮で、朝鮮人になぐられたはらいせに、「おまえ朝鮮人やろ」と父をおそったのです。いなかではじっさいに、日本人に殺された朝鮮人もいました。それがこわいから帰ることになりました。帰るとき父は、「わしが朝鮮に帰ったら、日本人を一人も残さんぞ」といいました。初めて聞く、父のはげしい言葉でした。私は口減らしに、結婚することが決まっていたので、ひとり日本に残ることになり、家族が闇船に乗り込むのを見送りました。母は、船が出るまぎわに、浜辺でお産をし、私が船長にかけあって、なんとか乗り込むことができました。

それからずっと、父や母と会うこともできず、母は亡くなり、韓国で父と再会できたのは、別れて三十年後のことでした。そのとき、一番に父にきいたことは、あのときの父のはげしい言葉のことでした。すると父は、

「そんな事をずうっと気にしていたのか。ここに残っている人に何の罪がある。あのときは腹がたっていうただけ。戦争と時代のせいや。みんな犠牲者や」と、涙を流しながら、やさしい言葉で言ってくれました。私はうれしく安らかな気持ちになりました。今のいい時代を母にもみせてやりたかったと思います。

朝鮮人に対する日本人の差別を「戦争と時代のせいや。みんな犠牲者や」と許すスミ子さんの父親の寛大さに心打たれる。現代の豊かになったわたしたちには想像を絶する辛酸をなめながらも、気高さを失わない親に育てられたからこそ、スミ子さんはこの作文の冒頭で、「私は朝鮮人です」と誇り高く宣言できたのではないだろうか。

二〇〇七年に青木さん宅を訪ねた際もスミ子さんは、ほぼ同内容のことを話してくれた。他に、スミ子さんの在日の友人には、仕事がほしいという弱みに付け込まれ、軍関係者に「エエ仕事を紹介してやる」とだまされていわゆる「従軍慰安婦」にさせられた人もいるとも証言した。

石綿問題は、健康被害の問題だけではなく、国家の構造的差別と切り離せない。

そして、このような苦難を経験した一家を、その後さらに石綿禍が襲うことになる。

結婚後、善四郎さんはスミ子さんと再び山口県で炭焼きの仕事を始める。

四七年に長女が生まれ、四九年には次女が生まれた。しかし、次女は生後一年余りで病死してしまう。

「夜が明け、私は死んだ子を抱き続けていました。死んだ人はなんと冷たくなることか、石よりもまだ冷たいです」

スミ子さんは、夜間中学時代の『私の戦後』という作文の中でこう書いている。

次女が亡くなった後、スミ子さんは「あーちゃん」と母を呼ぶ次女の声が耳から離れなくなり、気がおかしくなりそうだった。「早くここを出たい」とスミ子さんは願った。善四郎さんは、スミ子さんまで死んでしまうのではないかと心配し、知人を頼って移ったのが現在の阪南市の「イシワタ村」にあった大林石綿だった。

在日の親方が経営していた工場の一角を仕切り、家族三人が住む「家」を造った。

石綿から糸を紡ぐ最初の工程の混綿が二人の仕事だった。裸電球のもとで石綿と綿などを床にぶちまけ、数人がはいつくばって素手で混ぜ合わせる。その際、白い粉じんがもうもうと立ち込めた。

「向かいの人の顔が見えんくらいでした」という。全身に粉じんをかぶり、真っ白になった。

混綿をする労働者。マスクを付けていない

だが、集じん機も換気扇もなく、タオルで口を覆うだけだった。

二人の働いていた大林石綿は石綿糸を織る事業所の下請けだった。その事業所は大手のニチアスの下請けだった。要するに大林石綿は、ニチアスの孫請けになる。石綿に大量ばく露する最も危険な仕事が下請けから孫請けに押し付けられ、結局他に仕事のない在日の人々が担っていた。

仕事が終わると、石綿が体中についてチクチクとかゆくなる。特に夏場は汗をかくので体中に粉じんがべったりついて不快だった。

だが、日雇いで月に半分程しか仕事がなかったので銭湯に行く金もない日があった。食材すら買えない日もあり、野生のタンポポなどをおひたしにして食べた。

「野原のもんで助かりましたわ」

とスミ子さんはふり返った。

「イシワタの仕事」ができた日は一枚五円の天ぷらを一枚ずつ当時は三人になっていた子どもたちに買ってやった。

金沢石綿の工場跡

仕事がない日、善四郎さんは川砂利の採取もした。川に入って「じょれん」で砂利をすくう。冬場は身が凍った。

雨が降って土砂が流れた跡に磁石をかざして釘を拾い集め、売ってしのいだこともある。

二人は知人の「バタコ」と呼んでいた三輪車に乗せられ、在日の人々のツテで泉南地域のあちこちの石綿工場を日替わりで転々とした。

その一つの南海本線の線路脇にあった金沢石綿（泉南市男里）の工場がまだ残っていると聞き、わたしは現場に行ってみた。黒っぽい木造平屋の建物で、「掘立小屋」と言っても過言ではない粗末な造りだった。

「落ちワタ」拾いも仕事の一つだった。石綿工場の機械の下に落ちた石綿クズを集め、ゴミと選り分けて石綿紡織に再利用するのである。

「市民の会」の柚岡一禎さんは、泉南の石綿工場の実態に詳しいが、その柚岡さんでも青木さん夫婦から聞き取り調査をする中で、二人が「落ちワタ」拾いもしていたと知り、「そんな仕事があったんか」とびっくりしたという。

同じく「市民の会」の林治さんが青木さんから聞き取り調査をした際、青木さん夫婦が拾い集めた「落ちワタ」は、「韓国に輸出され、糸になって返ってくる」と聞いたという。青木さん夫婦の仕事が国内では石綿産業の最底辺だったかもしれないが、その下にさらに韓国の石綿産業と労働者が位置していたことになる。

石綿産業は底が知れない（二一三〜四頁参照）。

青木さん夫婦は、一カ月に一〇日以上は石綿工場で働いていた。だが、石綿の粉じんが体に悪いという予感があり、善四郎さんは他の仕事にかわりたかった。それで、泉佐野市の門扉（もんぴ）を作る会社の求人に応募した。

だが、履歴書を見せるなり、

「朝鮮人やないか、いらん」と言われた。

「一生懸命、まじめにしますから」

善四郎さんが懇願しても相手にされなかった。

それで、子ども三人を育てるため、「イシワタの仕事」をするしかなかった。

後年、青木さん夫婦の子どもが結婚する際、「朝鮮人」という理由で相手の親に反対され、結局相手の親は結婚式にも来なかった。

また後年、善四郎さんが宅配便の配達の仕事をしていた時も、「朝鮮人だからモノ言うたらあかんで」

と同僚が無視し続けたという。

差別の実態について善四郎さんに聞いた際、

「『パッチギ』いう映画観ましたか。あの通りや」と答えた。

『パッチギ』は、二〇〇五年に公開された井筒和幸監督の作品だ。京都を舞台にした塩谷瞬演ずる日本人男子高校生と沢尻エリカ演ずる朝鮮高校に通う女子高生の恋物語だが、在日朝鮮人への差別もリアルに描かれている。

日本人と朝鮮人のケンカで、朝鮮人が日本人に「頭突き」（朝鮮語でパッチギ）をくらわすシーンが題名の由来だ。

その中で、俳優の笹野高史が演ずる在日コリアンが、日本人男子高校生（塩谷瞬）に日本人への恨みをぶつけるシーンが出てくる。

「お前、淀川のシジミ、食ったことあるか。土手の野草、食ったことあるか」

「日本人の残したブタのエサ、盗み食いして見張りのヤクザにどつかれて、（自分は）脚まがっとるんど」

映画の中のこのような在日コリアンの言葉が、善四郎さん、スミ子さんの証言と重なる。

ただ、「日本人には差別されたが、助けてもらった日本人も多かった」とも善四郎さんは話した。

何とか「イシワタの仕事」から脱出しようと、善四郎さんはニットのセーターを編む技術を習い、折からのサマーセーターブームに乗って、一九六〇年に堺市で念願のニット工場を始めることができた。

しかし、これは在日の人々の中では極めて幸運な例外的な事例だ。わたしが証言を聞いた在日の石綿工場の労働者の大半は、転職したくてもできなかった。

結局、青木さん夫婦は石綿工場で通算八年間働いたことになる。

健康には自信があり、六〇歳の時に健康保険証を一年間使わなかったので、善四郎さんは堺市長に表彰された。

だが、七〇歳を過ぎた頃からセキやタンがひどくなってきた。時には「腸が飛び出るかと思うくらい」激しくセキ込むことがある。

二〇〇五年の「クボタショック」で、盛んに石綿の被害が報道されるようになった。その時初めて、善四郎さんはあの「イシワタ」がアスベストであることを知り、不安になる。それで、複数の病院で診察を受け、二〇〇六年に、石綿肺と続発性気管支炎と診断された。

「一番ショックだったのは、治す薬がないと言われたこと」

と善四郎さんは言う。同年、スミ子さんも石綿肺の診断を受けた。

二〇〇六年から、善四郎さんは酸素吸入器を使うようになった。

堺市の府営アパートの善四郎さん宅の壁には「週間投薬カレンダー」と題されたカレンダーが掛けてあり、その日に飲む薬が日ごとにビニール袋に小分けされて入れられていた。「薬を飲むだけでお腹が一杯になる」そうだ。

夫婦の体験を聞いた後、スミ子さんが「苦労したなあ」と言った。

「苦労した」と善四郎さんが受けた。

部屋の壁にはレオナルド・ダ・ヴィンチが描いたイエス・キリストの『最後の晩餐』の複写が貼ってあった。二人はプロテスタント長老派の教会に毎週通う熱心な信者だ。

青木さん夫婦は洗礼を受けている。なぜ入信したのだろうか。

「神様は、黒かろうが白かろうが差別せん」(善四郎さん)

「神様にぴったり寄りつくと心は平和になる」（スミ子さん）
二〇〇九年に善四郎さんは亡くなった。八三歳だった。

一族抹殺

「ほうるもん（棄てる物）、おまへんかー」

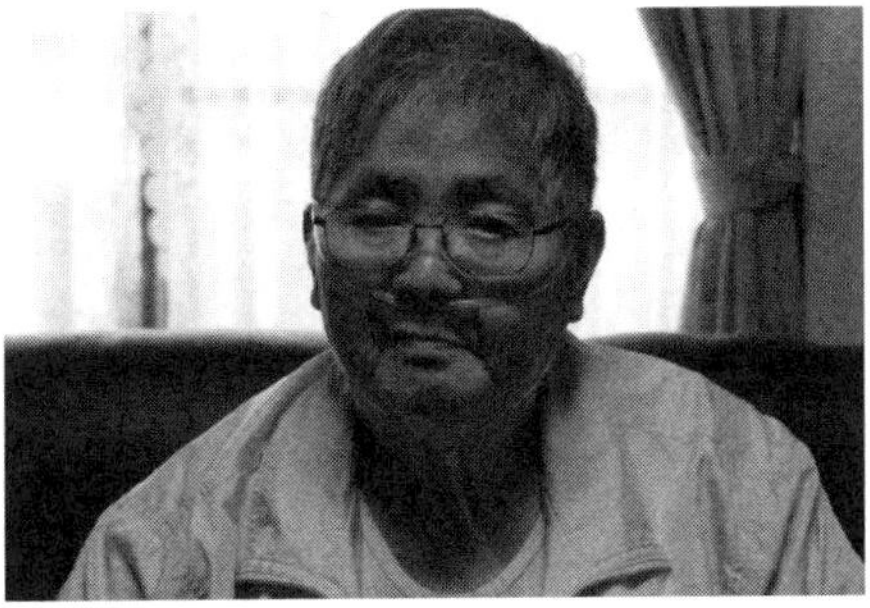

江城正一（えしろしょういち）さんは、戦前の小学生時代から廃品回収のリヤカーを引く父親の仕事を手伝った。父は、石綿クズも回収して業者に売った。その業者は、さらに石綿クズを建材のスレートに再利用する業者に売っていた。

貧しかった当時はあらゆる物を再利用した。靴の片一方しかなくても売れた。

「ほかす（棄てる）のは人間の死体だけ」

「ジョークや」と言って江城さんは笑った。

父親は朝鮮半島慶尚南道の馬山（マサン）の貧しい農家の三男に生まれ、「日本に行けば食える」と大正時代に来日した。

福岡の炭鉱で働いた後、東京に出て日雇い労働をしていたが、一九二三年の関東大震災直後の朝鮮人虐殺事件に巻き込まれる。

「暴徒化した日本人に、目の前で殺された人を父は見たと言っていま

江城正一さん

した」（江城正一さん陳述書）

江城さんの父親も殺されそうになったが、かくまってくれる人がいて九死に一生を得、弟がいた名古屋へ逃げた。その後国鉄阪和線の工事の仕事で来た泉南に住みついた。落ち着くと母親と子ども三人を馬山から呼び寄せた。

そして、一九三二年に江城さんが生まれる。小学校では「朝鮮人」「ニンニク臭い」といじめられた。だが、江城さんは「自分は日本人だと思っていた」という。そして、軍国主義教育を叩き込まれた「軍国少年」だったので、天皇のために死ぬつもりだった。

江城さんは、中学校に行きたかったが、九人兄弟の次男だったので、尋常小学校卒業後、「口減らし」のため、泉南にあった浅羽石綿（戦後すぐ廃業）という石綿工場に奉公に出る。

「朝鮮人は学をつける必要はない。学をつけると泥棒か詐欺師になる」と父親は言った。

当時の泉南地域は、紡績か石綿くらいしか仕事がなかった。小学校を出たくらいの子どもが紡績工場や石綿工場で働くのは珍しいことではなかった。

石綿の仕事は粉じんまみれになるので嫌がられていたため、給料は紡績よりやや高く一・三倍くらいだった。

江城さんは、石綿原石をローラーで砕いたり、石綿と綿を混ぜる混綿、混綿から糸を紡ぐ製糸作業に従事した。混綿場は、「戦場」と呼ばれるほど、石綿粉じんが激しく飛散していた。

軍艦や軍用機関車のボイラーに巻きつける石綿製の「布団」（石綿マット）と呼ばれた断熱材を製造していた時は、「国に貢献している」と教えられ、誇らしかった。

もっぱら白石綿と茶石綿を使ったが、たまに高価な青石綿も使った。貴重品の石綿の横流しがないよう憲兵が一カ月に一回バイクにつけたサイドカーに乗って検査をしに来た。江城さんは敬礼して迎えた。

一日一二時間労働で、徹夜で働くこともあった。

敗戦後は、一九四六年から六一年まで梶本繊維工業という石綿は扱わない紡績会社に勤めた。社員は六〇人程で泉南では大きい会社だった。だが、給料が日本人よりも低いなどの差別を受けた。そこで、五〜六人の労働者で組合を作ろうとしたが社長に知られ、クビにされる。

沖縄出身で戦前の非合法時代の共産党結党に参加し、戦後は衆議院議員もつとめた徳田球一を江城さんは尊敬しているという。それで長男には「球一」から一字取り、球由(きよし)と名付けた。共産党系の民主商工会に入っていたこともある。

その後、再び廃品回収の仕事をしてから理成石綿という零細な工場で働いた。混綿に従事したが、浅羽石綿同様、充満した粉じんで視界が曇り、身体に積もるほどだった。

一九七〇年、理成石綿から独立して、自分の石綿工場「丸江工業所」を興した。このように労働者から独立して経営者になった人は少なくない。

「丸江工業所」では、大手のニチアスから工程中に床に落ちた「落ちワタ」を仕入れて石綿のリボンやヤーン(ひも)などを製造、商社を通してまたニチアスに納めたり、問屋に納品していた。経営者でも納期に間に合わせるため、労働者以上に工場の仕事もした。

石綿粉じんがひどいので三〇〇万円ほどかけて集じん機を導入した。ただ、それはあまりに粉じんがひどかったからで、当時は粉じんを吸い込むと危険だとは知らなかった。

せっかく導入した集じん機だが、粉じん全体の二割程度しか集じんできなかった。電気代もかさみ、集じん機を動かすために仕事をしているようなものだった。

一週間に一回、集じん機のフィルターにたまった粉じんを五リットルくらいのバケツに集めた。この作業でも大量の粉じんを浴びた。

集めた粉じんは、落ちワタ回収業者に持って行ってもらった。石綿製品の機械の製造工程で発生した「落ちワタ」だけではなく、集じん機で集じんした粉じんも再利用するのである。

「石綿はクジラのようなもん。捨てるところがない」

マスクはしたが、ホコリがつもって息が苦しくなり、心臓に負担がかかるのではずすことも多かった。

一九七三年の石油ショックの頃は作れば作るほどもうかった。

「当時は、一キログラム二六円の混綿が二八〇円で売れました。ある取引先に、一キログラム二〇〇円で買うと言われても、よその業者が、うちなら二五〇円出す、また別の業者が二八〇円出す、と言い出すという時代でした。しかし、その後は、足の引っ張り合いでした。一キログラム一二〇円になった時代があり、注文が来ないと思っていたら、同業者が一キログラム一〇〇円で売っていたということがありました」（江城正一さん陳述書）。

同年、江城さんは泉南の石綿組合の理事長にもなる。

しかし一九七四年、混綿機の中で高速で回転するシリンダーに両腕をはさまれ、「ひじから先がスルメのよう」になる大けがを負ってしまった。両手が約五センチ短くなった。

一年間入院する。

「ケツをふくこともできん」状態からノイローゼになり、首を吊った。

しかし、手が不自由で紐が結べず未遂に終わる。

そんな江城さんを立ち直らせたのは妻の静子さん（一九三五年生まれ）の一言だった。

「アンタの両手がなかったら、私の両手があるよ」

静子さんは、文字通り両手代わりに世話をした。そして、江城さんは三年で再起した。

だが、入院中に石綿製造の機械類は売却してしまっていた。それを知った南條石綿工業所という石綿工場の親方が、「遊んでいるんならおいで」と声をかけてくれて、働き始めた。このように石綿労働者から経営者になり、また労働者になるという例も泉南では珍しくなかった。

泉南市には梶本政治（かじもとまさはる）さん（一六二頁参照、一九九四年に死去）という内科医がいた。一九五〇年代から石綿工場に立ち入っては石綿の危険性を訴え、「市民を殺すのか」と工場の外にも排出されている石綿粉じんを出すなと注意し、経営者とけんかすることもあった。

だが、誰も耳を貸さなかった。それどころか、「国賊扱い」だった。「石綿業で成り立つ泉南では、石綿が危険だという認識が広まることは、大変不都合なことだったのです」（江城さん陳述書）。

江城さんも、梶本医師に、「お前死ぬぞ」と言われたことがある。だが、当時は石綿の症状が出ておらず、ピンと来なかった。

八二年、当時世界最大の石綿メーカー、マンビル社（米）が石綿による健康被害で多数の被害者から補償を求める訴訟を起こされ、倒産したというニュースを知る。

「オヤジも肺がんで死んだし、石綿はあかんなあ」「石綿は危険ではないか」と感じた。それで、当時雇われていた石綿工場の経営者にそう伝えると、「そんなことあるかいな。わしら何年も石綿やってるけど何もないのに」と反論された。

江城さんは石綿をやめたかった。

しかし、「泉南では石綿をやめようと言い出す者は誰もいなかった。家族ぐるみで石綿の仕事をしていたし、他に仕事はないからな」

在日の人々など貧しい人々は仕事を選べなかった。

結局、九三年まで石綿の仕事を続けた。

二〇〇〇年頃から、セキやタンが止まりにくくなった。〇六年には「びまん性胸膜肥厚」と診断され、労災認定を受けた。〇八年からはついに酸素吸入器を使うようになった。

散歩やカラオケが楽しみだったのに、できなくなった。階段が苦しいので、自宅の二階にはあがらないようにして生活している。

風呂は息苦しくなるのでつかることができず、シャワーですます。

風呂から出ても苦痛が待っている。シャツを着ようとすると顔にかぶさり、苦しい。それで前開きのシャツにしている。ズボンをはこうとしてうつむくとまた苦しい。それでイスに座ってはく。それらをいちいち妻の静子さんに手伝ってもらわねばならないのも情けない。

布団に入っても夜中にしょっちゅうセキが出て、息苦しくなり、ぐっすり眠れない。

静子さんも共に石綿工場で働いた。江城さんの粉じんまみれの作業着の洗濯もしていたので、健康被害が出ることを江城さんは恐れている。

江城さんの父は肺がん、母は結核が死因だが、激しいセキやタンで苦しんで亡くなった。石綿工場で働いていた兄と長姉はそれぞれ肺がんと石綿肺で亡くなった。廃棄された石綿を集めていた弟は心筋梗塞が死因だが、やはり激しいセキとタンに苦しんでいた。

そして長男球由（きよし）さんまでもが心筋梗塞で亡くなっている。球由さんは丸江工業所の二階に住み、石綿粉じんを吸っていたので石綿が原因ではないかと江城さんは考えている。

だから、江城さんは自嘲気味にこう言うのだ。

「石綿で、一族が抹殺されたようなもんや」

そして、江城さん自身も二〇一六年三月に亡くなった。

焼け残ったコブ

「人のする仕事やない。こんな仕事せな、ご飯食べられへんの」

一九六四年に結婚し、夫の湖山寿啓（こやまじゅけい）さんが営む現在の阪南市の「東亜石綿」の工場に初めて入った幸子さんは、こう思ったという。

高校時代から、寿啓さんは石綿スレートを粉砕して水道管などに再利用するために資源化する東亜石綿の工場で親を手伝って働いていた。

石綿スレートは、セメントに石綿を混ぜて耐火性を強めた板で、屋根や外壁などに使われた。その石綿スレート製品を製造していた近隣の会社から、切れ端をタダでもらってきて工場の外の敷地でトラックでひきつぶし、ベルトコンベアで工場内に運び、粉砕機でさらに砕く。

寿啓さんは、粉砕機が詰まらないよう石綿スレートのかけらを棒で押し込む作業もしていた。

「ガタガタッ、ガタガタッ」

湖山寿啓さん

粉砕機が石綿スレートを砕く轟音が鳴り響く。もうもうたる石綿粉じんが舞い上がり、一メートルくらい近づかなければ前にいる人が見えない。工場に窓はなく、天井の裸電球が笠のかかった月のように霞んで見えた。

幸子さんはタオルを口に巻いていたが、まつ毛や鼻、耳の中まで石綿粉じんで灰色、口の中もジャリジャリし、タンも灰色になった。

粉砕機からは、石綿スレートが砂状になって出てくる。それをはかりで二〇キログラム分を計ってセメント袋に入れて九州の会社に鉄道で納品する。水道管の原料にするため、尼崎のクボタにも送っていたという。

幸子さんは、その袋の口をミシンで縫っていた。だが、「私は、当時、粉々にしていたスレートに石綿が含まれているということは認識していませんでした」（湖山幸子さん陳述書）という。また、寿啓さんは、「粉（石綿粉じん）は水を飲んだら体の外に排泄される」と話していたそうだ。それくらい、当時は石綿自体が知られておらず、石綿への危機意識も希薄だった。労基署が検査に来ることも当時はなかった。

幸子さんは、一九四二年に東大阪で生まれた。両親は朝鮮半島の慶尚南道の出身だ。寿啓さんの両親も慶尚南道から日本に来て東亜石綿を興した。

寿啓さんは、一九三七年に現在の阪南市の自然田（じねんだ）で生まれたと幸子さんは聞いた。だが、戸籍には出生地は大韓民国慶尚南道の晋陽郡（しんよう）と記されている。すでに一九八九年に悪性胸膜中皮腫（胸膜にできるがん）で寿啓さんは死去しているので、今となっては確認できない。寿啓さんの両親も肺がんで亡くなった。幸子さんも現在石綿肺を患っている。

一九六五年頃、東亜石綿は石綿紡織の機械を中古で買って石綿原石から石綿糸を紡ぎ、布などを織る仕事にかわった。当時は泉南地域の石綿紡織業の景気が良かったからだ。石綿原料は、泉南の問屋からカナダ産の白石綿を買った。

寿啓さんは経営者ではあったが、混綿と混綿された塊を解きほぐし、梳いて篠（粗糸）にするカードの仕事をした。幸子さんもその篠によりをかけて糸にするリングや、よりをかけられた石綿の糸を数本合わせるインターの仕事をした。

午前七時から午後六時頃まで雇っていた数人の労働者と共に働き、休日は週一日だけ。注文に間に合わせるため、社員が帰ってからも夜中まで仕事することもよくあった。

主に石綿の糸、布（クロス）とリボン（帯）を生産し、問屋に収めた。石綿糸はより合わせて船のロープに、石綿布は自動車のブレーキライニングなどに使われると幸子さんは聞いた。

石綿布は、個人で内職のように仕事を請け負う「織り屋」に外注していたものもある。

透明な糸に石綿を巻き付けた特殊な糸も製造していた。

「これは原子炉に行くんや」と寿啓さんは言った。幸子さんは、原子炉の何に使われるのかは聞かなかったが、原発には配管の保温材などとして石綿が大量に使われていたのは事実だ。

前出の畠山重信さん（七〇頁）は、近畿アスベスト時代に原発のパイプ周りの保温材の営業をしていたと証言しているし、同じく前出の迫園（さこぞの）敬吉さん（九九頁）は、泉佐野市のホンダアスベストで働いていた時代に原発の配管の保温材を交換する仕事をしたという。

東亜石綿の原発用の糸は、大阪の吉川アスベストという問屋を通してニチアスに納入された。

韓国製は日本製より安価なので、東亜石綿は韓国から石綿クロスの輸入もしていた。その取引のため、寿啓さんはよく韓国に行った。

石綿紡織に転換して、ホコリは石綿スレート破砕より多少はましになったが、石綿まみれになることに変わりはなかった。それで、一九七〇年頃、集じん機を入れた。だが、あまり性能が良くなかった。

一九七七年か八年頃から半年に一回ほど、労基署から委託された業者が粉じん濃度の測定に来た。けれども、毎回同じ人で、検査に来る前に日程を教えてくれた。そして、粉じんが最もひどい場所ではなく、工場入口で計る。形ばかりの測定だった。「粉じん濃度が高い」と注意されたことはない。石綿が石綿肺や肺がんの原因になると教えられたこともなかった。労基署が、石綿工場の労働者の健康を本気で守ろうとしてはいなかったことがうかがわれる。

幸子さんは、石綿の危険性は知らなかったものの、直感で「こんなホコリの中で仕事をして、身体にいいはずがない」と思っていた。それで、「ホコリは嫌や」とよく文句を言っていた。

だが、寿啓さんは一言も文句を言わなかった。「石綿は天職。これしかない」と言っていたそうだ。石綿組合から鳥のくちばしのような防護マスクを勧められたことがあるが、機械が見えなくなり、機械に巻き込まれてかえって危険なので代わりに表面がビニールで内側にガーゼをあてた簡易マスクをしていた。

前項の江城正一さんの証言と同様に、仕事が終わると機械の下につもった石綿粉じん（落ちワタ）をほうきで集め、業者に売っていた。

東亜石綿は、最盛期には二〜三人ほどの労働者を雇っていた。

一九八〇年頃、五百万円くらいかけて再度集じん機をつけた。吸引力はましになったが、ホコリっぽいのは変わらず、月に一回石綿粉じんの詰まった袋をたたいて掃除をする際に大量の粉じんが舞うのも同じだった。

寿啓さんは石綿スレートの粉砕をしていた頃からよくセキやタンが出ていたが、一九八六年頃からひどくなる。横になるのも苦しくなり、夜中に座って眠っていることもあった。

そして同年、寿啓さんは「ヒーッ、ヒーッ」とノドを鳴らして呼吸困難に陥り、入院した。医師から「肺がん末期で余命二〇カ月」と宣告された。

幸子さんは涙がどっとあふれ、ふいてもふいても涙が止まらなかった。残酷で、寿啓さんには言えなかった。

だが、寿啓さんは気づいていたようだった。

「親とワシ、同じ病気やな」と言っていたそうだ。夫婦が、お互いにがんだと分かっているのに、がんではないという前提で話をしなければならないのが辛かった。

入院中に、背中にコブのようなはれ物ができた。痛くて眠れない。

「背中のコブを切ってくれ」

あまりの痛さに寿啓さんは訴えた。

抗がん剤の影響で髪は抜け落ち、体重も激減した。

ある日、寿啓さんは幸子さんにこう言った。

「一緒に死んでくれ」

幸子さんはとっさにこう答えた。

「ええよ。その代わり世界旅行を一緒にしてからね」

亡くなる前年、最初で最後の家族旅行をした。三泊四日で北海道の摩周湖やアイヌの村などを訪れた。

一九八九年七月二三日、寿啓さんは死去した。まだ五十代の若さだった。

死後、火葬すると赤子の頭ほどの塊が黒く焼け残った。石綿は焼けないから、寿啓さんを苦しめた「コブ」が焼け残ったのだ。赤子の頭ほどもの石綿を吸い込んだ寿啓さんはどんなに苦しかったか。ここにも石綿による死の悲惨さがある。

幸子さんは、タバコ一本吸わなかった寿啓さんがなぜ肺がんになるのか、納得できなかった。

そこで、「市民の会」の柚岡一禎さんに相談し、寿啓さんが入院していた羽曳野(はびきの)市の病院で寿啓さんの検査検体が残っていないか探してもらった。幸運にも検体は残っており、再検査したところ、石綿が原因でしか発症しない「悪性胸膜中皮腫」と判明した。

「やっぱり石綿が原因やったんや」

国は、なぜその危険性を教えてくれなかったのか。規制しなかったのか。労基署の検査も実にいい加減だった。ふつふつと怒りが湧いてきた。幸子さんも国賠訴訟に参加してみようかという気になった。だが経営者が国を訴えられるのか。柚岡さんにおそるおそる、「夫は事業主だったんですが、私も裁判に参加できますか」と聞いた。

「労働者も経営者も関係あらへん」

確かに、経営者ではあったが、湖山さん夫婦は石綿粉じんが舞う中、零細な工場で労働者と同じく、あるいはそれ以上に働いた。

幸子さんも原告に加わった。

「おばちゃん泣いてる!」

泉南地域はタマネギが名産で、明治時代からコメの裏作として栽培されてきた。泉南地域にはタマネギ畑がまだ結構残っており、収穫後のタマネギを出荷前に吊るして干すタマネギ小屋をよく見かける。自然乾燥させることで甘みが増し、長期保存がきくようになる。

そんな畑の中のタマネギ小屋で、鈴木恵子(仮名)さんは子どもの頃暮らしていた。一九四四年に和歌山県御坊市で生まれ、泉南で育った。祖父母は朝鮮半島の出身だが、出身地は分からない。

『青春は石綿工場で』という手記を恵子さんは書いている。それによると、家の壁にはすきま風を防ぐ油紙や古新聞などが幾重にも貼り重ねられ、雨の日はバケツ、鍋などを置いて雨漏りをしのいだ。水道どころか井戸もなかった。母親は天秤棒の前後に二つバケツをさげて井戸水をもらいに行くのが日課だった。電気もなく、ぼろきれに油を浸してローソク代わりにしていた。

海が近く、「磯の香りと波の音は貧しさを忘れさせてくれました」という。引き潮の岩場でカニをとるのが「唯一の贅沢」だったと恵子さんは手記に記している。

小学校には三年生まで通ったが、「臭い、汚い、乞食」とののしられたり、待ち伏せして石をぶつけられたり、道をふさがれたりのいじめを連日のように受け、行けなくなった。

義務教育を受けさせようと教育委員会の職員が説得に来たが、学校に行ってもいじめられるから、と母は追い返した。「女に学問はいらない。嫁に行き、子どもを産み育て、ご飯が炊け、洗濯が出来ればいい」が母の口ぐせだった。

父親も朝鮮半島の出身で、膝まである長靴をはいて、池の砂利石を採取する仕事をしていた。毎晩酒を飲み、酔うと母に暴力をふるった。鉄瓶を投げて母の顔にあたり、血まみれになったこともある。ある晩、酔ってノコギリで母の首を切ると言い出し、母にノコギリを向けた。母は止めようとノコギリの刃を両手で握った。その瞬間、父はノコギリを引いた。

母の両手は血まみれになった。恵子さんと妹は泣き叫んで父を止めた。また酒を飲み、父は泥酔した。そのすきに母子三人は逃げ、母の友人の家などを転々とし、結局、社宅もある濱野石綿で働くことになった。

濱野石綿は、前述の岡田陽子さん（四八頁）の両親が働いており、社宅は隣同士で、岡田さん夫婦は恵子さんと妹を可愛がってくれたという。

恵子さんはまだ一〇歳だった。それでも一日一〇時間働いた。日給は七〇円だった。

だが、一〇歳で働かせるのは当然違法労働になる。労働基準監督署が調べに来ると、社長は「仕事せんでええから、五時まで遊んどいで」と工場から出した。

その後、恵子さんは別の石綿工場に移り、石綿のロープや布などを製造した。それらは大手のニチアスに納品された。その製品はインドに輸出されると聞いた。ターバンを巻いて背広を着た色黒の男性が会社に来たことを恵子さんは覚えている。

「納品が間に合わないと一日船を止めなければならない」と言われ、間に合わせるために三六時間ぶっ続けに働いたこともあった。

その職場で、「船倉に隠れて」密航で日本に来て働いていた朝鮮人の青年と結婚した。

石綿の粉じんは体に悪いという予感があり、何とかして石綿のホコリから逃げたかった。

それで、結婚を機に、二人は石綿工場を辞め、セーター編みの下請けを始めた。だが、中国製品の台頭でセーター編みは注文の来ない「糸待ち」が多く、また子どももできて生活は一層苦しくなった。一丁一五円の豆腐を二人で食べるような暮らしだった。

やむなく一年程で利ざやのよい石綿に戻らざるをえなかった。借金して石綿の機械を二台買い、工場を始めた。

恵子さんも前述の岡田春美さんのように子どもを石綿粉じんが舞う工場でカゴに入れ、時には子どもをおぶって仕事をした。生活のため、借金を返すため、石綿から逃げられなかった。

工場経営が軌道に乗り、生活に余裕ができた頃、夫はゴルフや夜遊びを始めた。酒は飲めない夫だったが、座るだけで五万円という美人ホステスがはべる和歌山のサパークラブに通った。

マージャンで一夜に一〇〇万円も負けたことがあった。

「明日の夕方三時までに一〇〇万円用意してくれ」

夫は恵子さんに頼んだ。何も言わず、金を銀行から借り入れ、恵子さんは夫に渡した。

一方、石綿工場では二〜三人の人を雇うようになったので、雇用保険や厚生年金などのために恵子さんは読み、書きが不自由なことから勉強の必要性を痛感し、夜間中学に行きたかった。

夫は反対したが、恵子さんは押し切って通い始めた。三一歳になっていた。自分の子どものような同級生達と机を並べて勉強した。自分は着られなかったセーラー服がまぶしかった。定時制高校にも通い、卒業した。

高校の古典で『夕鶴』を学んだ際、主人公の鶴が夫のために自分の羽をむしって布に織り上げ、夫がその布を売って金にする場面では、自分は石綿のホコリで日々身体を蝕（むしば）まれていくのに、夫は夜遊びしている境遇と鶴とを重ね合わせ、涙がこみあげてきた。

「おばちゃん泣いてる！」

恵子さんの子どものような同級生は恵子さんの顔をのぞき込み、笑い転げた。

「おばちゃんはテレビのハイジのマンガを見ても泣いているよ」

照れ隠しに恵子さんはこう言い訳した。

「私はずいぶん遅れの青春を彼女たちと味わっていました。今どんなにからかわれ笑われていても、小学校一年生から三年間の小学校時代に生徒から臭い、汚い、乞食と、学校帰りに待ち伏せされて石を投げられ道を通してくれず、学校に戻ったりしてわざわざ遠回りをして帰ったことを思えば高校の教室の中は、私にはとても新鮮で楽しい授業時間でした」（恵子さん手記）

一九七〇年頃から人件費の安い韓国に石綿工場を移転させたり、投資をする経営者が出てきた。恵子さんの夫は、頼まれて韓国に石綿の機械の据え付けによく行った。

一九八〇年代に入ると、石綿の注文が次第に減ってきた。以前から、何かと言えば石綿をやめようと恵子さんは夫に言っていたが、これを機に廃業しようと持ちかけた。

「やめて今更何するねん、石綿は目をつぶってでもできる仕事や」

夫は怒りを爆発させ、恵子さんの腹や頭、顔を蹴った。

「起き上がることも出来ずに、その時ぷちんと何かが切れた思いでした。しばらく安静にしていました。夫は反省のつもりだったのか炊事場から包丁を持ち出し私の手に握らせて、俺にもこれで身体に傷をつけろと言って吠えていました」（前掲手記）

夫とは別居し、四四歳の時、偶然知りあった人の紹介で生命保険会社の営業の仕事につけた。その後一六年間勤め、退職した。だが、恵子さんも石綿肺と診断された。

夫は労災申請をし、石綿肺で「じん肺管理区分三イ」と認定された。肺を診察した医師から、夫は「バリバリという音がする」と言われたという。

「市民の会」の誘いで、恵子さんは二〇〇六年に泉南地域の石綿被害者が国に損害賠償を求めた裁判を傍聴した。幼い頃可愛がってもらった岡田さん夫婦の娘、陽子さんが原告として堂々と国を糾弾する証言に耳を傾けた。

聴きながら、「国に責任があったんや。私らにも訴える権利があるんとちゃう」と思うようになった。それまでは、誰かを訴えるなど考えもしなかった。ましてや国の責任ということなど、思いも及ばなかった。恵子さんは、夫とは別居していたが夫の家族原告になった。

「今の私」

岸和田市立の夜間中学校時代の松本玉子さん

松本玉子さんも学校に行きたかった。だが、貧しくて行かせてもらえなかった。その悔しさを思い出すと、「涙が出ます」と玉子さんはふり返る。

玉子さんは、韓国の慶尚南道山清郡で一九三八生に生まれた。島根県で木こりをしていた父親に呼び寄せられ、四〇年に母親と二人の兄と共に四人で日本に来た。

父母に言われるままに畑仕事や家事、子守りなどをしていた。一九五五年に、「相手は年上だから大事にしてくれる。行けば楽になる」とこれまた親に言われるままに一七歳で結婚した。だが、当時読み書きができなかった玉子さんは、「結婚って何か知らなかったんです」と言う。

夫は韓国から密航してきた人だった。セーターの縫製業をしていたが、玉子さんは夫に言われるままにその仕事を手伝った。だが、夫は働いたり働かなかったりで、玉子さんを「クソ真面目」とののしった。子どもは三人授かった。働かない夫の代わりに玉子さんは養豚業を始めた。元手がさほどかからず、残飯で育てられるからだ。

子どもをオンブしてリヤカーで豚のエサを運び、育てた。豚を売って現金が入ると、夫はそのお金でオートバイを買ってしまった。「亭主関白」で、靴下まで玉子さんにはかせた。

一九六八年、夫が大阪府貝塚市の紡績工場に職を得たので、その社宅に島根県から一家で引っ越した。だが、ここも夫が働かないのでいられなくなり、一年の間に三回も引っ越しをした。

「別れて欲しい」と言うと、暴力をふるわれた。仲裁に警察が来たこともあるという。別居したこともあったが、夫は追いかけてきた。「気持ちを閉じ込める性格」の玉子さんは、夫の言うがままに黙って耐えた。

子どもたちが学校に通い始めると、「一緒に勉強したい」と痛切に思った。玉子さんの悩みは、学校に行っていないので文字が読めないことだった。電車に乗っても駅名が読めない。急行なのか普通なのかも分からないので安心して乗っていられない。だからいつも不安で、ビクビクしていなければならなかった。

だが、生活に追われ、仕事に追われて学校はあきらめるしかなかった。

「恥ずかしいことが多かったです」

その後、一九六九年から約三年間、玉子さんは、在日韓国人のツテで前出の湖山幸子さんの湖山石綿など泉南地域の三カ所の石綿工場で働いた。

「私のように手に職もなく、学歴もない人間が何の知識もなくできる」

石綿業に就いた動機を玉子さんはこう語る。石綿の糸は太く、機械のスピードも普通の糸を紡ぐ紡績の機械より遅いので高い技術がなくてもできた。

しかし、大量の石綿粉じんを浴びる。玉子さんが働いた三カ所の石綿工場は、どこも零細で排気装置はなく、マスクつけるよう指示された記憶もない。

石綿工場で、玉子さんはロービンやリングの仕事をした。ロービンは、糸にする前のまだ紐状の「しの」（篠）と呼ばれた石綿糸に「より」をかけて単糸にする工程だ。

リング機の石綿糸をつなぐ女性労働者。マスクをしていない

「しの」をロービン機にセットするのが玉子さんの仕事だった。「より」をかける際に石綿の「しの」と機械がこすれあって大量の石綿粉じんが飛散した。「より」をかけられた「しの」は「錘（すい）」と呼ばれる木管に巻き取られ、一定の太さの玉になるとロービンは止まり、玉をはずして新たな「錘」を刺して運転を再開するというのが仕事のパターンだ。

リングは、ロービンと同様な機械だが、スピードがより早く、七〇年前後にリングに入れ替える工場が多かった。

玉子さんは、混綿作業にも従事していた。だが、それは紡織のためではなく、鉄骨に吹き付ける防火材用のものだった。それで、茶色っぽい茶石綿とセメントを手で混ぜた。石綿で手がチクチクと痛むのでゴム手袋をしていた。茶石綿は繊維が強靭なことから、白石綿より危険性が高い。

だが、茶石綿の危険性など全く知らなかった玉子さんは、ガーゼのマスクをしていただけだった。

貧しかったが、近所の人同士助け合って暮らした。特に前述の畠山重信さん（六六頁）の妻・幸子さんとは自宅が向かい同士で、子どもの年齢が近かったこともあって親しくなった。味噌や、しょうゆ、米の貸し借りをよくしていたという。

その後、特紡の工場や長男が始めたセーター用の糸巻業の工場などで働いた。石綿工場で働いたのは三年間だけだ。

だが、九三年頃に左胸が重苦しい感じにおそわれた。病院で診察を受けると、医師に「肺でカリカリという音がする」と言われ、「胸膜肥厚」と診断された。

一九九四年に夫が亡くなり、世話をする必要がなくなった。

そこで、九六年から岸和田市の夜間中学に通い始めた。五七歳になっていた。それでも、念願の文字を学ぶことができ、「言葉では言い尽せないほどうれしかったです」と玉子さんはパッと顔を輝かせて話してくれた。

夜間中学の先生は、鉛筆の持ち方から教えてくれたという。学校で学ぶ喜びを、玉子さんはこう作文に書いている。氏名の「尹敬任（ユン・ギョンイム）」とは、玉子さんの本名（韓国名）だ。

今の私

尹　敬任

私は、やかんちゅうがくにきて三年六カ月になります。私はひる、しごとをして、夜、学校にきています。じをならうことで、きもちがらくになるぶん、げんきになりました。私はうれしいです。先生、いままでどおり、おねがいします。私もがんばります。

「今の私」は気持ちを閉じ込めていた「昔の私」とは違うんだ。文字を習うことで物事の意味が分かるようになり、パッと新しい世界が眼の前に開けた、というような玉子さんのウキウキする気持ちが伝わってくる。玉子さんは、こういう詩も見せてくれた。

うれしいね

尹　敬任

名まえが　かけて
うれしいね
みんなで　べんきょう
うれしいね
びくびく　しなくて
うれしいね

名前が書ける喜び、皆で勉強できる喜び、そして文字を知ることでビクビクしなくてよくなった喜び。文字が書けるとは、こんなにも人を明るくするものなのか、とわたしは玉子さんから学んだ。

一〇年近くかかって夜間中学を卒業した。しかし、「夜間中学は私の青春でした」と玉子さんは言う。今は長男夫婦と孫二人と同居し、「嫁が親切にしてくます」という。

だが、一九九三年頃から、段々息苦しさがひどくなった。あお向けに寝ると胸が苦しい。右を向いたり、左を向いたりを繰り返すので、熟睡ができなくなった。

二〇〇五年六月、「クボタショック」が起きた。マスコミは、大手機械メーカー・クボタの兵庫県尼崎市の旧工場周辺住民が石綿が原因の中皮腫で死亡していることが発覚したのを契機に石綿公害について連日大々的に報道した。だが、玉子さんは知らなかったという。

二〇〇六年にはびまん性胸膜肥厚と石綿肺と診断され、「じん肺管理区分二」の決定を受けた。体調は年々悪化する。

「私は、結婚前は父の、結婚後は夫の言う通りに生活してきました。学校も行かせてもらえず、字も読めません。そんな私が、今では、息子の嫁に良くしてもらっており、父や夫から解放されて、これまで生きてきて今が一番幸せだと感じるはずなのです」（松本玉子さん陳述書）

この「はずなのです」という言葉が切ない。

玉子さんがやっとつかみかけた幸福を、石綿が打ち砕いた。

石綿はもちろん誰にとっても危険だ。だが、差別され、抑圧されてきた人々にその被害は増幅して現れる。

「一緒に来たらいいやん」

「叔父は、私を『使わな損』という感じで畑ばっかさせて、学校に行かせてくれませんでした」

赤松タエさんも満足に学校に通えなかった。それで、今も読み書きが不自由だ。

一九四二年に鹿児島県知覧でタエさんは生まれた。七歳頃に父親が死去し、母親と叔父の家に同居した。

叔父の子どもは遊んでいるのに、タエさんだけがタバコ、サツマイモ、ソバなどの畑仕事の手伝いや馬、豚のエサやりなどにこき使われた。

「情けなかったです」

話を聞いているうちにタエさんは涙ぐんだ。

母親に甘えたかった。だが、冷たかった。タエさんが一二歳くらいの時、二人で畑仕事をしていた。お昼になったので、先に帰ってタエさんはお昼ご飯を作って母親を待っていた。なかなか帰ってこないので探しに行くと、首を吊って自死していた。精神に障害があったようだ。

タエさんの願いは都会に脱出することだった。「皇太子ご成婚の年（一九六〇年）」に大阪の岸和田市の叔母が呼び寄せてくれ、紡績工場で働くことになった。

「（人生の中で）一番嬉しかったです」

その後、数カ所の紡績工場で働き、一九六七年に泉南の特殊紡績の工場で働いていた赤松四郎さんと見合い結婚した。

赤松四郎さん

「こんな私をもろうてくれるのか」

四郎さんは短気だが優しかった。タエさんは料理が得意ではなかったが、文句を言ったことはない。

友人が子どもを連れて遊びに来ると、ジャンケンで「抱っこ」する順番を決めたほど二人は子ども好きなのに、残念ながら子宝には恵まれなかった。

しかし、月に一～二回は夫婦でパチンコ、競輪や競馬に行ったり、友人らとマージャン卓を囲んだ。勝ったほうが寿司などをおごることになっていた。

四郎さんは一九三七年生まれ。広島県尾道市の百島（ももしま）という離島で漁師をしていたが、大阪に出て西成などで日雇い労働をした後、泉南の特殊紡績の会社などを経て一九八一年から九〇年までホンテス工業（二五七頁で後述）という石綿工場で働いた。労働者は三〇～四〇人ほどいた。泉南の石綿工場としては比較的大きいほうだ。

四郎さんは、混綿や「カード」の仕事に従事した。混綿では、柔らかいセメントのように固まっている石綿原料を素手でほぐし、コンベアの上に置き、その上に綿を積むことを繰り返して三～四層にする。それを調合機に送って混ぜる。

その後、混綿した石綿を梳いて粗糸の束にする工程が「カード」だ。カード機は、針布が巻かれたローラーで石綿を梳くのだが、梳いているうちに針の間に石綿が詰まり、針も摩耗して丸くなる。それで一～二カ月に一回、四郎さんは針研ぎにも従事した。金具をシリンダーに当てて詰まった石綿をこそげとる。その際に大量の粉じんが飛散する。また、砥石を高速で回転するシリンダーに当てて針布を研ぐのだが、その際も前が見えないくらいの粉じんが舞った。

毎日仕事が終わると機械をブラシで掃除し、機械の下の一メートルくらいのプールにたまっている石綿粉じん（落ちワタ）を集めた。

「一日で、縦一・五メートル、横一メートルくらいの袋が六、七袋いっぱいになるくらいの粉じんがつもっていました。袋に詰めた落ち綿は、業者が持って行っていました」（赤松四郎さん陳述書）

工場に集じん機は一台あったが、工場内は粉じんだらけ。太陽の光が差し込むと、石綿のホコリがきらきらと舞っていた。マスクは支給されたが、つけると作業しづらいので、はずすことも多かった。

一日の仕事が終わると全身真っ白で、髪は白髪のようになり、鼻水まで白くなっていた。ホンテス工業には「エア」と呼ばれる空気でホコリを払う機械が備え付けられていたが、それを使っても石綿粉じんは大量に作業着に付着したままだった。

タエさんは、四郎さんが持ち帰った作業着を洗濯したが、他の衣類と一緒に洗うと石綿が他の衣類にも付着してしまうので分けて洗っていた。だから、「洗濯機が二つほしい」というのが当時のタエさんの切実な願いだった。

タエさんも同社で約三年働いた。リング機で精紡された石綿の糸を数本合せてよりをかける「インター」という工程に従事した。リング機同様機械と糸がこすれて粉じんが発生する。タエさんも真っ白になった。

四郎さんは一九九一年頃から息苦しさを感じ始め、二〇〇二年からは酸素吸入器をつけるようになった。ただ、それでも四郎さんは喘息だと思い込んでおり、石綿が原因とは気づいていなかった。

息苦しくなると、早く楽になりたいと我慢ができずに酸素の量を増やして酸素の吸い過ぎで気を失い、倒れてしまったことも数回ある。そして、救急車を呼んで入退院を繰り返すようになった。救急車を呼ぶと近所の人が見に来るのが恥ずかしかったが、苦しさには勝てなかった。

「鎖につながれた人生に何の楽しみもなくなりました」（同）

四郎さんが働けなくなり、二人は生活保護を受けるようになった。

二〇〇五年の「クボタショック」をタエさんと四郎さんも知らなかったそうだ。

だが、「クボタショック」をきっかけに、「市民の会」が同年末に「医療と法律の個別相談会」を開いた。それをタエさんは友人から聞き、勧められたので二人で行ってみたところ、四郎さんは「石綿肺の可能性がある」と言われた。翌〇六年に「石綿肺」と正式に診断された。まさか石綿で病気になるとは二人は思いもよらなかった。

診断の際、医師から石綿肺は治らない病気だと聞き、四郎さんは「死なな治らへん」と絶望的な気分になった。そして、「生活のために石綿で働いたけれども石綿で病気になると分かっていたら、石綿工場で働かなかったのにと情けなく思いました」（同）という。

同年、「じん肺管理区分四」の認定を受けた。

子どもがいない二人にとっては相手が頼りだ。

「あんたが死んだら生きていかれへん」

タエさんは泣きながら四郎さんに訴えた。

「一緒に来たらいいやん。高いビルにのぼってな」（同）

四郎さんは冗談めかして返した。

もともと冗談や軽口をたたくのが好きな性格だったが、徐々にしゃべれなくなった。
四郎さんは、後に国賠訴訟の原告になるが、大阪アスベスト弁護団の若手の岡千尋弁護士が担当だった。子どもがいない四郎さんは岡弁護士を娘のように思い、二人は実の父と娘のように親しくなった。その岡弁護士は、大阪高裁にあてた意見陳述書にこう書いている。
「赤松タエさんは、会話すらままならなくなった夫について、『息をしてくれているだけでいい。』と話していました。二度と良くなることのない、死と隣り合わせの毎日だからこその言葉です」（二〇一三年三月二七日）
二〇一二年六月、四郎さんは亡くなった。

差別され、貧しいから学校に行けない。だから読み書きができず、社会の仕組みも分からず、権利意識も育たず、石綿にジワジワと身体をむしばまれていく「アリ地獄」のような構造が、泉南にはあった。そこに落ちた人々を救い出そうとしたのが、「市民の会」などの支援の人々や大阪アスベスト弁護団の面々だった。

第三章　命を重くするクイ

一　お国のえらいさん

「隠された」本質

泉南地域は、石綿紡織業も盛んだったが、最も盛んだったのは何といっても繊維工業だった。繊維工業最盛期の一九六〇（昭和三五）年の泉南市の事業所数は製造業全体で二一七カ所だが、そのうち繊維工業は一七九カ所で八二・五％、従業員数では製造業全体で一万三〇五八人に対して繊維工業は一万一五七九人で八八・七％、製造品出荷額等では製造業二四二億四三〇〇万円に対して繊維工業は二一八億二九〇〇万円で九〇・〇％を占めた。[1]

だから、元泉南市議の林治さん（一九三七年生まれ）は、紡績工場の女性労働者の労働組合づくりを支援するなど労働運動に関心が深かったが、石綿工場の労働者のことは意識にのぼらなかったという。市議会で問題になったこともほとんどなかった。

しかし、二〇〇五年六月、兵庫県尼崎市にあったクボタの旧工場周辺の一般住民に中皮腫など石綿の病を発症している人がいるという「クボタショック」が起きた。

その年の八月、親戚にあたる柚岡一禎さんから電話がかかってきた。

「治さん、尼崎より泉南の方が石綿の中心地や。実際大変なことになってるんやないか」

林さんも全く同感だった。

「これはほっとけんな」

林さんは、柚岡さんや現役の大森和夫市議、元石綿工場労働者の山下甲太郎さん（一九三六年生まれ、二〇一三年死去）他数人の地元住民らと「泉南の石綿被害と市民の会」（以下「市民の会」）を設立し、被害者を探し出し、労働環境や被害の実態がどうなっているのか把握しようとした。

そのためには、どこに石綿工場があったのかを調べる必要があった。しかし、二〇〇五年一〇月に栄屋石綿が廃業し、泉南地域の石綿工場はすべて廃業していた。それでも石綿工場の跡地を訪ね、元の工場主を探し出して話を聞けば、石綿被害の実態が少しは分かるかもしれない。

それで、石綿工場の住所が分かる名簿が必要だった。林さんは、林さんを信頼してくれる知人から、クボタショックで加熱するマスコミの取材を避けるため、「表に出すな」と言われたという「関西石綿協会」の会員名簿を入手することができた。これで、石綿工場の住所は分かるようになった。

それから、石綿産業の最盛期の一九七〇年代の泉南地域の住宅地図も必要だったが、すでに絶版になっていた。

しかし、出版元に問い合わせるとデータが残っていることが分かり、一三万円ほどとられたが、一九七三年版の泉南市と阪南町（現阪南市）の住宅地図を入手した。

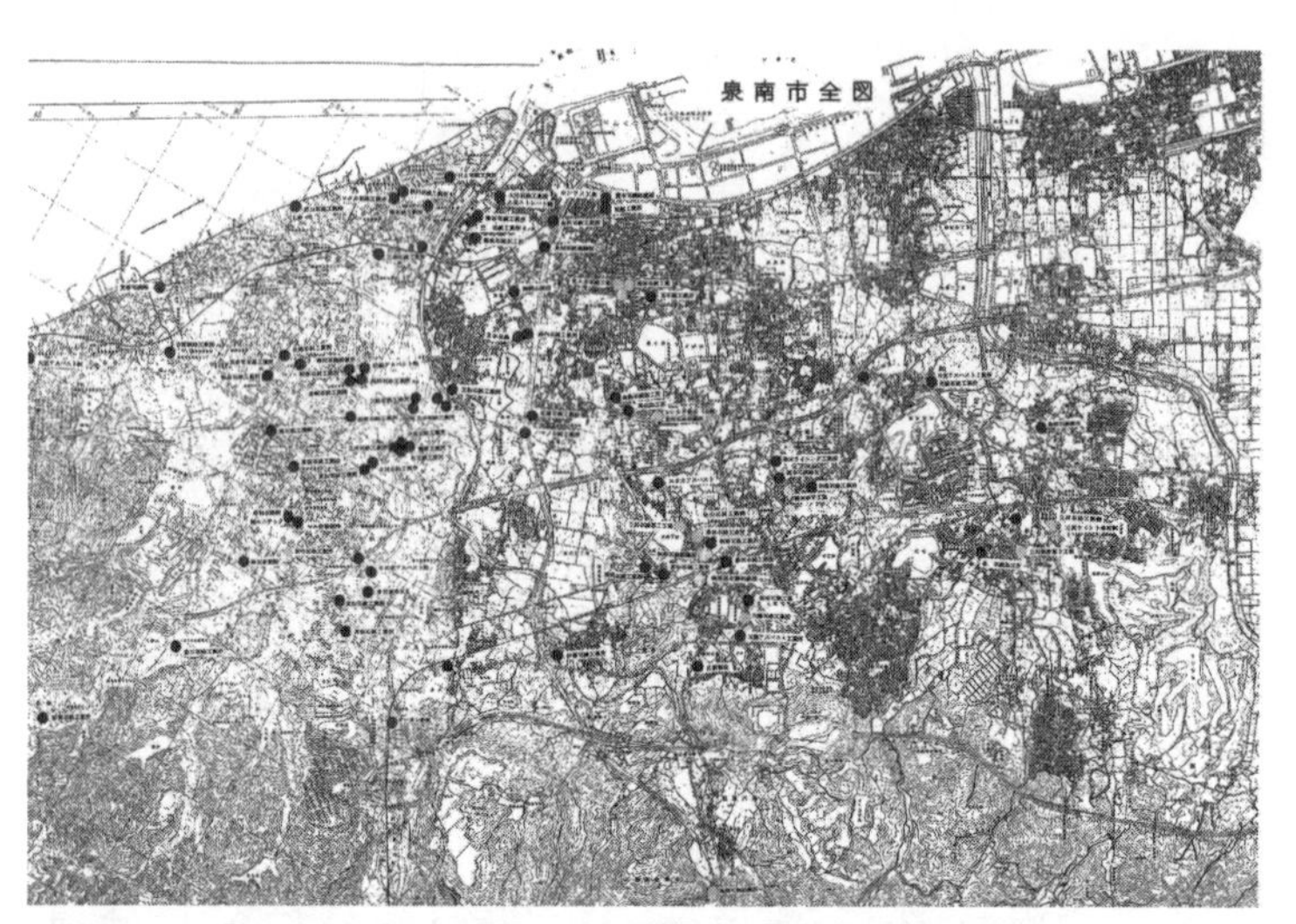

林治さんら「市民の会」が作成した泉南地域の石綿工場の分布図

そして、林さんらは名簿と地図を照らし合わせながら「○○石綿」「○○アスベスト」などの名称がつく場所の現場に逐一足を運び、確認していった。だが、大半はすでに石綿工場の廃屋すらなく、パチンコ屋とか駐車場などになっていた。

それでも、こうして七〇軒ほどの工場を確認することができた。そして、現在の地図に確認した工場の印をつけ、工場の分布が一目瞭然になるよう分布図を作った。それを眺めながら、「こんなにあったんか」と林さんは今更ながら驚いた。

ただ、「○○石綿」「○○アスベスト」という名称がつかなくても石綿を扱っていた事業所があり、それらは確認できなかった。その数が一体どれくらいあったのか、今となっては分からない。

それら確認できなかった零細工場などまで含めると、戦前から高度成長期にかけておそらく二〇〇から二五〇くらいの工場があったのではないかというのが「市民の会」の推定だ。

また、同会のメンバーは、地元の古老の証言を聞いたり、泉南市史や阪南市史他さまざまな統計資料にもあたった。

そして同会は、弁護士の協力を得て、二〇〇五年一〇月一四日に阪南市で「泉南地域の石綿産業と隠れた被害」と題する集会を開いた。

呼吸器が専門の水嶋潔医師（当時は病院勤務。現在は東大阪市のみずしま内科クリニック院長）が講師になり、石綿肺や中皮腫など石綿が原因の病気の学習をした。椅子は四〇席ほど用意したが、三倍以上の約一四〇人もの人が集まった。この場で「市民の会」が正式に発足し、以後世話人会を随時開催して石綿工場の元労働者や経営者、一般市民からの相談を受ける体制を整えた。

翌一一月二七日には、泉南市で「医療と法律の個別相談会」を開催、約一〇〇人が参加した。全日本民主医療機関連合会（民医連）の協力で、レントゲン検診車を借りて胸部レントゲン撮影を行い、健康診断を行った。

また、労災保険の申請など法律面では「大阪じん肺アスベスト弁護団」（現大阪アスベスト弁護団）の約二〇人の弁護士が協力し、相談に応じた。

一二月一一日には、隣の阪南市で一一月二七日に泉南市で健康診断を受けた人に個別に診断結果を伝えた。レントゲン撮影を受けた八三人中五三人（六四％）もの人に異常所見を認めるというすさまじい結果が明らかになり、泉南地域の底知れない石綿被害の実態の一端が垣間見えた。

特に一般的には珍しい石綿肺の人が、その疑いも含めて石綿工場の元労働者で五八人中三二人（五五・二％）もいた。その結果に水嶋医師は「目を疑った」という。

二〇〇六年春頃、近畿中央胸部疾患センターの坂谷光則（さかたにみつのり）医師が前年のクボタショックで社会問題になっていた石綿疾患について医師約三〇〇人ほどを対象に講演した。その中で「石綿肺を見たことがある人は手をあげてください」と問いかけた。手をあげたのは水嶋医師だけだった。石綿肺はそれくらい一般の医師にも知られていない病気だった。その時水嶋医師は、「誰もやっていないなら自分がやってやろう」と思い、石綿関連疾患（石綿に起因する病気）を自分の一生の仕事にしようと決意したという。

石綿肺はよく知られていないがゆえに、間質性肺炎[注1]など他の病気と誤診される場合も少なくない。また、医師に石綿肺の所見の知識があっても、石綿関連疾患は発症までの潜伏期間が長いこともあって詳しく問診をしないと患者がどこで石綿を吸ったか分からず、あるいは患者自身もどこで石綿を吸ったか忘れていたり、気づいていない場合もある。

たとえば、大阪名物の焼き菓子「粟おこし」を作っていた職人が結核だと思い込んでいたが、水嶋医師が詳しく問診をした結果、「粟おこし」を焼く機械の断熱材に石綿が使われていたことが分かり、胸膜プラーク（胸膜肥厚斑＝「かさぶた」のような石綿を吸入した跡）と判明したケースもあるという。

建設労働者の組合から依頼され、水嶋医師は労働者のレントゲンフィルムを再読影し、再診断をしている。年間に一万五〇〇〇枚ほど見る。そのうち、約一〇％に胸膜プラークが発見され、石綿肺やじん肺は二～三％の割合で発見される。つまり、それくらいの割合で胸膜プラークや石綿肺、じん肺が見過ごされているのだ。

一一月二七日の泉南市で開催された「医療と法律の個別相談会」では、この一般的には珍しい石綿肺が、その疑いも含めて労働者ではない一般の人（非労働者）でも二一人中七人（三三・三％）いた。これは、石綿工場周辺の住民にも石綿被害が広がり、「公害」になっている可能性を示唆した。

「クボタショック」が衝撃を与えたのは、中皮腫などの石綿による健康被害が工場内の労働者だけではなく、工場外の一般住民にも広がっており、「公害」になっていたからだ。

「市民の会」のメンバーと弁護士は、集会に参加して住所を書いてくれた人や電話で相談してきた人など石綿工場の元労働者やその家族らを手分けして訪ね歩き、どこの石綿工場でどれくらいの期間働いていたか、仕事の内容と労働環境、そして健康状態などの聞き取り調査を重ねた。

林さんの場合、少なくとも一〇〇軒以上は訪ねたという。詳しい聞き取り調査をするため、あるいは、その後提訴することになる国家賠償請求訴訟の原告を組織するため、同じ家を数回訪問する場合が多かった。「市民の会」の他のメンバーや弁護士と訪ねる場合もあった。被害者と話す中で新たな被害者が判明し、その人を訪ねるということもあった。点が線になり、つながっていった。

その中で、石綿工場の労働者ではないが、石綿工場の近隣住民で中皮腫を発症した人が二人いることをつかんだ。林さんは、国の責任を問う国賠訴訟の原告にならないかと持ちかけたが、「表に出したくない」と断られたという。

このような石綿工場の労働者ではなく、一般住民の被害も記されている『大阪府泉佐野保健所尾崎支所六〇年の軌跡』（大阪府民健康プラザ）という冊子を林さんは入手した。

同書には、同支所の仕事もしていた泉南市の開業医のこんな述懐が収録されている。

「（レントゲン写真に石綿の兆候がある患者が）亡くなってから五、六年たってから（患者の）長男の方に、あんたんとこ石綿工場やってへんかったかと聞くと、ウチは全然やってまへんと言うのです。だんだんと聞き出していってみると、石綿工場の近くに田んぼがあり、畦道（あぜ）がアスベストで真っ白になっていた。そこで父親がよく草刈りをしていたということがわかった。ものすごいアスベストです」

これは、泉南市にあった三好石綿に隣接する畑で農作業中に石綿粉じんにさらされていた南寛三さんのケース（六〇頁参照）にそっくりだ。

また、同支所の職員のこんな述懐もある。(2)

「洗濯屋さんがアスベスト工場の隣。洗濯屋さんの庭のほうにね、工場の換気扇の噴出し口があり(石綿関連疾患の)感染者(ママ)が出ました」

林さん以外の「市民の会」の人々も、このような環境(近隣)ばく露の事例は数多く耳にした。石綿工場の近隣住民で石綿工場労働者に多い石綿肺を病む人も少なくなかった。

しかし、二〇〇六年三月に施行された救済法は、救済の対象を中皮腫と肺がんに限っており、石綿肺は除かれていた。(注2)前述のように環境ばく露で石綿肺になったという症例は報告されていないというのが、その理由だった。石綿肺は職業上石綿を大量に扱った労働者だけが発症する病気で、一般人ではありえないというのである。

けれども、泉南では環境ばく露で石綿肺になった人がいるのは事実だ。

救済法のうたい文句は「隙間のない救済」なのに、被害者を狭く限定し、「隙間」を作っているのが実態だった。それは、石綿肺などまで認めると補償すべき被害者が膨大な数になり、財政がパンクするからだと石綿被害者を支援する市民団体や弁護士らは指摘する。「命よりカネ」という発想が露骨だ。水俣病などこれまでの公害でも繰り返されてきたことだ。

当初は、「市民の会」や弁護士らは環境ばく露の住民も探そうとした。

しかし、泉南地域の石綿工場はすべて廃業しており、関係者が亡くなっている工場も少なくなく、石綿工場の近隣(環境)ばく露の一般住民の被害者を探し出すのは困難を極めた。

第二章で紹介した南寛三さんの娘の和子さんは、三好石綿の近くに住んでいたことによる環境ばく露が原因と思われる石綿関連疾患を患っている近所の数人に、「一緒に石綿工場からの石綿粉じんの排出を規制しなかった国の責任を問う国賠訴訟の原告になりませんか」と呼びかけた。

だが、「扉をピシャピシャ閉められてしまう」という。

その理由を、和子さんは「石綿の病気だと知られたくないんです」と話した。そして、「『あすこの家は肺病が出たんや。うつされるんやないか』というような偏見が今も根性深く（根深く）残っているんです」と説明した。

感染する結核は昔は「肺病」と怖れられ、結核患者は「村八分」のようにされることもあったが、その「肺病」と感染しない石綿の病が混同されて、「下目に見られる」のだという。

水俣病でも、患者が地域で差別されたので、患者は名乗り出ることをためらい、被害の顕在化が遅れた。患者は病気で苦しむだけでなく、社会の「白い目」にも苦しめられた。

かくして、「市民の会」の聞き取りは、同僚の被害者を紹介してもらうなどすれば比較的探しやすい元労働者の聞き取りが中心になっていった。

しかし、そもそも被害者を探し出すのは本来は行政の仕事だ。「市民の会」は同年一二月に大阪府知事に「石綿対策要望書」を出した。内容は、

① 府下の石綿工場の立地状況の実態把握
② 地域ぐるみの疫学調査(注3)の実施
③ 石綿健康被害救済法で泉南を「石綿被害の特定地域」に指定し、被害者をすき間なく救済すること
④ 零細（石綿）業者の転業などへの支援

以上四点について政府に強く申し入れることだった。

③の泉南を「石綿被害の特定地域」に指定してもらいたいという要望の根拠について、柚岡さんはこう書いている。[3]

泉南の石綿の特徴は、「工」「農」「住」が混在していることで、地域全体がリスクを抱えていると言わざるをえない。表面に現れた個々の事例に場当たり的に対処するのではなく、泉南地域を「石綿被害の特定地域」と指定し、被害者をすき間なく救済する手立てがとられなければならない。そのためには、行政による早急かつ徹底した「疫学調査」の必要性を強く訴えたい。

「市民の会」は、泉南市や阪南市の市長にも同様の申し入れをした。柚岡さん、林さんらが足で歩いて「場当たり的に対処」してきた限界を痛感したからこその行政への要望だった。

柚岡さんは、被害の掘り起しの調査をしていると、市長や保守系市議の冷ややかな視線を感じるという。面と向かっては言わないが、「できればやめてほしい」のだなと分かる。被害者を救うことには関心はなく、水俣のような「汚染区域」と世間から言われないかを心配しているのだ。

結局、政治家は行政に積極的に働きかけず、行政は「市民の会」の要望に応えず、「地域ぐるみの疫学調査」を行わなかった。その結果、特に環境ばく露の被害の実態は未解明に終わってしまった。

泉南石綿被害の性格は、労働者の労災の側面と公害の側面があるが、「地域ぐるみ・家族ぐるみ」の環境ばく露が泉南の石綿被害の本質だとすれば、その本質が消極的な政治家と行政の姿勢によって結果として「隠されて」しまった。

水俣病は、熊本県水俣市で酢酸や塩化ビニールの原料となるアセトアルデヒドを製造していたチッソ水俣工場が、不知火海に排出した排水中のメチル水銀を魚介類を介して食べた人が言語障害や視野狭窄、運動障害、聴力障害などの中枢神経疾患を発症した公害だ。一九五六年五月一日に患者が「公式確認」され、五九年にはチッソの排水が原因と分かったが、国と熊本県は漁獲禁止や摂食禁止などの措置をとらず、排水も規制せず、チッソは六八年まで排水を水俣湾にタレ流し続け、被害を拡大させた。

水俣病関西訴訟最高裁判決（二〇〇四年）は、国と熊本県は一九五九年までには水俣病の原因物質と発生源について認識できたとし、一九六〇年以降の患者の発生について国と熊本県に「不作為責任」（法律によって期待されたことをしなかった責任）を認定した。

このような公害問題に誰よりも真摯に取り組むべき者が被害を無視したり、過小評価して対策をとらないこと（不作為）が公害を拡大させてきた負の歴史が、泉南でもまた繰り返された。

親方子方横一線

前川清さん（一九二二年生まれ、二〇一〇年没）は兵庫県の淡路島出身だ。泉南の石綿工場では最大手の栄屋石綿で二二年間働き、石綿肺になった。

弟も栄屋で七年間働き、二二歳の若さで肺に水がたまり（病名不明）、亡くなった。妻の喜代子さん（一九二八年生まれ）も同じ職場で働き、石綿肺で二〇〇七年に亡くなった。妻の両親も栄屋で働き父親は四二歳、母親は三八歳の若さで共に呼吸器の病気（病名不明）で亡くなっている。

それでも、わたしの取材に対し、「会社をうらむ気持ちはありません」と生前、前川さんは淡々と話した[4]。そして、「栄屋を訴えることなど考えられません」とキッパリ言った。

前川清さん

淡路島では伐採などの山仕事をしていたが収入が不安定で、栄屋に就職できて生活が安定した。そして結婚でき、家庭も持てた。息子は大手企業の部長に出世し、孫も国立大学を卒業した。退職後、前川さんは趣味の水墨画を教えて悠々自適の生活を送っている。それもこれも、栄屋で働かせてもらったおかげだ。経営者とは家族ぐるみのつきあいだ。

だから、石綿肺になったことについても前川さんはこう言い切った。

「自分の代替と思えば、安いもの」

わたしは言葉を失った。

その後、前川さんは死の恐怖にさいなまれ、肺がんで苦しみ抜いて亡くなった。

同じく栄屋で働いていたAさんも肺疾患にかかったが、石綿工場の経営者は地元の有力者であることが多く、「ここらで石綿のこと、悪く言うたら村八分になって、住めない」と証言した。そして、「弱いモンは、黙って消えていくしかない」と言った。

親方が地元の有力者となれば、石綿で被害を受けてもなかなか告発しにくい。

また、石綿工場で働いていた人の話を聞くと、よく「親方子方横一線」という言葉が出てくる。経営者の親方も労働者の子方も同じ工場で横に並んで働いたという意味だ。経営者と労働者という関係を対立的な関係ではなく、親子関係という親和的な関係ととらえているのだ。だから「階級意識」などは芽生えようがない。

この点が、同じ泉南地域の岸和田市にあった岸和田紡績（岸紡）と決定的に違う点だ。岸紡には朝鮮人女工が多く、戦前の一九三〇年に操業短縮による実質賃金の四割減に抗議する歴史に残る一大争議が起きている。

この争議のルポルタージュ『朝鮮人女工のうた』（金賛汀著・岩波新書）によれば、「当時、朝鮮人社会運動家は、夜学の場などを利用して工場労働者の組織化を試みていた」という[5]。ここでの「夜学」とは、工場の寮内で開かれていた文字などを学ぶ場のことだ。

そして、「〝夜学〟の場での活動を通じて女工たちが階級的に目覚め、労働運動との接点となることもあった」とされる[6]。

岸紡の場合は、搾取する経営者と搾取される労働者という図式が労働現場の実感として極めて分かりやすかったようだ。

だが、泉南の石綿工場の場合は経営者が労働者でもあり、一緒に働いていたので健康被害を受けている人も多い。

「市民の会」の元石綿工場労働者の山下甲太郎さんはこう言った。

「国が（石綿製造を）止めたらよかったのに、なんぼ作ってもエエ言うて作らしてきたんやで。そやから親方も被害者や」

林さんは、村松昭夫弁護士と泉南のホンテス工業株式会社という石綿工場の親方の森田道雄社長から聞き取り調査をした[7]。ホンテスは、労働者は三〇～四〇人ほどで、泉南の石綿工場としては比較的大きいほうだ。その調査の中で、森田社長は泉南の石綿業者と大手商社や自動車メーカーなどとの関係、そして石綿被害をどう受け止めたか証言している。

石綿は、三菱商事や丸紅などが海外の山元から購入して、直接泉南の業者に入れていた。港は神戸港であったが、昭和六〇年代に、港湾労働者がアスベストの荷おろしを拒否したため、石綿を積んだコンテナがそのまま泉南に入ってきていた。

石綿製品は、クラッチレーシングなどは、自動車メーカーの系列会社に直接納入し、クロスなどは、大阪市内にたくさんあった石綿問屋を通して流通していた。ニチアスの下請けをしていたところも泉南に何社かあり、紡織品などは、泉南で生産した製品がビッグネームの名前で流通していたものもあった。

(石綿工場を)身内でやっている例も多く、被害が生じても言い出しにくい。石綿被害を言うと『石綿をやっていたのか』という雰囲気もあり、言い出しにくいと言う側面もある。石綿業者は、裁判をされないかということを一番心配している。泉南の石綿業者は、経営者といっても従業員と同じ職場環境の中で共に働いて石綿を吸っており、それ故に病気になっているものも多く、その点は理解してほしい。

国は石綿製品についてＪＩＳを制定し、石綿製品を国策として振興させたのではないか。その点では国に責任がある。

石綿の被害を訴えにくい理由として、身内でやっている例が多く、また「石綿をやっていたのか」という差別的な雰囲気があることを森田社長はあげている。なるほど、身内は訴えにくいだろうし、訴えれば石綿業に携わっていたことが地域に知られ、差別的な視線にさらされることになる。

「JIS」とは日本工業規格の略で、工業標準化法に基づき制定された国家規格だ。よって「JIS認証を取得した事業者は、市場において、製品の安心・安全、高品質をアピールできる最適な手段を確保したことになる」（JIS登録認証機関協議会）。

だから、この森田社長の指摘は、山下さんの「国がなんぼ作ってもエエ言うて作らしてきたんやで」という言葉を裏付ける

柚岡さんは、「市民の会」の調査の結果得た結論を次のように書いている。(8)

　経営者は、同時に被害者であった。家族ぐるみで仕事をし、したがって石綿被害を従業員と同様に、あるいはそれ以上に受けた。また、大半は大手企業の下請け的立場におかれ、情報から隔絶されただろうことを思う時、石綿被害の責任を彼らに負わすのは酷に過ぎる。産業発展第一を良しとし、抜本的な対策を講じないまま泉南の石綿を利用してきた、国と大手企業の不作為こそ問われるべきであると考える。

原告の井上國雄さん（一九二七年生まれ、二〇一五年に石綿肺がんで死去）は、一九六三年から六七年頃まで約四年間現在の阪南市（後に泉佐野市に移転）で井上石綿工業所を経営した。それ以外は数カ所の石綿工場で労働者として働いた。

井上石綿工業所を経営していた時代には同じく原告の原まゆみさん（第二章第一節「ぐるみ」の被害で紹介）や古川昭子さん（同）も働いていた。二人とも現在、石綿肺を病む。

「私が石綿の危険を知らなかったばっかりに、石綿の病気になってしまった従業員の人達には、本当

に申し訳なく思えてなりません」（井上國雄さん陳述書）

だが、井上さんに賠償する資力はない。それどころか、井上さん自身も二〇一〇年にびまん性胸膜肥厚で労災認定された。喘息のような激しいセキがとまらず、苦しさのあまりかかりつけの医院の医師に「寝てる間に死んでしまうような薬はないやろか」と聞いたこともある。石綿との因果関係は不明だが、同年食道がんも判明した。

このように泉南の石綿工場のほとんどは小規模・零細で仮に訴えても経営者に賠償能力はない。

他方、大企業のクボタは、「クボタショック」の翌年の二〇〇六年四月、尼崎市にあった旧神崎工場周辺住民らの被害者に最高四六〇〇万円の「救済金」(注4)を支払うことを決めた。二〇一六年六月一五日現在で二九一人もの被害者（療養中も含む）に訴訟によらず「見舞金、弔慰金、救済金」を支払っている。「泉南とエライ違いやなあ。尼崎で死んだら良かったと言う人もいる。泉南では企業責任が問えない。これがつらい」と柚岡さんは言った。

ただ、泉南の石綿工場の中で三好石綿工業は、第二章第二節（ミヨシ様）で書いたように、他社と合併するなどして現在は三菱マテリアルの子会社の三菱マテリアル建材になっており、唯一例外的に賠償能力がある。そこで、三好の被害者の元労働者や周辺住民、その遺族ら一九人は大阪じん肺アスベスト弁護団（現大阪アスベスト弁護団）の協力を得て補償を求めて二〇〇七年から交渉を始め、訴訟によらず二〇〇八年九月に三菱側が一億二〇〇〇万円を支払うことで和解した。また、二〇一〇年八月には、第二次の交渉で元労働者ら三三人に一億三〇〇〇万円を支払うことで和解した。

これは、「クボタショック」後のクボタの被害者への「見舞金、弔慰金、救済金」の支払いが、社会的にある程度評価されていることが影響していると見られる。

しかし、これは三菱やクボタという大企業の例外的事例で、泉南の被害者を救うには国の責任を問うしかない。

二〇〇六年三月、「市民の会」は「真に隙間のない救済とアスベスト被害の根絶に向けて」と題する文書を発表し、被害者に国賠訴訟への参加を呼びかけた。

新法（石綿健康被害救済法）では解決しない。「隙間のない救済」からはほど遠く、住民の石綿肺などは救済対象からはずされ、支給される給付金も低額です。

現在の被害者の救済はもちろん、今後予想される被害の救済に向けて「石綿被害対策基金」を国と大企業につくらせることが必要です。また、全国各地でアスベスト対策を実現するためにも、今なお有効な対策を打ち出そうとしない国の責任を明らかにすることが何よりも重要です。そのために、私たちは、国を相手に裁判を起こし、対策を迫ることが不可欠との結論に至りました。この訴訟によって国は、石綿対策を真剣に行わざるをえなくなるでしょう。

今、被害者一人一人が、怒りを持って立ち上がることが求められています。私たちは、真に隙間のない救済とアスベスト被害の根絶に向けて、被害者の皆さんがこの裁判に参加されること、また市民の皆さんが裁判支援の運動に共に参加されることを、心より呼びかけるものです。

「イシワタきちがい」

石綿問題は、二〇〇五年の「クボタショック」以前にも何回か全国的な問題になった。

になる。

一九八六年、横須賀で米空母ミッドウェーの改修により大量の石綿廃棄物が不法投棄され、社会問題になる。

一九八七年には、当時「学校パニック」と呼ばれ、学校の校舎や公営住宅などへの吹き付け石綿が全国各地で問題になる。

同年には、泉南でも金熊寺川河川敷に三〇〇トンもの石綿が投棄されていたことが問題になった。

にもかかわらず、「クボタショック」まで石綿問題は一時的には注目されるが、すぐに忘れ去られ、抜本的な対策がとられることはなかった。

二〇〇六年三月一一日夜、阪南市内で大阪じん肺アスベスト弁護団（現・大阪アスベスト弁護団）が主催する「アスベスト被害と国の責任を明らかにする」と題する緊急集会が開かれた。

その集会では、国賠訴訟の原告になることを決意した岡田陽子さん、南和子さんの発言や、公害研究の第一人者で石綿問題に早くから警鐘を鳴らしてきた宮本憲一・大阪市立大学名誉教授の講演、弁護士の報告に加えて柚岡一禎さんも泉南の石綿産業の歴史や被害の背景などについて報告した。

その報告で、柚岡さんは地元泉南の被害について知っていたのに、二〇〇五年六月に「クボタショック」が起きるまで自身が何も行動を起こさなかったことについて、「これだけ被害があったことに鈍感だった。私たち住民の意識が低かったと痛感している」と述べた。

そして、地元には一九九四年に八〇歳で亡くなったが、梶本政治さんという内科医がいて、四〇年間も石綿の危険性を工場に立ち入っては訴えてきたことを紹介した。梶本医院は、柚岡さんの自宅の並び数軒隣にあった。

「梶本先生は石綿工場を回り、『こんなことしてたらあかん』と警告を発していました。石綿業者は『何の恨みがあって、そんなことを言うんや、出て行け！』と怒鳴って追い返したそうです。『イシワタきちがい』と面罵されたこともあると（梶本医師の）奥さんから聞きました。先生の忠告に、地元住民として向き合ってこなかったという反省があります。先生が小さなカブに乗って往診した姿を覚えています……」

ここまで言うと、柚岡さんはこみあげてくるものがあったのか、しばし絶句してしまった。そして、続けた。

「私たちはこれからも泉南の地に住み、生きて行かねばなりません。泉南の被害を見て見ぬふりをしていた私たちは、国を法廷の場に引き出し、闘っていくしかありません」

梶本政治さんは、一九一四年に堺市で生まれた。

一〇歳の時に両親の出身地である現在の泉南市に移り住む。父は小学校の教師、母方の祖父の家業が堺で代々続く漢方医だった。

長男の逸雄さん（一九四八年生まれ）によれば、政治さんは五年制の旧制中学（岸和田中学）を飛び級（四年）で卒業した「岸校一の秀才」と言われ、旧制大阪高等学校を経て大阪帝国大学医学部に進んだ。

政治さんが幼い頃、叔父さん（母親の兄弟）三人が全員結核で死去した。当時結核は「不治の病」と恐れられていた。それで、政治さんは「結核の薬を作ろうと幼児から」考えていた。[9]

阪大卒業後、阪大第一内科に入局、結核を治す薬の研究開発に情熱を傾ける。

しかし、日中戦争からアジア・太平洋戦争にかけて軍医として二回召集され、中国戦線に送られた。「生きて帰ってこられたのが（同じ部隊の）三分の一」と逸雄さんは政治さんから聞いたことがある。その点では幸運だった。だが、貴重な研究の時間を奪われた。

その間、一九四四年に米国の生化学・細菌学の研究者セルマン・ワクスマンが土中の放線菌から結核の特効薬となる抗生物質、ストレプトマイシンを発見した。この「世紀の大発見」に対して五二年にノーベル医学・生理学賞が贈られた。

政治さんも一九五〇年に『結核の化学療法・その合成的研究』という論文で阪大から博士号を授与されたが、ワクスマンに先を越された。当時、政治さんは「戦争に負けて、またアメリカに負けた」と悔しそうだったという。

その後、四〇歳になって泉南で内科の医院を開業した。その際、政治さんは阪大から「石綿をテーマにしてはどうか」と勧められたと逸雄さんは聞いている。

当時、政治さんと同じ阪大出身の瀬良好澄(せらよしずみ)医師(二〇〇二年に死去)が泉南にあった国立療養所大阪厚生園で石綿被害の調査をしており、政治さんも協力した。

その調査(一九五四～五七年)で、三二工場八一四人中八八人(一一%)が石綿肺であることが判明、六〇年に石綿肺と肺がんを併発した症例を日本で初めて報告する成果をあげた。

大阪厚生園が堺市に移転統合されて国立療養所近畿中央病院(現・近畿中央胸部疾患センター)になった後も、瀬良医師は院長として石綿の研究を続けた。政治さんはよく院長室を訪ねては、石綿疾患の話をしていたそうだ。

他方、探検帽のような帽子をかぶり、原付バイクで石綿工場を回っては、工場主らに石綿の危険性を説き、集じん機をつけるよう注意して回った。

その際、石綿の危険性や世界各国の石綿規制の情報などについてB4版の紙に手書きで横書きに書いたプリントを持参して渡した。

たとえば、一九七七年七月一〇日付けのプリントにはこうある。[10]

「疫学的調査からは、悪性中皮腫の病因として石綿が浮き上がる。石綿工業関係者だけでなく、その家族（主人が石綿の付着した衣服を家庭に持ち帰る）、幼少時石綿工場周辺に居住したことありが原因のケースもある」

国賠訴訟の原告になった岡田陽子さんのような家族ばく露のケースを、政治さんは一九七七年の時点ですでに警告していた。だが、政治さんの警告は受け入れられなかった。

「堺の大企業の煙を止めてから文句を言え！　とか石綿つぶす気かとか、経営者も反抗的である。業界で話合って、零細工場の集じん設備を改善するよう、これもどうにもならぬらしい。隣家が文句を付けると、反対側の窓を明ける」[11]。

梶本医院は毎週水曜日が休診日で、その日に梶本医師は母校の阪大医学部に研究などのために通っていた。小学生時代に逸雄さんは何回か連れて行ってもらったことがある。

ある日、阪大に行くため、二人で国鉄阪和線の和泉砂川駅で電車を待っていると、ネクタイを締めた紳士風の人と出会い、政治さんと話し始めたが、途中から口論になった。そして、その紳士は「おのれ、イシワタきちがい！」とののしって梶本医師の胸をドンと突いた。その光景を、逸雄さんは今も覚えている。紳士は、石綿工場のオーナーだったのではないかと逸雄さんは考えている。

柚岡さんは、弁護士らと栄屋石綿の益岡治夫代表の聞き取り調査[12]をした。そのメモによれば、益岡代表は梶本医師についてこう語っている。

あれほど信念を曲げない人もいない。三日に一回訪れていた。従業員と打合せをしている際、いきなり梶本医師が押しかけたので、「今、話をしている」と言うと、「僕はこうして来ているのに、君らは生意気や」などと訳の分からないことを言っていた。

自分でアスベストや放射線のことを色々書いたガリ版を配って歩いていた。内容は訳が分からないものが多かった。

ある時、いきなり工場に押しかけて、「中を見せてくれ」と言ったので断ると、「近畿中央病院の先生を連れてきたのだから見せろ」と言われて困った。

逸雄さんによれば、政治さんは泉南市役所へもよく行き、石綿の危険性を訴えたが、聞いてもらえなかったそうだ。ニチアスにもプリントは送ったが無視された、クボタには直接乗り込んだが相手にされなかったという。

このプリントは、行政やマスコミ、学会にも送っていたが反響はなかった。

「石綿公害、多分日本は世界最大の被害国であり、肺臓に石綿特有の石綿小体（asbestos body）証明一〇〇%（ママ）、単位面積当て、米国の約一〇倍の年間石綿消費量である、今さら石綿公害を唱えても、もはや手遅れにすぎない（筆者［＝梶本政治］は一〇年前から、政府、マスコミなど各方面に、このようなプリントを約二万枚郵送して来た）、石綿中毒性の強い、胸膜ガン誘発性の高い青石綿（crocido lite）を、一九六九年英国が港湾労働者間に胸膜ガン続発から南阿の青石綿輸入禁止に踏切った際も、政府厚生省、環境庁、通産省、労働省、朝日など三大紙、日本化学会など学会にも、適切に処置するよう求めたが、何らの反響をも示さなかった。厚生省では筆者のプリントを保管してあると聞く」(13)

このプリントは、「毎月一〇枚以上のペースで、この一二月はこれで一八枚目。新記録である。二五年間、

（毎回）謄写版五〇枚ほどするから数万枚」刷ったという。[14]

逸雄さんが子どもの頃、この謄写版印刷の手伝いをよくさせられた。政治さんが紙の上にガリ版で書いた原稿をはさんだ網をかぶせ、網の上からインクを塗ったローラーを回転させると一枚のプリントが出来上がる。

「小遣いやるからめくれ」と言われ、プリントをめくり、次の紙をセットするのが逸雄さんの役目だった。

プリントの内容は、石綿問題が中心だったが、他にもがん、流産、先天性異常から核実験、身辺雑記にまで及ぶ。英文のものもあり、そうかと思うと「亀の子」のような化学式も出てくる。途中「ボヤキ」のような文句も散見される。

「お休みは元旦だけ……イヤハヤー（ママ）開業四〇年、その間旅行に行ったことは一回もなく……妻の里の葬式で外泊二回だけ……」[15]

政治さんは、他の医師が行きたがらない同和地区への往診もしていた。医師としての仕事と石綿研究、そして、工場や行政を回っては警告を続けた。

他方で、英国の国際的な科学雑誌『ネイチャー』など英文の医学雑誌をはじめ、石綿に関する海外の文献も収集していた。逸雄さんが仕事で米国駐在中に、石綿大手のジョン・マンビル社が倒産し、関連する本や資料を送れと政治さんから頼まれたこともある。一九九三年一一月一六日付のビラには「文献収集一億円以上」とある。[16]

柚岡さんは、二〇〇六年八月頃、メーリングリストに次のような投稿をしている。

先月末から、学生アルバイトを雇って梶本文書の整理をしている。そこで分かってきたことは、氏の関心の対象が石綿や医療を中心としながら、より広範な分野に及んでいることである。梶本政治はさながら「泉南の南方熊楠」と呼ぶにふさわしい。

畑の一角にひっそりたたずむ建物（自宅から離れた畑の一角にある書庫にしていた建物）の一、二階に、書籍と文書がぎっしり詰まっていて、足の踏み場もない。まず書籍は専門の医療関係は当然として、宗教、政治、化学（英文多し）から世界日本の文学小説、月刊誌、週刊誌、旅行ガイドブックの類まで手当たり次第の感がある。丸善や旭屋から取り寄せが多かったそうで、毎月の診療収入のほとんどが本代に消えたという夫人の話もオーバーではなさそうだ。

逸雄さんはある時、政治さんに「旅行なんかせえへんのに、何でガイドブックを買うんや」と問うたことがある。

「お前には想像力というものがないのか」

これが政治さんの答えだった。

休まず働きながら、ガイドブックによる想像上の旅が唯一の楽しみだったようだ。そして、政治さんは泉南の石綿工場の労働環境の劣悪さがどんな結果を招くかを人一倍リアルに想像できたからこそ、その危険性に警鐘を鳴らし続けたのだろう。

だが、これだけ熱心だった梶本医師の警告が、なぜ受け入れられなかったのか。

逸雄さんはこう推測する。

「近くの堺市の公害（重化学コンビナートによる大気汚染など）もひどかったけど、高度経済成長期は企業優先の時代。町医者がたった一人で闘っても非力だったのでしょう。それに泉南の石綿産業は地域を支える地場産業だったからね」

原告の江城正一さんも第二章で紹介したように（一二三頁参照）、当時働いていた石綿工場にやってきた梶本医師に、「お前死ぬぞ」と言われたことがある。だが、当時は石綿の症状が出ておらず、ピンと来なかった。

何より「石綿業で成り立つ泉南では、石綿が危険だという認識が広まることは、大変不都合なことだったのです」（江城正一さん陳述書）という。

この江城さんの証言を額面通りに受け止めれば、泉南地域の石綿被害は被害者自身が見て見ぬふりをしてきた側面も否定できないかもしれない。

石綿の被害者になるかもしれないのに、自分に「不都合な真実」は見て見ぬふりをする。そして「イシワタきちがい」などとレッテルを貼って想像力にもフタをしてしまう。「もしかしたら梶本医師の言うことは真実かもしれない」とは考えず、あるいは考えても目先の利益に流されていく。

しかし、第二章で見たように、貧しくて学校に満足に通えず、文字すら満足に書けない人々が少なくない泉南の石綿被害者にとって、このような指摘は公正ではない。

だからこそ、国策として石綿政策を決め、実行した官僚や政治家には被害の防止に特段の配慮が必要だった。

ただ、「不都合な真実」を見て見ぬふりをするのは、官僚や政治家だけでなく、わたしたち誰もが持つ一般的な傾向でもあるのではないだろうか。だから、これまでも石綿問題は何回か社会問題になったのに、世論の盛り上がりも一過性で根本的な対策がとられないまま忘れ去られてしまった。

かくして、梶本医師の生涯を賭けた警告は黙殺された。

しかし、梶本医師の先駆的な行動があったからこそ柚岡さんは泉南の石綿被害を「見て見ぬふりをしてきた」と、より深刻に反省することになり、あの二〇〇六年三月一一日の「アスベスト被害と国の責任を明らかにする」緊急集会での報告の際、言葉を詰まらせ、しばし絶句してしまったのではないだろうか。

柚岡さんら「市民の会」の面々や弁護士らは、いよいよ本腰を入れて石綿被害の掘り起しと国賠訴訟の勝利のための運動を始めることになる。梶本医師の遺志は受け継がれた。

大地に埋もれる哀しさ

前述のように二〇〇六年七月二一日、柚岡さんと小林邦子弁護士らは栄屋石綿紡織所の益岡治夫代表の聞き取り調査をした。そのメモは以下の通りだ（一部省略、問答形式に改変）[17]。

――石綿はどこから輸入し、製造、卸していましたか。

昭和三四（一九五九）年ころまで一部カナダ産のアスベストを使用していたが、その後は全てアフリカのジンバブエ産を使用していた。

材料は初期のころ丸紅などの総合商社から仕入れていたが、総合商社がアスベストを取り扱わなくなったので、その後は、カキウチ商事という小さな商社から仕入れていた。ところが、カキウチ商事も二〇〇億円の負債を抱えて倒産したため、その後はカキウチ商事の元従業員が立ち上げた商社から買い入れていた。アスベストは、コンテナ船で大阪港や神戸港に来ていた。

使用していたのは白石綿がほとんど。一度青石綿を使おうとしたが、繊維にするのが困難であったため、すぐにやめてしまった。

作業は、必要な機械を全て持っていたので自社で一貫して行っていた。泉南の他の業者に下請けに出すことはほとんどなかった。

製造した製品は、石綿製品の問屋や加工業者に卸していた。その後、加工業者が栄屋で製造した製品をダクトのシール材やパッキンなどに加工して、メーカーに販売していた。

――工場の環境はどうでしたか。

厚生労働省の役人や、経済産業省の役人が来たが、工場を見て、「紡績工場よりきれい」と驚いていた。二〇年間勤務していた従業員でも、健康診断はいつも異常なしだった。工場の電気代は月に四〇万だが、約二〇万円が集塵機の電気代だった。

――経営のこれまでの経緯と今後はどうしますか。

栄屋誠貴から自分の祖父がいつ経営権を購入したのかは知らない（筆者注・『信達紀要』〔信達町役場一九五三年〕によれば「昭和一〇（一九三五）年、石綿工業の元祖栄屋誠貴死去により会社と関係の深かった益岡栗夫が社長となってその偉業を継承し、今日に至った」とある[18]）。

自分の代からは、中国や韓国からの輸入品に押されて全く儲からない。自分の代では在日朝鮮人、中国人労働者はいなかった。

商売はたたむ。工場内の機械はくず鉄屋に売却した。廃材については、処理をするのに非飛散性なら四トントラック一台あたり二〇万円から三〇万円、飛散性ならその三倍はする。セメント詰めにすれば安く引き取ってくれる所もあるが、その様な作業をする人間がいない。やむを得ず、高い金を払って引き取ってもらっている。

――国や労基署などとの関係はどのようでしたか。

事業主の代表として、三年ほど前から国に対し、廃業する事業主から機械・在庫・廃材等を買い取るように陳情したり、転業のための融資などの陳情をしているが国からは何の反応もない。国が三年前に禁止してくれたら無駄な金はいらなかった。

三三年前からここで働いているが、自分の代では、国からほとんど援助は受けていない。援助されたのは、健康診断の費用の一部や、集じん装置を購入した際、公害予防資金から利子の補助があったぐらいだ。

昭和四八（一九七三）年ころ、売上が一〇〇〇万円の時に、五〇〇万円の集じん装置を入れたが、国は援助してくれなかった。

国は、労災保険において、アスベスト（の産業分類）を繊維から窯業に変更し、保険料を三倍にした。一年で保険料が一二〇万もかかった。

特化則（特定化学物質等障害予防規則）はおかしい。代替品ができたから特化則で石綿を指定したのではないか？　代替品業界から政治的な圧力があったのだと思う。

労基署は二カ月に一回ぐらいは来ていた。「環境測定値を見せろ」、「マスクをしろ」、「（仕事場で）喫煙・飲食をするな」などと言っていた。

環境測定値はたまに高くなることがあった。これは、本来繊維が長い質の高いアスベストを使用していたが、たまに質の悪い繊維の短いアスベストが混じるからだ。

岸和田の労基署はアスベストのことをよく知っていた。ＪＩＳ規格を持っていた関係で、生産報告書を年に一回提出していた。保健所や府の職員が工場に来た記憶はない。

――栄屋で働き、健康被害を受けた労働者に対してどう思いますか。

たしかに気の毒だとは思う。でも治すことはできない。自分の会社で働いていた従業員については、労災の就業証明等で協力したい。「市民の会」に入っているMさんやYさんは前から気にかけていた。自分の事は気にしなくても良いと今度Mさんに伝えに行こうと思う。

――泉南の住民でも石綿で被害を受けている人がいるが、どう思いますか。

アスベストは体内に入っても少しは溶けるという話を聞いた。溶けるスピードよりも過剰に吸い込むと病気になる。工場の人間に健康被害がでるのはまだしも、工場の外は問題。工場の外に被害がでているとしたら、労基署が動かなかったのが悪い。


「アスベストは体内に入っても少しは溶ける」と聞いたと益岡代表は述べているが、石綿は鉱物なので、体内で溶けることはない。石綿工場の老舗の栄屋の代表ですら、石綿が及ぼす健康被害の認識は深くはなかったようだ。

注目すべきは、「売上が一〇〇〇万円の時に、五〇〇〇万円の集じん装置を入れたが、国は援助してくれなかった」と益岡代表が述べている点だ。敗戦後、基幹産業を支える石綿産業を育成するため、政府は石綿製品の需給計画を策定したり、石綿の輸入に一定の外貨を割り当て、日本工業規格（ＪＩＳ）を定めて石綿製品の品質向上と普及を図ったことは第一章で述べた。しかし、益岡代表の証言によれば、国は石綿被害を少なくする集じん装置の普及には熱心ではなかったという。

戦前は戦争遂行、戦後は高度経済成長という国策に協力し、日本の石綿産業の歴史を切り拓いた栄屋ですら、転業廃業については国から何の支援もなかった。石綿労働者と同じように泉南の経営者も使われるだけ使われ、棄てられた。

その上、「クボタショック」では、石綿業者はマスコミからも叩かれた。栄屋にもメディアの取材が殺到した。当時、同社のホームページには次のようなコメントが掲載されていた（現在は閉鎖）。

当社としてのコメント

創業から一〇〇年、石綿紡織品製造のみを一貫して続けている。

創業者（筆者注・栄屋誠貴）、祖父、父、私と四代目の経営者として従事している事を何よりの誇りとしている。

石綿は、有史以前から人類にとつて、有益な資材として利用されており、近代工業の成立後、その使用量は飛躍的に大きくなった。即ち、近代工業は石綿を使用する事によって成り得たもので、現在の文明生活は石綿の類ない有効な性質が生み出したものである。

最近の、テレビ、新聞の報道では石綿を毒ガスかエイズの如き、有害物質の印象のみを一般大衆に与えている。

上記の説明を知らせる事は皆無であり、一層の不安感のみを与えている。強調したいのは石綿が悪いのではない。我々人間の使用法が間違っていたのであって、特に工業先進国の怠慢であり恥辱である。

近年、化学技術の進歩による、石綿に代わるべき素材が次々と開発され実用化している。尚、技術の向上は、石綿の使用限度を超えるものも多く、需要は三〇年以上前から、重工業用に関しては減り続けている。遠からず、全ての石綿製品は新製品に置き換えられ、その使命は終わるものと思っている。これは、技術の進歩であって喜ばしい事であるのだが、石綿製品製造業を天職として続けてきた者にとって、これだけ人類に偉大な貢献をした石綿が、何の認識も評価もされず、永遠に大地に埋もれる事程哀しい事はない。現在程、被害のみを強調し不安をあおる時代はないのではなかろうか。

原子力発電にも云える事ではあるが、原子力発電がなければ、地球の温暖化が急速に進み大気汚染が拡がっている筈である。これらの発電量を補う、化石燃料を消費していれば、数十年前に石油危機は破滅的な事となって車は売れない、それに伴って、鉄鋼その他基幹産業は衰退し、到底、今の繁栄はなかっただろう。極論すれば、原子力発電が今の生活を支えているのだ。

情報は世論を作るのが目的ではない筈。少しでも多くの知識を開示し、各自の認識を広め、評価をさせるのが本来の使命と思う。

大正時代から戦時にかけ、現泉南市、特に信達地区には石綿紡織工場が林立し、まさに石綿の町であった。おそらく、従業員は一〇〇〇人を超えていただろう。従って、親子二代、更に孫の代迄、石綿工場で働いた人も多かった。戦後一時、石綿の需要は無くなり、特殊紡績等に変換(ママ)した工場が多く石綿業者は数軒となった。

しかし、米の増産、重工業の復活等で工業副資材としての石綿製品の需要が高まり、泉南市周辺にも石綿工場が増加した。

それが、近年の代替品、さらに使用制限に依り、次々と廃業し、現在石綿紡織製品を製造している工場は二軒のみである。

いずれも個人経営で、従業員も少なく、法律として石綿禁止となれば廃業となるが、それは覚悟し

ているので直ちに受け入れるだろう（後略）。（行替えを一部変更、アラビア数字を漢数字に変換）

石綿を原発と同列視はできないと思うが、石綿が「人類に偉大な貢献をした」のは事実だ。その「石綿が、何の認識も評価もされず、永遠に大地に埋もれる事程哀しい事はない」というくだりからは、日本の石綿産業は近代化になくてはならない役割を果たしたのに、「毒ガスかエイズ」のように一方的にマスコミに叩かれ、誇りを砕かれた益岡代表の無念さが伝わってくる。

二〇一五年七月に益岡代表に手紙を書き、電話もして日本の石綿産業の創始者・栄屋誠貴以来の栄屋石綿の歴史を是非記録に残したいと取材を申し込んだ。だが、大変残念ながら取材は受けてもらえなかった。

「マスコミは一杯取材に来たけど、自分たちに都合のいい所ばかり取り上げて、ひとつも（一社も）自分たちの思いを書いてくれへん。昨年裁判（泉南石綿国賠訴訟）も終わってもう終止符を打ちたいんです。申し訳ないけど取材はお断りします」

栄屋は、栄屋誠貴の創業からほぼ一〇〇年の幕を閉じた。同時に泉南地域と日本の石綿の歴史も終わった。

「知ってた、できた、でもやらなかった」

弁護団副団長の村松昭夫弁護士は、公益財団法人「あおぞら財団（公害地域再生センター）」理事長でもある。同財団は、西淀川公害の裁判の和解金を基に設立された。

大阪市西淀川区は隣り合う兵庫県尼崎市、大阪市此花区などと並んで阪神工業地帯を形成する。高度経済成長期に、重化学工業の工場から排出される硫黄酸化物、窒素酸化物、大型ディーゼル車の排気ガスに含まれる窒素酸化物や浮遊粒子状物質などによる「複合大気汚染」の深刻な公害が発生した。

しかし、西淀川区の公害は、隣の尼崎市や此花区からの「もらい公害」であり、また工場もコンビナート（効率的生産のために結合された企業・工場群）ではないため、工場の共同責任を問うのは難しく、裁判に訴えても勝てないだろうという見方が弁護士の間ではもっぱらだった。

「しかし、公害改善と患者の窮地を救うために西淀川の公害患者は裁判を望み、弁護士会に働きかけて『勝てるはずがない』裁判に踏み切りました。弁護士の多くは、弁護士登録前の研修で西淀川公害の苦しみを見て、なんとか力になりたいと裁判に関わった若手弁護士でした[19]」。

村松弁護士もその一人だ。司法修習生時代に現地調査に参加し、八二年に大阪弁護士会に登録後、西淀川公害訴訟に取り組んだ。

この訴訟は、阪神工業地帯の主要企業一〇社と国・阪神高速道路公団を相手取り、健康被害に対する損害賠償と環境基準を超える汚染物質の排出差し止めを求めて一九七八年に第一次訴訟を提訴（一一二人）、以後九二年の第四次提訴まで七二六人が原告となった日本で最大級の公害訴訟だ。

結局二〇年かかったが、最終的には企業、国と和解した。企業は解決金三九億九〇〇〇万円を支払い、うち一五億円が患者の生活環境や地域再生に活用することとされた。患者の救済だけでなく、地域再生まで考えた和解だった。

二〇〇五年の「クボタショック」が起きた際、村松弁護士は「そんなことが起きていたのか」と愕然としたという。西淀川公害訴訟と同じ地域で同じ時期に石綿公害が広がっていたのに、全く知らなかったからだ。

その頃、村松弁護士は面識のあった公害研究の第一人者である宮本憲一・大阪市立大学名誉教授から「日本の弁護士は、石綿公害の問題にどう取り組むのか」と問う手紙をもらった。米国では石綿公害をめぐってたくさんの訴訟が起きている。日本も大量に石綿を輸入しているのに公害が表面化しないのが不気味であると二〇年前に宮本氏が警告した雑誌の記事も同封されていた。

大阪には大阪じん肺弁護団（芝原明夫団長）があったが、それまで一～二件しか取り組んでおらず、開店休業状態だった。村松弁護士も参加していなかった。

しかし、クボタショックを契機に同弁護団に村松弁護士ら多くの弁護士が参加、「大阪じん肺アスベスト弁護団」（現大阪アスベスト弁護団）に改称、同弁護団が呼びかけて二〇〇五年八月二三日に石綿の健康被害に長く取り組む東京の海老原勇医師を招き、勉強会を開いた。八十数人が集まったが、柚岡一禎さんも参加しており、村松弁護士は柚岡さんから石綿工場が集中していた泉南地域には石綿被害者がたくさんいそうだと聞いた。

そこで、前述のように同年一〇月一四日に阪南市で集会を、同年一一月二七日に泉南市で「医療と法律の個別相談会」を開くと、深刻な石綿被害の一端が浮かび上がった。だが、被害者は労災申請すらしていない人がほとんどだった。

「埋もれていたんだなあ」と村松弁護士はつくづく感じた。

西淀川公害訴訟では、患者会の組織がしっかりしており、弁護士は患者会から訴訟の依頼を受ける関係だった。

だが、泉南では被害者の掘り起こしから弁護士がやらねばならなかった。しかし、「弁護士がいきなり見ず知らずの被害者を訪ねて『裁判をやりましょう』などと言っても応じてもらえなかったでしょう。地元に柚岡さん、林さんたちがいなかったら被害者の掘り起しも裁判もできなかったと思います」と話す。

かくして、弁護士たちは「市民の会」と被害者の聞き取り調査を始めた。

しかし、石綿工場の大半はすでに廃業していた。かといって、それらの石綿工場を指導監督する権限を持つ国の責任を問えるのかという確信はなかった。弁護団は検討を始めた。

国の規制権限の不行使を裁判所に認めさせるのは判例が少なく、非常に難しいと思われた。

ただ、筑豊じん肺の最高裁判決が二〇〇四年四月に、同年一〇月には水俣病関西訴訟の判決が出ており、共に国（県）が規制権限を「適時適切」に行使しなかったことを理由として被害者の原告側を勝たせていた。

石綿被害の国の責任を問う最初の訴訟は、一九七七年に長野県の石綿紡織工場の労働者が、勤務先の平和石綿工業（実質的な親会社は朝日石綿工業、現在のエーアンドエーマテリアル）と国を訴えた長野じん肺訴訟だ。

一九八六年、原告は平和石綿と朝日石綿に勝訴したが、国の責任は認められなかった。

しかし、この裁判では戦前から旧内務省の保険院が泉南の石綿被害の調査をしていたことが取り上げられていた。助川浩（すけがわひろし）らの『アスベスト工場に於ける石綿肺の発生状況に関する調査研究』（一九四〇年）だ。弁護団は保険院調査を取り寄せた。

その調査には、泉南の石綿被害の恐るべき実態（後述）が示されていた。

医学史の専門家に保険院調査の評価を聞くと、戦前の調査であるにもかかわらず、すでに移動式レントゲンを使用するなど世界的にも先駆的な調査だったことが分かった。

そして、弁護士が手分けして調べると、国は諸外国の石綿被害の情報もほぼリアルタイムで入手していたし、局所排気装置などの被害防止技術についても知っていたことが分かってきた。

ここで、学者グループが協力してくれた。大阪市立大学の田口直樹教授は、技術史の側面から、石綿の粉じんをフィルターに集めて排気する局所排気装置は一九五〇年代後半には技術体系が出来上がっており、設置を義務付けることが可能だったことを明らかにした。

また、立命館大学の森裕之教授らは、泉南に調査に入り、国がどのように石綿産業を保護育成したか調査し、零細であるが故に国が局所排気装置などの設置を義務付けたり、そのための資金的な援助をしない限り到底被害は防げなかったことをつまびらかにした。

そして、岡田陽子さん、南和子さん、青木善四郎さんら八人の原告が国を訴える決意を固め、いよいよ二〇〇六年五月に国賠訴訟に踏み切ることになった。

原告は、その後の追加提訴の人を含めると最終的には三六人（被害者二六人）になった（別に第二陣が二〇〇九年九月に提訴、以後順次提訴し、第二陣は最終的に原告五八人、被害者三三人になった）。

提訴を前にした原告団の結成総会が四月に開かれた。その席で、村松弁護士はフランスの文豪スタンダールの「生き、書き、愛せり」やシーザーの「来た、見た、勝った」のような誰にでも分かる簡潔な言葉で国の責任を表せないかと考えていた。

その席でふっと脳裏に浮かんだのが、「国は戦前から泉南の石綿被害を知ってた。対策もできた。でもやらなかった」という言葉だった。これを使って国の責任を原告に説明すると、マスコミも飛びつくように報道した。

以後、「国は、知ってた！　できた！　でも、やらなかった！」が、国の怠慢を問う原告団、弁護団、支援者らの「合言葉」になった。

国賠訴訟を起こすことを決めた頃、村松弁護士は宮本名誉教授から「この弁護団で勝てるのか」と問われた。芝原団長と村松副団長以外の弁護士の多くは若手で、「頼りない」と思われたようだ。

しかし、若いからこそ精力的に動けるし、若々しい感性で石綿被害者の怒りを共有できる。

村松弁護士は、裁判闘争を闘い抜くための「怒り」の大切さを説く。

「西淀川公害訴訟で学んだことの一つは、殴られて痛いというレベルの単純な怒りでは闘えないということです。本当の怒りを持つためには勉強が必要です。なぜ国が悪いのか、腹に落ちないと闘えません」

被害者の怒りが核にあって、それを弁護士や支援者らが共有することで国賠訴訟を闘い抜くエネルギーが生まれる。

それで、原告には集会や裁判の傍聴にはできるだけ参加してもらった。ただ、原告の中には文字が書けない人もいる。それでも、「原告にこんなこと言ったって分からん」とはせず、局面ごとに裁判の仕組みや争点を分かりやすく解説するよう心がけた。

そして、若い弁護士は、訴状や陳述書を作るため、原告から被害の実態などの聞き取り調査をする中で原告と共に怒りを共有した。

村松弁護士は、弁護士が原告から学ぶことも多かったという。

原告で前出の薮内昌一（やぶうちしょういち）さん（四五頁参照、一九四一年生まれ、二〇一三年没）の聞き取り調査では、「明るさも場合によっては被害なのかもしれない」と感じたという。

薮内さんは小学校もろくに通わず、約二〇年間栄屋で働いた。だがその苦労を感じさせず、人なつこく、明るい。村松弁護士は「あの明るさは何でやろう」と疑問に思った。そして、薮内さんが明るいのは、彼なりの生きる術だったのではないかと考えるようになった。石綿工場で、明るく人なつこければ仕事を親切に教えてもらえる。そして信頼されことにもつながるからだ。

同じく原告の岡本郡夫（おかもとくにお）さん（一九五一年生まれ）は、中学卒業後に父親の石綿工場で働き始め、一七年間泉南の石綿工場で働いた。その後タクシーの運転手をしていたが、二〇〇一年に石綿肺、〇五年に肺がんを発症した。

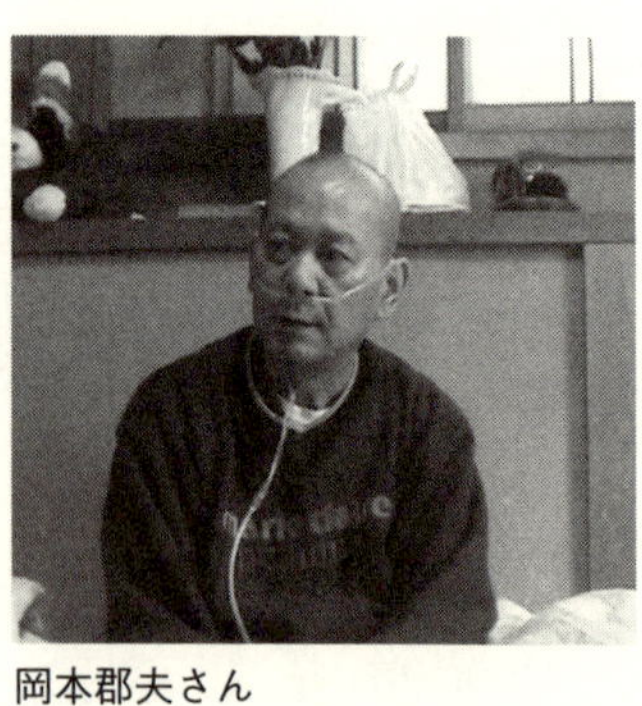

岡本郡夫さん

岡本さんが肺がんの宣告を受けた後、前年に娘が亡くなったこともあって妻はうつになり、〇六年に自死してしまう。やむなく岡本さんは、八〇歳を超えた老母に世話をしてもらう。本来なら、岡本さんにも孫が産まれ、孫と遊ぶ生活が待っているはずだった。しかし、〇八年一二月に亡くなった。その最後の言葉は、「普通に生きて、普通に死にたかった」だった。

「これは、まさに石綿被害の本質を突く言葉で、弁護士には言えません。石綿工場で働き、苦しんできたからそこ出た言葉で、頭の中で考えた言葉ではありません」

村松弁護士はこう話した。

柚岡さんは死の直前の岡本さんを谷智恵子弁護士と共に見舞った。その後に次のような詩を作っている。岡本さんは目鼻立ちのハッキリした容貌だった。

長詩「母さん、俺の目ん玉は」
・・・石綿死 岡本郡夫を悼む・・・

母さん、俺の目ん玉は
夜になったらカッと開くんだ
皆と反対だね
カッと開いたまま考える
そして思い出す
カード機の油の臭い
早世した父のこと 兄弟たちのこと

暗い作業場は
いつも白いチリが舞い
薄霧のように煙ってた
母さんもいっしょだったね
昼も夜もなかったよ

自分で言うのもなんだけど
俺はまじめによく働いたと思う
これでよかったんだよね
母さんはどう思う?
でも俺がこんな病気になって
嫁は毎日泣いてたよ
死んだ娘を追うように逝ったのも
本当は俺のせいだ

母さん、息が苦しいよ
俺の目ん玉はもう閉じそうだ
今さら言っても仕方ないけど、
普通に生きて
普通に死にたかった

この目は母さん似じゃないね
前はこんなに大きくなかったし
目付きももっと優しかったと思う
くそっ、目ん玉の大きい分

やけに涙が出やがる

気がかりなのは母さん
あんたのことだ
ひどい咳だね
胸が痛むんだね
でも、何もしてやれん

一人残して先立つ不孝を
なんて言うのは月並みだ
分っているけど今の俺には
そう言って謝るしかないよ
ごめんな、母さん

除外された結論

『アスベスト工場に於ける石綿肺の発生状況に関する調査研究』（以下、保険院調査）は、一九三七〜四〇（昭和一二〜一五）年にかけて行われ、報告書は一九四〇年にまとめられた（以下四〇年報告）。保険院社会保険局健康保険保健指導所大阪支所の支所長で医師の助川浩ら六人による報告だ。

四〇年報告の「第一章　緒言」では、「産業の発展は発塵の度を増強する傾向あるが故に塵肺或は塵肺症の発生は益々其の頻度と被害を増加せるものと予想せられる」と述べている。[20] 産業の発展とは粉じんが発生することでもあるので、必然的にじん肺の発生が増加するとの予想だ。

戦後、筑豊じん肺訴訟、トンネルじん肺訴訟、建設アスベスト訴訟等々肺を病む労働者が国や企業の責任を問うた裁判は数多い。戦後日本の繁栄は、労働者の肺と引き換えだったとも言える。保険院調査は戦前に既にこの事態を予測していたかのようである。

その後、四〇年報告の「第一章　緒言」はこう続く。[21]

> 抑抑石綿肺に関する系統的調査研究は本邦に於いては未だ存在しない。然るに石綿作業に従事せる健康保険の被保険者は大阪市内及其近郊に於いてさえ昭和十二年現在二千人以上に達して居り、先年助川の調査せるところによれば石綿作業者に於いて肺結核罹患者率が甚だ高位を示し石綿作業が呼吸器に及ぼす障碍の一班は指摘せられて居り……

ここで注目すべきは、保険院社会保険局健康保険保健指導所という国の機関が、すでに戦前の昭和一二（一九三七）年の時点で、石綿労働者で健康保険に加入している者は大阪市内と近郊で二〇〇〇人以上にのぼること、そして、「先年助川の調査」によれば、石綿労働者の肺結核罹患者率が極めて高く、石綿労働が呼吸器に相当危険を及ぼすことを把握していたという事実である。

助川らは、一九三七（昭和一二）年に泉南の石綿工場一一カ所の労働者四〇三人に対して健康調査を行い、じん肺と認められる者（疑いあるもの一一人を含む）が四九人（一二・二％）であったことを一九三八年に報告（以下三八年報告）している。[22] この場合の「じん肺」とは、「石綿塵により変化を起こせりと思へるもの」とされているところから石綿肺のことだと思われる。

そして、この「三八年報告」の中で、「石綿工場は作業の本質上概して粉塵を多量に発散する所謂衛生上有害工業に属するを以て特に法規的取締りを要することは勿論である」とし、この時点ですでに国による法規制の必要性を訴えていた。[23]

その上で、「三八年報告」は「先づ第一に作業室に於ける衛生設備の合理的改善と同時に労働者に対しては同一部署の連続作業を禁じ職務の変更を行い、併せて従業員各自が予防処置を実行する様、保健思想を普及する等は極めて肝要なる事項であろうがそれが徹底的なる予防方策に関しては猶一般の考究を要するものと思料される」と述べて、さらなる考究が必要だと思われるとしつつも、この時点ですでに具体的な予防策に関しても提言しているのである。[24]

先に紹介した四〇年報告の「第一章　緒言」は、一九三〇年に英国のミアウエザーが石綿じんの吸入により一種のじん肺が起こると確認したことなど石綿肺に関する外国の研究動向も紹介している。そして、日本ではけい（珪）肺（じん肺の一種でけい酸粉じんを吸い込むことで発症する職業性の肺疾患）の被害が広くかつ深刻であることは報告されているが、石綿肺はまだ報告されていない。それで、石綿粉じんの被害について医師は特異な症状に気づいているのに、健康保険給付や診断の際に私病（業務が原因ではない病気）扱いされているとして、調査の目的をこう明示している。[25]

> 本邦に於ける石綿工場に於ても諸外国に於ける如き石綿肺は存在するや、果たして存するものならば如何なる要因のもとに発生するや、如何なる症状経過を呈するや、被害状況如何等を調査研究

することは予防対策に資する上に於けるのみならず療養の給付の上に参考に資すること大なるを思いレ線撮影を主としたる臨床的其他の調査研究を昭和十二年以降施行したのである。

すなわち、日本にも諸外国のような石綿肺は存在するのかなどを調査研究することは予防対策や健康保険給付の際に参考になるから、「レ線撮影」（エックス線撮影）を中心に調査研究を一九三七（昭和一二）年以降に行ったということだ。

だから、この戦前の一九三七年の時点で国の機関である社会保険局は、被害の予防と健康保険給付という治療支援も考えていたことになる。

調査工場は泉南郡の一一工場を含む大阪と奈良の一九工場で、一〇二四人が対象だった。うち泉南郡の一一工場は、労働者七人から最大一〇七人だった。

ただし、これらは労働衛生環境などの調査をした工場も含まれており、石綿による健康被害の調査については、「物理化学的操作を持ってする」パッキング（詰め物のこと）やライニング（裏張りのこと）などの工場を除いた石綿紡織工場一四、労働者六五〇人（男三一九人、女三三一人）について行われた。

調査結果は次の通りだ。

勤続年数別の石綿肺の罹患率

- 三年以下　一・九％
- 三～五年　二〇・八％
- 五～一〇年　二五・五％
- 一〇～一五年　六〇・〇％

・一五〜二〇年　八三・三%
・二〇〜二五年　一〇〇%

この結果について、「年数の増進するに従い罹患率の増高せるを見る」とし、そして、「二〇年以上に於て一〇〇%なるは注目に値する」とされている。[26] 二〇年以上働いた者は全員必ず石綿肺になるという恐るべき事実を、すでに戦前に国は把握していた。

作業部署別と石綿肺の関係では、「混綿三〇・二%で最高位を占め、以下織場一七・八%、梳綿一七・二%……」と続く。[27]

わたしが体験を聞いた元石綿工場の労働者も異口同音に「混綿場が最もホコリがひどかった」と証言したが、石綿粉じんを大量に吸えば石綿肺を発症しやすいのは当然だろう。

そして、「之等の結果は大体に飛塵と勤続年数が石綿肺罹患の二大因子であることを如実に示して居るものと思う」と結論付けている。[28]

元大阪府勤労者健康サービスセンター医師で医学史が専門の水野洋氏は、弁護団の求めに応じて『医学史的に見た保険院調査の意義と石綿健康障害の経緯』と題する論文を執筆、国賠訴訟の証拠として提出された。その中で、水野氏は保険院調査の意義をこう書いている。[29]

イギリスなど先進工業国では石綿使用も早く、その健康障害についても調査され、一九三〇年代にはイギリスでは石綿粉じん規制の方向に向かっていた。その動向は当時の日本の労働衛生専門家も認識しており、助川を中心にした〈保険院調査〉もそうした人々の支援・協力下に行われ、その結果、「石綿肺」の医学的解析を十分果たした。残念ながらすでに戦時体制下に入っておりその結果は政策に反映せず、報告書も十分普及しえなかったが、戦後の「石綿肺」研究の礎石になったことは戦後の石綿研究史で明らかである。

また、水野氏は『労働と健康』（第二一七号　二〇一〇年一月一日発行　大阪労災職業病対策連絡会）に、「アスベストによる〈健康被害〉問題の本質は何か」という論文を寄せ、その中で保険院調査の四〇年報告についてこう指摘している。[30]

この報告書は一〇〇余ページであるがその最終章『第十一章結言』はわずか三ページだが助川医師はじめ調査担当者の願いが込められている。報告書刊行と同時期に「保険医事衛生」誌（昭和一五年）に同じ題名で掲載されているがこの「結語」は除外されている。当時の社会状況を反映している。

「当時の社会状況」とは、前掲水野論文（『医学史的に見た保険院調査の意義と石綿健康障害の経緯』）によれば次のような状況である。[31]

（保険院調査の報告書が刊行された年には）すでに「国家総動員法」（昭和一三（一九三八）年）が制定されており労働衛生分野での法規制が緩和され、最終的には「昭和一九年には〈厚生省関係許可認可戦時特例〉が施行され、抜け道が多いとの批判はあったにせよ、労働者保護のよりどころとなっていた工場法がその機能を停止し、女子・年少者等の保護職工に関する就業時間の制限や危険有害業務の禁止がなくなった。」「このようにして、労働者保護対策は、敗戦の前年には事実上崩壊するに至ったのである。」（医制百年史　厚生省）という経過をたどった。

「保険医事衛生」誌に掲載された際には除外された保険院調査の報告書結言（結語）の結びはこうだ。[32]

大阪市及びその近郊において二千人以上の石綿紡織従業者があり彼等は石綿肺と結核の危険に二重に曝露せられて居る現状である。速やかにその予防と治療の適切なる対策樹立の緊要なることを指摘して擱筆（かくひつ）する。

助川は、医師の良心にかけて対策の必要性を訴えたのだろう。だが、対策がとられることはなかった。国策としての戦争遂行に不可欠な石綿製品を製造するため、労働者の命はまさに「使い捨て」にされた。

前出の古川昭子さん（四九頁）は、戦時中の一九四四年から現在の阪南市の石綿工場で働いた。「石綿は軍需品として使用されていたので、石綿工場に働きに行けば女子挺身隊には行かなくてよい」とされていた（古川昭子さん陳述書）。古川さんが女子挺身隊を避けたかったのは、空襲の標的にされやすい軍需工場で働かされるからだ。

四五年八月の敗戦の日、玉音放送を工場の機械を止めて聞いた。雑音が激しくてよく聞き取れなかったが、古川さんは天皇が「最後の一人になるまで頑張れ」と言ったのだと思った。しかし、親方に「負けたんじゃ」と言われてビックリした。

「何でー、最後の一人になるまで行く（闘う）言うてたのに……」

古川さんは戦前から戦後にかけて約五〇年間泉南地域の石綿工場で働き続けたが、同僚だった人で今生きている人はほとんどいない。

「みんな石綿に殺されたんだと思います」

自身も現在石綿肺を患う。

古川さんも子どもが三歳くらいになるまで石綿工場でカゴに布団を敷いて寝かし、様子をみながら働いた。石綿の危険性など全く教えられなかった。

戦時中、大本営は戦争に負けているのに勝っていると発表した。戦後は石綿は危険なのに国は危険だと教えず、安全管理の方法を徹底させないまま使わせ続けた。

古川さんら、戦前から働いていた石綿労働者は二回も国家のウソにだまされた。

歴史的失敗

この、助川らの保険院調査について、国立療養所大阪厚生園（現在は近畿中央胸部疾患センター）の瀬良好澄（せらよしずみ）院長も、『大阪の労働衛生史』（大阪の労働衛生研究会）「二　大阪の石綿肺」という論文の中で高く評価している(33)。

之（助川らの保険院調査）によってわが国の石綿肺の疫学、臨床の様相の一端が初めて明らかにされたものであり、当時としては諸外国においても石綿肺に関する報告は未だ少なく、この報告書は現在でも参考になる点が多く、調査された先達に深く敬意を表すると共に、もし之が英文で公表されておれば国際的にも貴重な価値のあるものと思われて残念である。

労働省は、一九五五年に「石綿肺の診断基準に関する研究」という課題で共同研究班を組織した。この研究班は奈良医大の宝来善次（ほうらいぜんじ）教授を班長としてじん肺について一一年にわたり研究を続けた。そして、「殊に大阪において見出された石綿肺を初め、滑石（かっせき）肺、蝋石（ろうせき）肺、黒鉛肺、アルミ肺等の珪肺以外の各種じん肺に対する知見は昭和三五（一九六〇）年のじん肺法制定（注5）への有力なる資料を提供したのである」と瀬良は記している。[34]

この労働省の研究班が組織されると、瀬良らも一九五四年から泉南地域と大阪の二工場を含めて石綿工場の「勢力的（ママ）な調査を労働衛生課の協力を得」て開始した。そして、一九五七年までに全泉南地域及び大阪の二工場を含む三二工場八一四人（男二九八人、女五一六人）を調査した。

調査の結果、石綿肺は八八人（一〇・八％）に認められた。

勤続年数では三年以下にはなく、

- 五～一〇年　二五・四％
- 一〇～一五年　五〇％
- 一五～二〇年　五三・三％
- 二〇年以上　一〇〇％

という高率だった。これは、助川らの保険院調査とほぼ同様の結果だ。

環境調査は大阪労働基準局（現大阪労働局）労働衛生課が五工場について行ったが、混綿で最高一四五mg／㎥、最低三九mg／㎥などで、「戦前同様劣悪な作業環境であった」と瀬良は書いている。[35]

国立療養所大阪厚生園は、一九五九年に堺市に移転し、国立近畿中央病院に改称したが、泉南地域の石綿肺患者の診療を担当し、前述のように（一六四頁参照）一九六〇年　本邦第一例となった石綿肺合併肺がんの症例を得ている。

労働基準局（現労働局）は、昭和四二（一九六七）年には四四、昭和四五（一九七〇）年には五九の事業場の実態調査と監督を行った。

「その結果は全般的に経営者の認識の低調なること、例えば除塵装置の三分の一は動力換気措置（ママ）はとられていないこと、局所排気装置についても設計不備なこと、健康診断の未実施も二〇％もあったことなどから強力な指導監督の必要性が報告された」と瀬良は書いている。[36]

労働基準局（現労働局）の現場からは、強力な指導監督の必要性が指摘されていたのだ。

また、『大阪の労働衛生史』で瀬良は、昭和四六（一九七一）年に大阪全管区内の石綿製造業一〇一事業場、総労働者数二八五二人（石綿労働者一二九一人）について実態調査と監督が行われたことを紹介している。

そして、岸和田労基署管内の泉南地区は六六事業場、石綿労働者八九九人で、九〇％は三〇人以下の小零細企業だった。他に注目すべき結果を拾うと、「家内労働への外注は一〇事業場のうち泉南が九事業場も占めていた」とされる。[37]

「市民の会」の聞き取りで、前述のように泉南には「織屋（おりや）」と呼ばれる職種があったことが明らかになっている。これは、石綿工場から受注した石綿織布を織る内職だ。自宅に小さな織り機を据え、織っていた。原告の高山良子さん（一九三五年生、二〇一五年没）も「織屋」だった。正規の「事業場」「工場」には数えられない内職者が少なくなかったことも泉南の石綿被害を表面化しにくくさせた一因だろう。

この点に関連して、『大阪の労働衛生史』は大阪における石綿肺検診は、昭和三五（一九六〇）年には六三三人が受検したのに、昭和四五（一九七〇）年には二三一人などと受検者数が減少していることについて、「企業合理化による人減らしの反面、行政の指導強化に伴い家内労働或はアルバイトに下請けされ、その実態把握は困難となり労働衛生上憂慮すべき『萌し』が伺われるようになった」と注目すべき指摘をしている。[38] そして、「石綿織布を数名で行っていた家庭主婦を調査したところ、一名は約五年の期間でX線上軽度の石綿肺を認めたという」とされている。[39] 企業外のより弱い立場の者に危険な仕事が押し付けられていた構造がうかがわれる。

また、『大阪の労働衛生史』は、労組について「労働組合は一〇一事業場中八七に無く、泉南では『有り』がわづか(ママ)に三事業場にすぎない」と報告されている。[40] だから、泉南の石綿工場の労働運動はないも同然で、その面からも労働者の健康は守られていなかった。

さらに、「大阪における石綿肺管理四決定者（労災認定）は、昭和三五年（一九六〇）以降昭和五四年（一九七九）の二〇年間に府下に在住する者は一一六人（男七三、女四三）にのぼり、昭和四五年（一九七〇）以降増加が著しい」とされている。そして、「昭和五六年一二月末（一九八一）までに六八人の死亡を確認し、「約半数が症状確認日から五年以内に死亡していた」。だから、「予後は極めて悪い」と記されている。[41]

またさらに、石綿工場労働者の家族や近隣住民などの「環境ばく露」の被害者の岡田陽子さんや南寛三さんのような事例も報告され、住民調査の継続が必要だとしている。[42]

泉南地域は古くから石綿紡織業が盛んな地域であり、住民中過去に石綿工場で就労した者、その家族、工場近隣居住者など環境バク露として石綿の影響を受けたと思われる人々がいることが予想され、胸膜肥厚斑（pleural plaque）を石綿バク露の指標としてこの地域における石綿による人体影響の評価が行われた。尾崎保健所が実施した零細企業従業員及び地域住民を対象にした昭和五三年（一九七八）より昭和五六年度（一九八一）の三年間の受診一〇〇粍（ミリ）間接撮影受診者合計二七〇〇〇名のうち、一五九名（〇・五八％）に胸膜肥厚斑を認め（一二五名は石灰化）た。石綿バク露歴確実な人四〇名、一二名は一年以内の短期バク露者であり、七名は家庭内環境バク露者であった。バク露開始から胸膜肥厚斑の発見迄潜伏期間は平均三八年であった。胸膜肥厚斑のある者は肺がんの死亡の危険が一般住民に比し高いという報告があり、この泉南地域住民の追跡調査は今後継続推進する必要がある。

この『大阪の労働衛生史』について、大阪市立大学名誉教授の宮本憲一氏（環境経済学）は「このような業績がなぜ政府の規制に発展しなかったのか。社会的災害防止行政の歴史的失敗である」と指弾している。(43)

その「歴史的失敗」を行政資料によって裏付けるため、弁護団は大阪労働局（旧大阪労働基準局）に石綿規制や監督関係の文書を開示させ、段ボール箱数十箱分の資料を読み込んだ。そして、後述するように（二〇四頁）泉南地域の石綿工場で「驚くべき疾病発生状況」だったのに、その事実を公表せず、有効な対策もとらなかった事実を明らかにした。

また、小林邦子弁護士によれば弁護団は、「歴史的失敗」の証拠として被害者の「生傷」を陳述書で表現して見せるのが裁判官を説得するには効果的と考え、原告からどのような労働をしていたのか、いつからどのような症状が出始めたのか、そのことによって家族はどのような影響を受けたのかなど石綿で健康を失うとはどういうことなのかという生々しい事実を陳述書にまとめるための聞き取りを重ねたという。

弁護士が聞き取りに行き、原告の様子を他の弁護士たちに報告する。その際、「しんどそうやった」程度では「ダメ出し」された。どのようにしんどそうだったのか、「内臓から絞り出すようなセキをしていた」とか、「一晩にティッシュを何箱使う」とか、「階段を上れない」など具体的にしんどさの内実を話してもらうまで弁護士は原告のもとに通った。

だが、一回や二回尋ねた程度では原告は心を開いてくれない。何回も通い、「原告の人生をまるごと聞くでえ」という姿勢で臨んだという。そのことによって、たとえば一八二頁で紹介した岡本郡夫さんの「普通に生きて、普通に死にたかった」という石綿被害を象徴する言葉も引き出せた。

「人間は誰でも辛いことや苦しいことは忘れたいし、隠したい。『ホンマにつらかったんやでえ』で終わる所を、カサブタを何回もめくるように『どのようにつらかったんですか』と繰り返し原告に聞きました。弁護士はむごいこと一杯してます」

小林弁護士はこう話した。

体裁のいい「人殺し」

「クボタショック」が起きた二〇〇五年六月に、政府は「政府の過去の対応の検証について（補足）」という文書をまとめた。石綿関連の厚生労働省、経済産業省、環境省などの省庁が過去の行政のあり方を自己点検する文書だ。その結論は次のようになっている。[44]

「検証結果全体としては、それぞれの時点において、当時の科学的知見に応じて関係省庁による対応がなされており、行政の不作為があったということはできないが、当時においては予防的アプローチ（完全な科学的確実性がなくても深刻な被害をもたらすおそれがある場合には対策を遅らせてはならないという考え方）が十分に認識されていなかったという事情に加え、個別には関係省庁間の連携が必ずしも十分でなかった等の反省すべき点もみられた」

「行政の不作為」がなかったなら、なぜ石綿で泉南や尼崎、全国各地で多くの人々が肺を病み、息を奪われ、死んでいかなくてはならなかったのか。

弁護団は、この「行政の不作為」を立証するため、手分けして内外の文献を渉猟し、欧米と日本の石綿に関する研究や調査が早くから行われていた事実をつかんだ。

たとえば、語学に堪能な小林邦子弁護士はイギリスの文献も収集した。

イギリスは、産業革命後世界で最初に石綿紡織業が興り、石綿肺や石綿肺がん、中皮腫などの健康被害も世界で最初に顕在化した。

そして、一九三〇年に『ミアウエザーとプライス報告』が出ている。ミアウエザーの名前は、先に紹介した保険院調査にも出てくるが、彼は工場医務監察官で、どんな環境でどれくらいの時間働くと石綿関連疾患になるのかという医学的調査をした。プライスは工場監察官で、どんな装置をつけて対策をとればよいかという工学的な調査をした。この二人の調査が出ると、イギリスは即応して翌一九三一年に石綿産業の規制を始めた。

一九三〇年（昭和五年）は、日本でも保険院の調査が行われた年だ。

「保険院調査は、イギリスの『ミアウエザーとプライス報告』に匹敵する内容だったのに、即対策がとられることはありませんでした。（日英の違いが）実に対照的だなと思いました」

小林弁護士はこう感想を語った。そして、英国の産業史の学者らとメールでやりとりし、その結果を裁判所に証拠として出した。

弁護士たちの努力は、訴状（二〇〇六年五月二六日）に結実している。[45]

訴状によれば、「石綿による健康被害の前提としてのけい肺の健康被害は、海外では、一八八〇年代（明治一三年〜同二三年）頃から組織的な研究が進められていた。

「けい肺」とは、「遊離珪酸」という粉じんを吸い込むことで発症するじん肺の一種だ。砂岩や花こう岩の切り出しやトンネル工事、鋳物工場での作業などの仕事で発症することが多い病気だ。石綿粉じんを吸い込むことで発症する石綿肺もじん肺の一種だ。

訴状は、「一九三〇（昭和五）年には国際けい肺会議が開催され、けい肺の健康被害については広く知られるところとなった」とし、会議の覚書第二三項に「アスベスト塵の吸入によって塵肺の起ることは確かである」と記載されていることをあげている。

そして、わが国の中央労働災害防止協会が一九八五（昭和六〇）年に作成した「日本のじん肺対策」において、「『石綿による健康障害としての石綿肺（アスベストージス）は欧米において既に昭和五（一九三〇）年頃には疫学的にも、病理組織学的にも確証されていた。』と評価されている点が重要である」と指摘している。

石綿肺については、一九〇六（明治三九）年、イギリスのマレーが石綿紡織工場で働いていて死亡した三三歳の男性の肺疾患の症例を報告したのを端緒として、フランス、イタリア、ドイツ、アメリカ、イギリスで石綿を扱う労働者にじん肺所見がみられるとの報告が相次いだこと、一九三〇（昭和五）年には、前述のようにイギリスのミアウェザーとプライスによって大規模な調査が行われ、二〇年以上の期間石綿を扱う労働者の六六%が石綿肺に罹患していると報告されていたことを指摘している。

また、肺がんについては、一九三五（昭和一〇）年、アメリカのリンチとスミスが、二一年間石綿紡織に従事した五七歳の男性について、石綿肺に合併したがんの症例を報告したのを端緒として、イギリス、ドイツで石綿を扱う労働者に石綿肺に合併した肺がんがみられるとの報告が相次いだこと、一九四七（昭和二二）年にミアウェザーが大規模な調査を行い、石綿肺の剖検例に肺がんが合併している割合が一三・二%あったこと、一九五五（昭和三〇）年、イギリスのドールによるコホート調査（特定の集団＝コホートを対象に長期間経過を観察する疫学の調査手法）の結果、二〇年以上石綿にばく露した場合、一般人より肺がんのリスクが一〇倍高くなることが報告されていたことなどをあげている。

さらに訴状は、中皮腫について一九五二（昭和二七）年、カナダのカルティエが石綿労働者に石綿肺に合併した胸膜中皮腫の発症例を報告したのを端緒として、ドイツで石綿肺に伴う胸膜中皮腫及び腹膜中皮腫の症例が相次いで報告されていたこと、一九六〇（昭和三五）年にワグナーらが、国際じん肺会議で、青石綿鉱山労働者やその家族、周辺住民に三三例の胸膜中皮腫患者が発生していることを報告したことや、この報告の中では、わずか数カ月のばく露だけで中皮腫を発病することが示唆されていたことなどを列挙している。

以上から、石綿によって重大な健康被害が生じることは、「国際的には、遅くとも一九三一（昭和六）年頃までには広く知られるようになり、その被害が石綿を扱う労働者以外の家族、近隣住民にも及ぶことも早くから広く知られていた」と指摘している。

国内では、一九三四（昭和九）年、旧内務省社会局の医学博士大西清治が、雑誌『内外治療』において、海外での石綿による健康被害に関する業績を紹介し、石綿の吸入でじん肺がおこることや、石綿肺とけい肺の相違について論じたことを指摘している。

そして、その後前述した助川らによる保険院調査や戦後の国立診療所大阪厚生園の瀬良らの調査を紹介する。

他にも、国立近畿中央病院及び大阪府がん登録室は、泉南地域を管轄する尾崎保健所の協力を得て、一九七三（昭和四八）年、一九五五（昭和三〇）年から一九五七（昭和三二）年の間に検診を行った泉南地域の石綿作業者八一四人のコホート調査を実施するとともに、一九八一（昭和五六）年にも、一九七二（昭和四七）年から一九七四（昭和四九）年の間に石綿検診を行った泉南地域七九一人のコホート調査を実施した。

またさらに、泉南地域を所管する尾崎保健所は、一九七八（昭和五三）年から一九八一（昭和五六）年の三年をかけて、泉南地域の石綿事業所労働者及び地域住民あわせて二万七〇〇〇人を対象に調査を実施、一五九人に胸膜肥厚斑を認めたこともあげ、石綿ばく露が確実な四〇人中七人は家庭内ばく露者であったとしている。

加えて訴状は、一九八〇（昭和五五）年、『昭和五四年度環境庁委託業務結果報告書』が、近隣汚染（局所汚染）に関し、「疫学的には石綿の近隣汚染や非職業性家庭内汚染により中皮腫が発生することは確実であり、この点からも大気中への放出は管理すべきであり、特に、石綿鉱山、粉砕所、造船所、石綿加工工場の近隣地区への大気汚染は、直ちに対策に向かって具体的行動をとるべきである」と報告していたことを指摘する。

また訴状は、同報告書が、「非職業性の石綿曝露に関するわが国の現状を把握するための組織的な活動が直ちに開始される必要が痛感され、中でも曝露量が比較的大きいことが予想される副次的職業性曝露および近隣曝露は、その着手の第一対象として重視されるべきである」と報告していることも指摘している。

八〇年の時点で、近隣ばく露の被害者の岡田陽子さん、南寛三さんのようなケースに対する対策を重視すべきだという報告書を国は得ていたのだ。

そして訴状は、「遅きに失したとはいえ、国も、この時点で非職業性曝露に関する現状把握の必要性を自認するに至ったが、その後もこうした現状把握は行われなかった」と指摘する。

これらを踏まえて訴状はこう結論づける。

「旧内務省、厚生省、労働省、国立病院、保健所などの公的な機関は、繰り返し繰り返し泉南地域における石綿による健康被害の調査研究等を行い、その対象は石綿工場の従業員ばかりでなく、近隣住民等にも及んでいた。これらの国による被害調査が、長期間に亘って繰り返し行われた例は、他の労働災害においてはもちろん、水俣病をはじめとする公害事案においても見られない極めて異例なものであった。このことは、泉南地域の石綿工場において、広範かつ深刻な石綿被害が長期間に亘って進行していたことを端的に示すものである」

まさに国は、「繰り返し繰り返し」泉南石綿被害の調査研究をしていたことを弁護団は調べあげた。

訴状は、石綿による健康被害が明らかになってからの諸外国と日本の規制状況も比較している。

一九七二（昭和四七）年にデンマークがアスベストの吹き付け及び断熱材への使用を禁止したのをはじめとして、同年、イギリスが青石綿の輸入を禁止、一九七三（同四八）年には、アメリカが吹き付けアスベスト禁止、一九七五（同五〇）年には、スウェーデンが青石綿の流通・使用を禁止するなど、欧米諸国が禁止措置を次々にとるようになった。

一九八三（同五八）年には、欧州共同体（ＥＣ）が、青石綿の流通・使用を原則禁止する指令を採択、同年、アイスランドが全石綿を原則禁止。翌八四（同五九）年にはノルウェーも全面禁止にしており、その後、欧州各国が全面禁止へ向かう。

一九八六（同六一）年にＩＬＯ（国際労働機関）が「石綿の使用における安全に関する条約」を採択し、青石綿やその含有製品の原則使用禁止、吹き付け作業の原則禁止を定めた。

その後も石綿の全面使用禁止の流れはますます強まり、一九九〇（平成二）年オーストリア、九一（同三）年オランダ、九二（同四）年イタリア、九三（同五）年ドイツ、九七（同九）年フランス、九八（同一〇）年ベルギーと全面禁止政策をとる国が相次ぎ、九九（同一一）年、ついにＥＵは、全石綿の禁止を決定した。

しかし、このような国際的な流れに反し、日本は石綿の輸入・使用禁止が大きく立ち遅れた。一九七五（昭和五〇）年、特化則（特定化学物質障害予防規則）の改正により、吹き付けが原則禁止とされたが、一定の措置を講じた場合には、なお可能とされ、含有率五％以下であれば規制が及ばなかった。また日本は、一九八六（昭和六一）年にＩＬＯの条約が採択された際にも批准を拒否し、一九年も後の二〇〇五（平成一七）年になってやっと批准した。

さらには、一九八〇（昭和五五）年以降、欧州各国が続々と全石綿の使用禁止に踏み切るのに、日本は全面禁止にはせず、全石綿を原則禁止したのは欧州各国から大きく遅れて二〇〇四（平成一六）年になってからだ。

以上から、国は「単に結果的に『石綿規制が遅れた』などというものではなく、国際的なトレンドに逆らってまで、あえて『石綿規制を遅らせてきた』」と訴状は指摘する。国は、まさに石綿の危険性を知っていた。対策をとろうと思えばできた。でもやらなかった。

だから、「不作為」（法律によって期待されたことをしなかったこと）などというレベルではなく、訴状はこれを「意図的怠慢」と断罪している。

この「意図的怠慢」の具体的な証拠もある。弁護団が開示請求によって入手した行政文書には次のようなものがあった。

一九八四年、岸和田労働基準監督署は上部組織の大阪労働基準局に岸和田署の「石綿紡織業に対する監督指導計画について」を提出、その中で石綿によるじん肺（石綿肺）の死亡者は一九五六（昭和三一）年から一九八三（昭和五八）年までの累計で七五人、要療養者は同期間の累計で一四二人に達していたことを報告、「驚くべき疾病発生状況を示している」と記していた。[46]

他方、「マル秘」との判を押された大阪労働基準局の別の文書では、[47] 八六年六月一九日にＮＨＫ記者が大阪府内の石綿被害の現状を取材に来た際のやりとりが記録されている（一部抜粋）。

記者 被害状況について教えてほしい。

担当者 石綿ということで個別に拾い出していないので件数は分からない。

記者 被害者が増えているのか減っているか。おおよそのことでもよいから話してほしい。

担当者 件数をみないで言うのは、誤解を招くおそれがある。

記者 あまりに誠意がない。そんなことで労働衛生の仕事が出来るのか。

担当者 労災補償の件数については、労災管理課の担当となっている。石綿ということで個別に拾い出していないと回答をもらっている。（中略）

NHK記者は、さらに被害状況について追及したが、担当者は「石綿ということでの件数はだしていないとのことであるとの回答で通した」と報告されている、

この文書の末尾には「NHK記者氏は、また来ることになると言い残し、憤然とお帰りになった。以上」と記されている。記者の正義感をせせら笑うような姿勢が感じられる。

大阪労働基準局は、八四年の岸和田署からの報告で石綿肺による死亡者数を知っていた。この担当者は、一体誰のために何のために仕事をしていたのだろうか。まさに「意図的怠慢」だ。

さらに、この大阪労働基準局が取材を受ける直前に本省の旧労働省から、「石綿に関する本省指示」と題する次のような文書を受けている。(48)

国会答弁について

労災統計は、全傷病別には作成していない。石綿肺「じん肺」に含めて統計している。従って石綿肺としては判らない。全傷病別に分類することは業務量（ここで年間の傷病件数を示す）からみて困難である。と答えている。

本省から「個別に拾い出せ」と云う指示があれば、件数からみて相当な期間を要するが、従わざるを得ないと云う事で頑張って下さい。

追求(ママ)に対する答弁については、

本省の指示に従って「口裏合わせ」をしていたことがわかる。これらの文書は地裁に証拠として提出された。

また、岸和田署は管内の泉南地域の石綿紡織業労働者で労災支給が決定した死亡者八五人の一九五五（昭和三〇）年から一九八七（昭和六二）年の間の平均寿命が、男五九・八歳、女六一・三歳であることも把握していた。これは、一九八五年時点での日本人の平均寿命男七四・八四歳、女八〇・四六歳と比べると男で約一四歳、女で約一九歳も短い。しかし、この事実も「マル秘」とされ、公表されていなかったことが弁護団が開示請求した資料から明らかになった[49]。

貝塚市在住の吉田時子さん（仮名）と夫・耕三さん（仮名）は共に在日コリアンで、耕三さんは中学校卒業後、泉南の在日コリアンが経営する石綿工場で約一一年間働き、時子さんと結婚して三カ月後にバセドー病を発症、手術した。その後、石綿肺も発症した。

結局、亡くなるまで三二年間時子さんは夫の介護を続けた。生活はニット縫製の内職で支えたが、二人の子どもも抱え、「乞食みたいな生活をしていました」という。近所の人にタマネギをもらったら、それを炒めたのが御飯の代わりだった。何もなかったら水を飲んでしのいだ。

介護に疲れ、「海にはまって死のうか」「睡眠薬飲んで死んだろう」などと考えた。実際に線路の踏切の遮断機の中に入って立ったこともあるが、当時妊娠中で「このまま死んだら殺人になる」と考え、やめた。

夫は、呼吸が苦しくて自分で自分の首を絞めて死のうとしたこともあったが、力がないので果たせなかった。

時子さんが内職をしている横のベッドで寝ている夫がある時ポツリとつぶやいた。

「一人で死んでいくかと思うと、涙出て来るわ……」

夜中もいつ耕三さんの息が止まるかわからないので四五分に一回は目をさまして確認した。

救急車で搬送される際も呼吸が苦しくて暴れた。最後は、文字通り真綿で首を絞められるようにもだえながら息絶えた。

その姿を見て、「生きた魚は首をちぎるとパタパタ暴れる。あれに似てるな。人間でこんなことがあっていいもんか」と時子さんは思ったという。

その後、泉南石綿国賠訴訟のことを知る。国は石綿の危険性を知っていたのに厳しく規制しなかった。これを弁護団は意図的怠慢と言う。だが、時子さんは、(注6)「怠慢」では納得できず、こう言った。

「体裁のいい『人殺し』とちゃうか」

アスベスト村とイシワタ村

石綿製品メーカや石綿を輸入する商社などでつくる日本石綿協会の資料「日本におけるアスベスト輸入量」を見ると、一九六九年に二三万七一七一トンと二〇万トン台に乗り、以後一九九三年まで二〇万トン以上を輸入している。

その間、一九七三年の第一次オイルショックの翌七四年に三五万二一一〇トンで第一のピークを記録し、一九八八年に三二万三九三トンで第二のピークを記録している。そして、日本は一九三〇年から二〇〇三年までに合計九八七万九六五四トンを輸入した。

WHO（世界保健機関）は、すでに一九七二年に石綿の発がん性を指摘している。英、米、仏はその前後の六〇年代から七〇年代にかけて規制を強化し、石綿消費量を急減させている。

ところが、日本は逆に七〇年代、八〇年代にも消費量を増やしているのだ。そして、九〇年頃のバブル景気を経て、ようやく減少に向かう。白石綿に比べて危険な青石綿、茶石綿の使用が禁止された一九九五年でさえ、約一九万トンも輸入している。

この背景には一体何があるのか。

一九九二年、旧社会党は「石綿製品の規制に関する法律案」を国会に提出したが、通産省と建設省、そして石綿メーカーや石綿を輸入する商社などでつくる業界団体の日本石綿協会が猛烈に反対した。石綿協会は、「現在では、法規等により労働環境は格段に改善されており、今後は作業従事者の健康障害は起こりえないと確信できます」などと強く主張した。(50)

結局、法案は自民党の反対により審議入りすらしないまま廃案にされてしまった。

当時、社会党でこの法律案を通そうとしていた五島正規(ごとうまさのり)元衆議院議員はこう指摘している。(51)

法案を潰した張本人は日本石綿協会というより、通産官僚です。「建築基準法」では、七五年まで、三〇〇平方メートル以上の建物には、耐火被覆材の中にアスベストを含有させたものを使うことを義務付けていた。含有量が細かく決められた建材には、通産省の安全のお墨付きのJIS(日本工業規格)マークがつけられていました。これらの建材が有害なものとされれば、JISマークの信頼が大きく揺らぎます。そうなれば、あらゆる工業製品にJISマークをつける認定権限を一手ににぎる通産官僚には、ゆゆしき事態だった。だから、彼らは禁止法案に必死に反対しました。

元泉南市議の林治さんと村松昭夫弁護士が、泉南のホンテス工業株式会社という石綿工場の親方の森田道雄社長から聞き取り調査をしたことはすでに紹介したが、その中で森田社長は「国は石綿製品についてJISを制定し、石綿製品を国策として振興させたのではないか。その点では国に責任がある」（二五八頁）と指摘していた。この五島元衆院議員の指摘を読むと、まさにその通りだったことがわかる。JISの認定権限という利権のため、通産官僚は石綿を規制する法案を潰した。「命より利権」が大切なのだ。

また、宮本憲一他編『アスベスト問題』（岩波ブックレット）によれば、翌九三年には連合傘下の石綿メーカー（ニチアス、クボタ小田原、三菱マテリアル建材、ノザワ、浅野スレート［現在のエーアンドエーマテリアル］、アスク［同上］、日本バルカー）の労組は、「石綿業にたずさわる者の連絡協議会」を発足させ、旧社会党に法案反対の陳情を繰り返した。

同協議会の要望書には、「『石綿は管理して使用できる。規制法は、関連産業に働く者の生活基盤をも奪いかねない』など、日本石綿協会と同様の反対理由が記されていました」[52]という。

労働組合は、労働者の命を守るのが使命のはずだ。だが、その労組までもが「命より仕事」という論理で石綿規制法案つぶしに加担したのである。

そして、同ブックレットは、「排他的で閉鎖的な企業社会に囚われた労働組合の行為は不作為と言えるものでした。こうした政治と行政と労働組合の不作為犯罪の結果は、極めて理不尽で長期に及ぶ苦痛で被害者を苦しめることになりました」と不作為を「犯罪」と書いている[53]。

二〇〇五年八月三日、衆議院経済産業委員会で、塩川鉄也議員（共産党）の質問により一九八九〜二〇〇二年の間に通産省（経済産業省）の出身者三人が日本石綿協会に専務理事として天下り、財団法人・建材試験センターにも、同省と国土交通省などの出身者が歴代会長、理事長などに天下りしていたことが明らかになった。

そして、通産省（経済産業省）が石綿代替製品の研究委託をしたのが日本石綿協会と建材試験センターなのである。

塩川議員は、「管理して使えば大丈夫だという立場の業界団体に代替製品をつくりましょうと委託するということ自身が、そもそも筋違い」と批判した[54]。

他方、環境省は、二〇〇五年七月に石綿が大気中に飛散した場合の人体への影響について有識者に検討してもらう「アスベストの健康影響に関する検討会」を設置した。

だが、座長に就任した桜井治彦（さくらいはるひこ）・慶大名誉教授（産業衛生学）が、日本石綿協会の顧問を約一三年間務め、協会の広報ビデオにも出演していたことが同年八月に報道によって明らかになった。

広報ビデオの中で桜井名誉教授はインタビューに登場し、「石綿による健康障害はぜひ予防したい。しかし石綿は天然の物質で、現に自然の空気の中にも浮遊している。それをゼロにするのは現実的ではない。ほかの発がん物質も多い」「大量に使われている白石綿は、人の健康に対する悪さの度合いが低い。ひとまとめにして石綿は悪いというのは間違っている」などと業界を代弁するような発言をしていた[55]。報道後、桜井名誉教授は同省に辞意を伝えた。

わたしは、二〇〇六年四月一七日に石綿協会の福田道夫専務理事に、クボタショック以降次々に明らかになる石綿被害について、石綿協会としての責任をどう考えているか聞いた。

「政府は石綿を使用禁止にするのではなく、管理使用が方針だったので、それに従ってきたわけです。協会は、国の規制に先駆けて青石綿や茶石綿の使用を自主規制したり、石綿工場の作業環境基準も自主的に規制しました。石綿含有製品にはアスベストマークをつけて注意喚起もしました。だから、私どものやり方が間違っていたとは思っていませんが、石綿が工場の塀の外に出るとは想定外でした。石綿協会の責任はゼロではないが、全建設業界に責任があるのではないでしょうか」

「想定外」とは、二〇一一年の福島原発事故当時も東電や政府の釈明の言葉としてよく聞いた。当時、原発事故の構造的な背景として政治、行政、業界、労組、学会などの癒着があることが指摘され、それが「原子力村」という言葉でメディアなどでよく語られた。

そして、その背景から「大きな津波が来るかもしれない」「原発事故が起こるかもしれない」という不都合な真実から東電も政府も目をそむけていた。津波対策に防潮堤をかさ上げしたり原発事故に備えて安全対策を強化すれば金がかかる。

そして、実際に事故が起きると「想定外」という言葉が言い訳に使われた。石綿被害にも全く同じ背景がある。

石綿でも、「原子力村」ならぬ「アスベスト村」が形成されていた。そして、「アスベスト村」のムラの利益のために犠牲にされたのが、泉南のイシワタ村の人々であり、建設労働者であり、クボタなど石綿を扱った企業の労働者とその周辺住民だった。

このような全体の利益よりムラの利益を優先する論理が公害でも原発事故でも共通している。この論理は倫理を滅却する。だから、「命よりカネ」になってしまう。

『アスベスト禍はなぜ広がったのか』（中皮腫・じん肺・アスベストセンター）によれば、共に歴史研究者であるオーストラリアのジョック・マカラック（Jock McCulloch）とイギリスのジェフリー・ツイーデル（Geoffrey Tweedale）は、次のように指摘しているという。[56]

「アスベストの耐火特性は特別なものではなく、アスベストが一八八〇年代に最初に世界市場に登場したときには、すでに同様の効能を持つ他の製品があったということは驚きに値する。ミネラル・ウールは一八四〇年代には耐熱材として生産され、ロックウールは一九世紀の終わりには入手可能だった。また、セメント工業において、アスベストはたんに多くの代替品に置き換えうる一つの強化材にすぎなかった。製造業にとってアスベストの一番の魅力は低価格という点にあり、それは、とりもなおさず、アスベストが採掘により得られる物質であることに由来していた」

石綿が一八八〇年代に最初に世界市場に登場したときにはすでに代替品があった。だが、石綿が使われ続けたのは石綿が不可欠だったからではなく、掘れば出でくる鉱物なので「安い」からだというのである。

同書の巻頭で宮本憲一・大阪市立大学名誉教授は、こう述べている。

「本書では、アスベストが『奇跡の素材』で工業化・近代化に不可欠の資源であったという通説に疑問を投げかけている。私もかねてこのことは疑問に思っていた。二〇〇六年の全面禁止によってもほとんど経済運営や軍事活動に支障がないのは代替物があるためである。つまり、比較的安全な材料や生産方法があったにもかかわらず、アスベストの使用が優先された経済上の理由があり、それを援助した公共政策の欠陥が指摘できる」

「経済上の理由」とは、「命よりカネ」ということだろう。そういう論理が他国より日本では露骨だったので、石綿規制が遅れるという「公共政策の欠陥」があったのだ。この「命よりカネ」という論理は福島原発事故を経験しても弱まるどころか、より露骨になっているように見える。

福島原発事故で国内では新規の原発建設が難しくなると、「原子力村」の一員である三菱重工業は、仏アレバ社と企業連合を組み、二〇一三年に安倍晋三首相のトップセールスの後押しも受けてトルコに原発を売り込み、受注した。福島原発事故の原因もまだハッキリしないのに、他国に原発を売り込む破廉恥。石綿業界でもニチアスの子会社が韓国に石綿紡織などの機械を輸出していた。

韓国の環境NGO「韓国石綿追放ネットワーク」は二〇〇八年二月に来日し、同ネットワークなどの調査によれば、日本アスベスト（現在のニチアス）は、韓国の企業・第一化学と「第一アスベスト」という合弁企業を設立、一九七一年から韓国釜山で操業を開始したが、奈良県にあるニチアスの子会社竜田工業の機械が第一アスベストに輸出されたことを明らかにした。

ニチアスの国内四工場と竜田工業は同年までに石綿の中で毒性の強い青石綿を使った紡織品やジョイントシートなどの製品の製造を中止した。

わたしは、二〇〇六年一月にニチアスの元労働者や出入り業者の健康被害の問題で奥本久治取締役に取材した際、青石綿の危険性に気づいたのはいつか聞いた。「当社が青石綿の危険性を認識したのは七〇年のことで七一年に使用をやめています」というのが答えだった。[57]

だが、ニチアスは規制が緩く労賃も安い韓国で青石綿製品の製造を続けていたことになる。

釜山大学医学部のカン・ドンムク准教授は、二〇〇七年一一月二四日に横浜で開かれた「国際アスベスト会議」で、一九九七年から二〇〇六年の釜山市内の四大学病院の記録などをもとに中皮腫の発症を調査したところ、第一アスベスト（第一化学）の跡地の半径二キロ以内で一一人が中皮腫を発症し、一〇〇万人当たりの発症率は年間三・〇七人で、非ばく露地域の約一〇倍だったことを明らかにした。同ネットワークは、これを「公害輸出」と非難している。

ニチアスの社史によれば、「当社の技術、資本援助により、（昭和）四六（一九七一）年には釜山市に第一アスベスト社を設立した。同社は石綿紡織品を製造し、主としてアメリカに輸出した」[58]とされる。

だが、同ネットワークは、『海外進出企業総覧』（東洋経済新報社）の一九七六年版までは日本アスベスト（ニチアス）の韓国第一アスベストへの「投資目的」として「日本へ輸出」という記載があったことから、「少なくとも一九七六年頃までは日本向け製品も作っていたことは明らか」としている。そして、同ネットワークは、二〇〇八年二月に来日した際に記者会見し、「第一アスベストで製造された青石綿紡織布を日本に輸出していたとの元従業員らの証言がある」ことを明らかにした。

さらに、第一アスベスト（二〇〇〇年に「第一E&S」に社名変更）は一九九一年にインドネシア資本との合弁会社を設立し、その合併会社がインドネシアで石綿製品の製造を始めた。「機械はほとんどが韓国から輸入した中古品」で、その上さらに、「(石綿）紡織機の一部を中国に移転した」とされる。[59]日本、韓国、インドネシア、そして中国。石綿はより貧しい地域、より規制の緩やかな世界各地の「イシワタ村」を目指して公害をまき散らしながら巡っている。

「失言です」

第一陣訴訟は、二〇〇六年五月二六日に原告八人が提訴してから順次提訴し、最終的に原告は三六（被害者二六）人になった。

裁判の主な争点は以下の通りだ。

① 石綿関連疾患に関する医学的知見はいつ集積し、国が被害の実態と対策を認識した時期はいつか

原告 石綿肺は、保険院調査など戦前から知見があり、労災対象に指定された一九四七年には知見が確立した。がんは、ドール報告が明らかになった五五年に因果関係が明確になった。

被告国　ドール報告はデータが不十分。ＩＬＯなど国際機関ががん発症との関連を指摘した七二年に医学的知見が集積した。

②　国は規制権限を十分行使したか

原告　遅くとも一九五八年には局所排気装置の義務付けが可能だった。旧特化則（七一年）も測定の義務付けのみで報告改善措置の義務付けがなかった。

被告国　一九四七年の時点で規制の必要性を裏付ける知見がなく、局所排気装置を義務付ける技術的基盤が整ったのは昭和四〇（一九六五）年代。七二年時点では必要な規制をしていた。

③　国に一次的責任があるか

原告　国は石綿の危険性に関する情報を独占していたことなどから一次的責任がある。

被告国　責任が認められる場合でも使用者に対する二次的責任にとどまる。

④　労働者の家族や石綿工場周辺住民も保護対象になるか

原告　国は労働者の家族や近隣住民を含めて生命・健康を保護する責任がある。

被告国　規制権限の根拠は労働関係法だから、保護対象者は労働者のみ。

裁判は、原告、弁護士の陳述などを経て証人尋問に移り、二〇〇八年年一一月一九日、第一五回口頭弁論が開かれ、国側証人の岸本卓巳（きしもとたくみ）・岡山労災病院副院長の二回目の証人尋問が行われた。岸本証人は、環境（近隣）ばく露の被害者の岡田陽子さんと南寛三さんの「石綿肺」という症状をレントゲン写真などから否定する意見書も出している。

同年一〇月一日の一回目の証人尋問で、岸本証人は戦前の一九三七〜四〇年にかけて前述の助川浩医師らが実施した『保険院調査』について、調査対象者に肺炎や気管支炎、結核などの感染症の合併者が含まれていたこと、診断基準が確立されていなかったこと、診断に使われた当時のエックス線撮影の技術の限界など調査の欠点を指摘し、「これは石綿粉じんによってじん肺が起こる可能性があるということを示したに過ぎませんので、さらなる検証をすべきであったと思います」[60]と信用性を否定していた。

しかし、「石綿粉じんでじん肺が起こる可能性がある」と分かったのなら、まさに『保険院調査』の結論にあるように「速やかにその予防と治療の適切なる対策樹立」をするべきではなかったのか。

原告側弁護団は、医学には治療医学と予防医学があるが、病気の原因を究明し、病気の発生を除去する予防医学という観点が岸本証言にはないという欠点を突くべきだと判断していたようだ。

それで、尋問の冒頭、「病気の原因を究明し、病気の発生を予防するということも、医学の重要な役割と考えて間違いありませんか」とあえて予防医学の重要性について岸本証人の考えを確認し、「はい」との「言質」をとった上で、尋問に入った[61]。

いくつかの論点について数人の弁護士がかわるがわる質問し、最後に弁護団副団長の村松昭夫弁護士が尋問に立った。

村松弁護士は、『保険院調査』が結論部（結言・以下同）でミアウエザーが指摘するように石綿じんの吸入は肺に重大な変化を惹起するとか石綿肺の罹患率は勤続年数に従って増高し、ついには一〇〇％に達するなどと指摘していたこととの意義について岸本証人に質した[62]。

――ところで、これらの保険院調査の結論部分ですけどもね、その後の調査研究で、否定された結論はありますか。

いや、それは私は存じません。

――存じませんって、これ、あなたはその後、この保険院調査とその後の調査を比較して、先ほどずっと証言されてるわけですから、存じない(ママ)ということはないでしょう。あなたは、この中で、その後の調査研究で否定されてるのが一つでもありますか。

これをですか。

――はい。

これを否定してるものはないと思います。

――ないですね。

はい。

――つまり、保険院調査は、現在から見ても、その後の調査結果から見ても、適切な結論を導き出してると、こういうふうに言えますね。

……適切かどうかは、研究の内容を、私は信憑性を求めておりますので、ですから。

――結論部分で言ってるんです、まず。

その結論部分が、正しい経過から出たものであれば信用できますし、まあ、そうでない。

――それは後で聞きましょう。

私はそのように思っております。

――先ほども、あなたは今お認めのように、この結論はその後の研究で否定されなかったと言いましたね。

はい、否定はされてませんですね。

——じゃあ、どうしてこの当時、この保険院調査が、その後の研究でも耐え得る結論になったのか、これはどのようにお考えですか。

それは確かに、大筋は間違ってなかったということだと思います。

——大筋はというのを、もう少し言うと、調査対象、調査方法、調査項目、それからレントゲンなんかの読影、こういうものについて大筋では誤ってなかったから、こういう結論が出てると、こういうことでいいですね。

まあ、そういうことになりますかね。

——そうなると、この保険院調査の最後の結論は、予防と治療の適切なることが緊要である、つまり、緊急に必要だということを指摘してますよね。

はい。

——証人は、予防医学の立場から、この結論はどのように見るべきだったと考えますか。

これは、あくまでもこのときの提言であって、これはやはり、私が言いましたように、更なる検討を必要としたというふうに今でも思っております。

——更なる検討を必要としたという意味は、この時点では、石綿塵あるいは石綿粉塵によって石綿肺が発症するということが、まだ確認できなかったという御趣旨ですか。

石綿粉塵によって、何らかの塵肺が起こりうる可能性を示唆したという、その程度だと思います。これは私の意見です。

——そのことと、じゃあ予防医学的には、そのことが示唆されたら、予防医学の立場としては、その示唆はどういうふうに考えるべきなんですか。

それは、私は臨床医として、適切な意見は持ちません。

――先生は、医学の立場は、最初に確認さしてもらいましたけども、治療という臨床的なことも大事だけども、病気の原因を除去する、このことが大事だということは、先生自身、確認していただきましたよね。

はい。私は個人の意思として、私の患者さんにはそのように申し述べます。予防医学が大切だと言いますが、これは大きな調査ですから、そういう意味で私は意見は持たないということで、個人の患者さんと私という医師との間では、申し上げられたとおりかと思いますけども。

――そうすると、今までの御証言で、保険院調査の予防医学的意義について、先生は何も御証言はしなくて、臨床医としての立場で様々な御証言をされたと、こういう風に確認していいですか。

国側代理人　その予防医学的意義というのは一体何を意味しているのか、よく分かりませんが。

そのへんが、私も、はい。予防。

――じゃあ、あなたの言われる予防医学は何ですか。先生、もっと言いましょうか。病気の要因を取り除くこと、このことを究明をして、原因を究明して取り除くこと、これは予防医学じゃないですか。

そうですね。

――その立場からはどうですかと聞いているんですよ。そういう立場からあなたは保険院調査について御検討はされてないですね。

はい。

――保険院調査のその後、これは国の報告書ですね。それは御存知ですね。

はい、よく知ってます。

――ということは、これは国に提出された報告書ということですよね。

そうですね。

――そうすると、国はこれをどういうふうに扱ったのか、あるいはこれをどういうふうに生かそうとしたのかということは、証人は確認は全然してないんですか。

私はしておりません。

――してないの。

はい。

――病気を治す要因、原因を取り除くという立場からは、提出をされた国はこれをどのように扱うべきだったというふうに考えますか。

これは一つの調査研究でありまして、この調査が一つ出たからといって、これが正しいものかどうかというのは、たまたまこれ、現在から見ると正しかったわけですけども、これに対しての。

――ちょっと待ってください。あなた。今証言が矛盾してますよ。たまたま出たんですか。先ほどの御確認で、調査法等が大筋で合ってるからこういう結果が出たということを、あなたは言われたじゃないですか。たまたまじゃないでしょう。

はい、すいません。失言です。

――それで何ですか。

国がどのように扱うかは、これは国の判断であって、私の判断ではございません。

――国の判断であって、自分自身は。

国がどのように判断されるかについては、私は意見を申し述べる立場にはございません。
——最後にお聞きしますけども、国がこの報告書を生かして、早期に対策を実施をすれば、多くの石綿被害の発生が防げたというのは、お考えではないですか。
ああ、その可能性はあります。

翌日の毎日新聞は、「大阪・泉南訴訟　六八年前、石綿対策必要　国証人「拡大防げた」」という見出しで、「岸本卓巳・岡山労災病院副院長が、報告の結論に沿って対策がされていれば多くの被害が防げた可能性があることを原告側の反対尋問で認めた」と報じた。(63)

村松弁護士らは、まず医学には治療医学と予防医学があることを岸本証人に確認させる。その上で、保険院調査の結論を否定しているその後の調査研究があるのかと問う。岸本証人は「私は存じません」と当初は述べるが、村松弁護士に「先ほどずっと証言しているわけですから、存じない(ママ)ということはないでしょう」と迫られ、渋々「否定しているものはない」と認める。

すると、村松弁護士は否定しているものはないのだから、「適切な結論だと言えますね」とたたみかける。岸本証人は保険院調査の研究内容の信ぴょう性を問題にしようとするが、村松弁護士はあくまで保険院調査の結論部にこだわり、その結論部がその後の研究で否定されなかった理由を問い、岸本証人に「大筋は間違ってなかった(から)」と言わせる。村松弁護士はこの「大筋は」というのを、「調査対象、調査方法、調査項目、それからレントゲンなんかの読影」と言い換え、その大筋では誤っていなかったから、正しい結論が出たと岸本証人に認めさせる。つまり、正しい結論が出たのは結論に至る過程も正しかったからだということを証人に認めさせる。

その上で、村松弁護士は「予防と治療の適切なることが緊要」という保険院調査の結論をどのように見るべきだったのかと問う。岸本証人は、「更なる石綿粉塵によって、何らかの塵肺が起こりうる可能性を示唆した程度」とその意義を矮小化するが、村松弁護士はこの「示唆」という言葉を逆手にとって、「予防医学的にはその示唆はどう考えるべきか」と突っ込む。岸本証人は「自分は臨床医だから適切な意見は持ちません」と逃げる。ここで尋問冒頭で確認した予防医学を持ち出し、岸本証人は「病気の原因を除去する予防医学も大事だと確認したではないか」と逃げ道をふさぐ。

しかし、岸本証人は、「個人の意思としては患者にはそのように（病気の原因を除去する予防医学も大事）と述べるが、保険院調査は大きな調査なので自分は意見は持たない」と苦しい弁明をする。

ここでは、自分は国側の証人なので国に不利なことを言ってはならないという心理から岸本証人はこのような医師らしからぬ非論理的な応答をしてしまったのかもしれない。

そして村松弁護士が、再度「国はこの保険院調査をどう扱うべきだったと考えるか」と問うと、岸本証人は「保険院調査はたまたま正しかった～」と言いかけたところで、村松弁護士は鋭く「矛盾」を指摘する。岸本証人は保険院調査は大筋では誤っていなかったから、正しい結論が出たとすでに認めたのだから、「たまたま」正しかったのではないだろうという指摘だ。

これには岸本証人は反論できず、「失言です」と認める。これで、証人はかなり動揺したのではないだろうか。最後に村松弁護士に「国が保険院調査を活かして早期に対策を実施していれば、多くの石綿被害の発生が防げたとは考えないか」と問われると、「その可能性はあります」と認めた。

村松弁護士は、論理の力で岸本証人の理屈の逃げ道をふさぎ、矛盾を突き、証人を追い込みながら原告側の主張の核心を被告国の証人に認めさせた。

この日傍聴していた支援者の伊藤泰司さんによれば、「岸本証人の足はガクガク震えていました」という。

「感応」の輪

原告、弁護団、支援者は、泉南石綿国賠訴訟に勝つには署名を集め、世論を高めて裁判所に世論が強く支持していることを認めさせる必要があると考え、二〇〇八年一一月一六日、「大阪泉南地域のアスベスト国賠訴訟を勝たせる会」を結成した。「勝たせる会」と目的をズバリと表現した会の名前が、気取らない大阪らしい。

その日の発足集会には、石綿工場の元労働者や労働組合員、石綿の健康被害にかかわった病院職員、環境問題に取り組む人、学生など一〇一人が参加、国賠訴訟の勝利を目指し、翌二〇〇九年から三〇万署名に取り組むことが決まった。事務局長には病院職員の伊藤泰司さんが就任した。

「勝たせる会」の支援者や原告、弁護団は「国は知ってた！　できた！　でもやらなかった！」と広く一般の人々に訴えるビラまきと公正な判決を求める署名集めを大阪市内の繁華街や大阪地裁前、あるいは上京して厚生労働省前で続けた。

支援者の一人で、当時まだ学生だった澤田慎一郎さんは、『原告団ニュース』編集後記で、二〇〇九年三月に原告が上京して霞が関の官庁街で泉南石綿国賠訴訟の現状と支援を訴えるビラ配りをした際に印象に残った光景についてこう感想を記している(64)。

最高裁前で涙ながらに公正な判決を求める佐藤美代子さん（2012年1月26日）

農水省前でビラ配りをしていた佐藤美代子さん。ビラを受け取ってくれた一人ひとりの背中に軽く手をまわし、「ありがとう。仕事がんばってね！　行ってらっしゃい！」と声をかけていた。霞ヶ関を歩く人にとって、通勤時にビラを配っている人を見ることも、ビラを受け取ることも日常的なことであるかもしれない。しかし、ビラを配っているひとに「仕事がんばってね！　行ってらっしゃい！」と言われることは非日常的なことであったと思う（それも、悪い気持ちにはならない非日常の行為であったと思う）。

もし自分がビラを受け取ったときにそんなことがあったら、そのときは少し照れくさいからあえて無表情を装うかもしれない。でも、職場に着いたときや夜になって一日を振り返ったとき、そのことを思い出して私の表情は緩んでいるだろう。佐藤さんのビラ配りはすごく印象的だった。（澤田）

実はその頃、佐藤美代子さんの夫健一さんは石綿による肺がんで相当危険な段階だった。その看病の合間をぬっての上京、ビラ配りだった。

明治鉱業豊国（ほうこく）炭鉱は、福岡県田川郡糸田町にあったが、一九〇七年（明治四〇年）に爆発事故で死者・行方不明者三六五人という明治時代では最悪の事故を起こしている。

佐藤健一さんの父親は、この炭鉱で働いていた。当時も事故で死ぬ人がいた。炭鉱の労働は、石炭の粉じんで真っ黒にもなる。

健一さんは一九四四年に同町の炭鉱住宅で生まれたが、危険な炭鉱ではなく別の仕事をしたいと中学卒業後、姉が働いていた大阪府泉南郡岬町の特殊紡績の工場に就職した。

しかし、機械に両手を巻き込まれる大けがを二回も負い、郷里に帰った。

回復後、健一さんは福岡市内のパチンコ店で働き、そこで景品交換の仕事をしていた長崎県出身の美代子さん（一九四五年生まれ）と出会う。

二人は惹かれあったが、当時美代子さんにはすでに結納を交わした婚約者がいた。

「逃げるしかないやないか」

健一さんは言い、二人は駆け落ちし、健一さんは美代子さんの姉のつてで名古屋市で働いた後、また大阪泉南の特紡の工場で働くようになった。

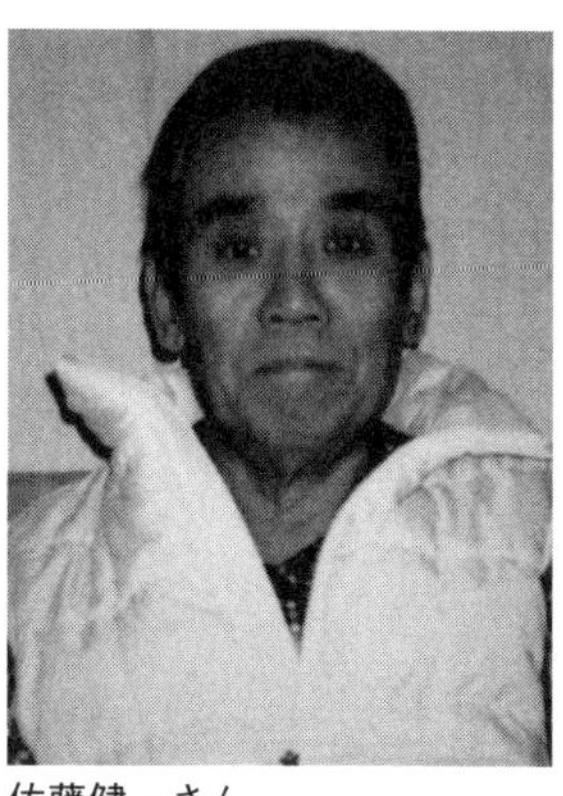

佐藤健一さん

一九六六年に二人は結婚した。その後、健一さんは、いくつか工場を替わったが、七三年に当時働いていた特紡の工場が倒産してしまった。それで、七四年から石綿工場で働くようになった。

特紡と石綿紡織は工程がほぼ同じだ。だから、特紡で修得した機械の修理技術などを活かすことができ、しかも給料も特紡よりよかった。美代子さんによれば、特紡が月給一四～五万円だった当時、石綿工場は二二～三万円くらいだった。

腕の良かった健一さんは、しばしば「引き抜き」の話があり、現状より少しでも給料がよければそのたびに工場を移った。結局、二〇〇五年までに五つの石綿工場で働いた。「引き抜き」は、人手不足だった当時の石綿工場ではよく行われていた。

健一さんが働いたのは、どこも労働者数人から十数人の零細な工場で、石綿粉じんが大量に飛散していた。中でも、最初に働いた三井石綿が最もひどかった。

美代子さんは、三井石綿で働いていた健一さんに弁当を届けたことがある。工場のドアを開けたら、真っ白いホコリがおおいかぶさってきて、「パパ」と美代子さんが呼んでも一メートル先の健一さんが見えなかった。

「ここにおるやないか」

健一さんは粉雪のように石綿粉じんをかぶっていた。

「こんな所で仕事してんの?」

「そうや」

「マスクした方がええんちゃう?」

「マスクしたら手先が見えんで、またケガするやないか」

「ホコリの中で大丈夫、心配せんでええ」

「大丈夫、大丈夫?」

笑顔で健一さんは答えた。

当時の思い出を、美代子さんは映画の一シーンのように語ってくれた。

五つの石綿工場で、健一さんは混綿、カード、カード機の針の掃除や針研ぎ、カード機の下に落ちた石綿クズ「オチ」（落ちワタ）の回収などに従事した。

「夜だけでもバイトに来てくれへんか」と別の工場の主から頼まれることがあり、健一さんは、通常の仕事の後に午前一時、二時まで働くこともあった。自分の小さい頃は貧しかったので、お腹一杯食べられなかった。だから、子どもにはお腹一杯食べさせたい。

「子供のほしい物は何でも買うちゃるんや」

健一さんは働き詰めに働いた。

日々石綿まみれになって働く一方、健一さんは身長一七二センチで体重九〇キロという立派な体格で、休日には社会人野球のチームをつくってプレーしたり、地元の少年野球の監督もして子どもたちの面倒を見た。また、夏の盆踊りでは江州音頭の音頭取りの名手として引っ張りだこだったという。

江州音頭は、江州（滋賀県）が発祥の地だが、「昭和の初期に、泉州各地に繊維工場が進出し、紡績女工が工場内で踊っていたことから急速に広まったといわれる。岸和田市内では江州音頭、河内音頭のアマチュア団が組織され、各地を唄い回る。泉南市では青年団の主催で行うものが多い」という。[65]

音頭取りは、やぐらの上で皆が踊りやすいように歌を歌って踊りをリードし、盛り上げる盆踊りの「花形」だ。健一さんは歌がうまく、また即興で歌の文句を考えるのも素人離れしていた。

「佐藤さん、今年も音頭とってよ」

毎年盆踊りを主催する青年団から頼まれた。浴衣を着流し、粋でいなせな健一さんが朗々と歌う音頭で、美代子さんと娘が朝まで踊り明かしたこともある。

しかし、一九九五年頃からセキやタンが出始めた。そして、当時勤めていた草竹工業所という石綿工場の定期健康診断で「じん肺」と診断された。

一九九八年頃からは時々胸が苦しくなり、二〇〇二年頃から、一層苦しさが募った。〇五年頃になるとゼーゼー、ヒーヒーとノドを鳴らしている状態が四六時中続くようになった。セキはタンが切れるまでゴホン、ゴホンと続く。

五メートルくらい離れた近所の人に「お宅のご主人は、何であんなにコンコンしてはるの」と美代子さんが聞かれるくらい近所中に響きわたるセキだった。

だが、そんな身体でも健一さんは仕事を続けていた。最後にアルバイトで働いていた日清石綿を辞めた後も、知人から紹介された警備会社の仕事に何日か行った。家を買ったのでローンの支払いがあったこともあったが、何より仕事が好きだったという。

しかし、立っていることすらつらくて結局警備の仕事は続けられなかった。

何でこんなことになったのだろう。石綿の仕事をしたからだろうか。原因が知りたくて、美代子さんは泉南市役所に「石綿の仕事をしたから病気になったと市役所に言ってきた人はいませんか」と聞きに行った。

「今までそんなことを言ってきた人はいません」

美代子さんは納得できず、三回市役所に行って同じことを聞いた。

「そういうことを言ってくる人がいたら、市の広報に載せますからよく見といて下さい」

最後は職員にこう言われ、帰された。

そして二〇〇五年に「クボタショック」が起きる。美代子さんは、やっぱり健一さんの病気は石綿が原因だったんだとの思いを強くした。

同年一一月、「市民の会」が「医療と法律の個別相談会」を開くことになり、その開催を知らせるチラシが佐藤さん宅のポストにも入っていた。

「パパ、行ってみようよ」

美代子さんが勧めても健一さんは頑として拒否した。娘も説得に加わり、健一さんは渋々相談会に行った。それがきっかけになり、翌〇六年一月に詳しい診察を受けた。

医師の前に座ると「ゼーゼー、ヒーヒー」と尋常ではない呼吸音がした。

医師「いつもこんなんですか」

美代子さん「いつもこうなんです」

医師「佐藤さんはタバコを吸いますか」

健一さん「はい、僕タバコ吸います」

美代子さんは唖然とした。

健一さんはタバコなど一本も吸ったことはなかったからだ。

診察後、美代子さんは「石綿の病気と認めたくなかったからウソついたの」と健一さんに聞いた。

「石綿で病気になったんやったら、オレが石綿で仕事したのが悪いことになるやないか」

石綿が原因で病気になったと認めることは、石綿の仕事で生活をたててきた自分の人生を否定することになると健一さんは思っていたようだった。

診察の結果、「石綿肺」でじん肺の管理区分の中で最も重篤な「管理区分四」と判定された。

それでも健一さんは、「大丈夫、大丈夫、心配せんでもええで、オレはどうもない」と強がった。

その時の心境を、後日「『管理区分四』だと言われた時はショックでした」「(石綿工場の同僚で)若いのに死んでしまった人をたくさん知っているので、自分にもお迎えが来るのかと思いました」(佐藤健一さん陳述書）と正直にふり返っている。

「管理区分四」の判定を受けた後、「大阪じん肺アスベスト弁護団」の弁護士から、「佐藤さん、国賠訴訟を起こそうよ」と何回も誘われた。だが、健一さんは断り続けた。

「オレは訴訟なんか起こさんでいい。オレは、子どものため、嫁さんのために働いてメシ、食えたんや。それでここまで来たんや」

美代子さんも説得した。だが、健一さんは承諾しない。

「お前、そんなに金が欲しいんか」

「パパ、そうじゃない、そうじゃないんよ」

国は、石綿の危険性を知っていた。だが、規制を怠った。石綿の危険性を知っていれば石綿工場では働かなかったはずだ。美代子さんは繰り返し説得したが、健一さんは頑として拒否した。

美代子さんはあきらめずに説得を続けた。弁護士も加わって説得したあげく、健一さんは渋々原告になった。そして、二〇〇七年一一月に一回だけ法廷で陳述した。

だが、その中で病気の苦しさと家族に心配をかけて悔しいということ、「人並みの健康な体を返してほしい」とは述べたが、石綿の危険性を知らせず、欧米に比べて規制が遅かった国の責任を非難するような言葉はなかった。

美代子さんも、健一さんは「国の責任とは口にせえへん」と話した。健一さんにとって、「国」とは何だったのだろうか。合法的で公認されてきたはずの労働の結果、人が静かに「殺されて」いく国家とは一体何なのだろうか。

日に日に息苦しさが増していくのに、健一さんはなかなか酸素吸入器をつけようとはしなかった。弁護士がその理由を聞くと、「酸素吸うたらなあ、最後の階段、のぼるんよ」と答えたという。

だが、二〇〇九年五月六日、あれだけ嫌がっていた酸素吸入器を自分からつけると言い出した。その時、美代子さんは「ああやっと酸素してくれたと思った反面、なんでやねん、なんでやねん、なんで酸素するんや」と思った（佐藤美代子さん尋問調書）。そして、健一さんに気づかれないよう、水道の水を流しながら台所で泣いた。

五月一九日、診療所の医師に「佐藤さんはアスベストによる肺がんだと思われます」と告げられた。そして、正確な診断をしてもらうために紹介状を書くから、「一日も早く近くの病院へ行きなさい」と言われた。

健一さんは怒った。

「オレはどうせ死ぬんや、病院なんか行かへん！」

五月二〇日午後、近くの病院に行ったが、診察時間は過ぎており、「午前中に来てください」と断られた。帰りの車の中で、美代子さんは後部座席に座っている健一さんの顔をミラーごしに見た。じっと前方を見つめ、健一さんはさめざめと涙を流していた。

五月二一日、和歌山県の病院を受診、「肺がんは間違いないでしょう。あと三カ月か半年の命でしょう」と診断された。

帰宅後、美代子さんは問いかけた。

「パパ、なんでこん病気になったんかなあ」

健一さんはこう答えた。

「アスベストかなあ、アスベストやなあ」「オレは何も悪いことしてないでなあ」「オレは子ども育てるのに一生懸命仕事したのに、何でこんなになったんや」

人生の最期で、健一さんは自分の人生を否定せざるをえない悔しさを噛みしめていた。懸命に働いてきた人生を否定せざるをえない労働、それが石綿の労働だった。

日に日に健一さんは弱っていく。そんな姿を弁護士はＤＶＤに撮りたいと申し出た。

「石綿の被害者の最期はこうなんや」

それを証拠として裁判長に見せるのが被害の実態を伝えるには効果的だと考えたと、撮影した谷智恵子弁護士はふり返った。

健一さんの娘は強硬に反対した。だが、美代子さんは承諾した。五月三〇日の撮影の様子を美代子さんの手記から引用する。


午後一時頃、柚岡さんが弁護士三人（中平〔史〕、谷、伊藤〔明子〕）を連れてきた。あまりの様子にパパ（＝佐藤健一さん）はびっくりしている。

「パパ、誰か判る?」

「うん弁護士や」

と小さい声で言った。

谷弁護士がパパの様子をビデオに撮ると言った。

私はためらう事なく今しか無い、アスベスト訴訟に勝つために今、この時やと思った。今、この時やと心にきめた。

娘は怒った。

「パパのこんな所をビデオに撮るのはいやや」

私は心を鬼にした。娘は泣いている。

弁護士さんが、

「佐藤さん判る？」

「何か言いたい事有りますか？」

「しんどい？　苦しいですか？　佐藤さん、何か言いたい事有りますか？」

パパは、言いたい事有ると思うが何も言わずにだまっている。

弁護士さんが帰った後、私はパパに「ごめんね、こんな所ビデオに撮ってごめんね。パパ判（ママ）ってね」と言った。

「パパ今日一緒に眠ってもいい？　横に眠るよ？」

パパは「うん」と頭を下げた。私はうれしくて涙が出た。

六月一日、入院。

六月六日、健一さんは死去した。まだ六四歳だった。


パパ起きて、パパ起きてよとすがりつく　息なき夫　肌は冷たし

（美代子さんの句）

弁護士が心を鬼にして撮った健一さんの映像は、二〇〇九年七月二九日の法廷で上映された。撮影は

一時間ほどしたが、法廷用では五分ほどにまとめた。

数カ月前に同じく弁護士が撮った健一さんが愛犬と散歩する対照的な姿も入れた。その健一さんがわすが数カ月でげっそりやせ細り、鼻に酸素吸入器をつけてベッドに横たわる姿。

「佐藤さん、どこが苦しいですか?」という弁護士の質問にも、弱々しく手で胸を指すことしかできない。

「法廷での裁判長の表情は暗くて分からなかったけど、胸には響いたと思いますよ」

谷弁護士はこう話した。

このような被害の実態をＤＶＤに撮ったり聞き取る中で、弁護士たちは、「被害者に感応して、モチベーションを高めました」と谷弁護士は言う。

法廷で、被害者の証言に目頭を熱くして聞き入る女性弁護士がいた。柚岡さんはその姿をこう詠んでいる。

訥々と窮状語る傍(かたわら)で　法の女人は目元赤けり

あるいは、原告がセキ込みながら傍聴している法廷で、無責任な答えに終始する国の代理人に舌鋒鋭く切り込む女性弁護士の姿はこう詠んでいる。

ただならぬ怒気を含むか法廷の女　黒髪は艶やかにして

弁護団は資料を渉猟、局所排気装置の担当になった弁護士は、国側が立てた専門家を問い詰めるまで局所排気装置の技術や技術史に関する知識を深めた。また、業界誌、市史から院生の卒論まで準備書面の作成や尋問の際に役立ちそうな資料には全て目を通したという。

支援者も原告に「感応」し、原告の法廷への送り迎え、公正な判決を求める署名集め、裁判所前や大阪市内での集会、あるいは上京しての国会議員会館や厚労省前での集会の準備などに奔走した。

熱心な支援者の一人で元病院職員の志野善紹（しのよしつぐ）さんは、なぜそんなに熱心に支援するのかというわたしの質問にこう答えた。

「原告の国に対する怒りとか哀しみは、自分たちの思いを代弁してくれているんです。だから、大きな目で見ると、自分たちの方が支援されてるんやと思います」

わたしは胸が熱くなった。

また支援者は、市議会、府議会だけでなく、上京して国会議員にも働きかけた。

支援者の大森和夫市議によれば、泉南市の二〇人の市議の半数くらいは実は身内や知人に石綿の被害者がいるそうだ。それを当初は「泉南の恥をさらす」と隠し、前述のように「できればやめてほしい」という雰囲気だった。被害者を白い目で見る議員が多かった。

しかし、「原告が議員を回って被害の実情を話して支援を訴えたり、私が石綿問題で市の対応を質問するたびに原告や支援者が傍聴に詰めかけるので、次第に彼らも『何かせなあかん』と思うようになったようです」

結局、泉南市議会は泉南石綿被害者の早期救済を国に訴える意見書を全会一致で六回も可決した。泉南市の他、阪南市、大阪市議会や大阪府議会も泉南石綿被害者の早期救済を決議した。

さらに、弁護士や支援者は国会議員にも働きかけ、自民党にもアスベスト問題対策の部会がつくられ、早期解決を支援した。

マスコミもこぞって社説などで早期解決を訴えた。

「感応」の輪が大きく広がっていった。

くだかれた期待

「万歳！」

地裁前に詰めかけた支援者らは叫んだ。

二〇一〇年五月一九日　大阪地裁は初めて石綿被害で国の責任を認め、四億三五〇〇万円の損害賠償を命じた。文字通り歴史的な判決だった。

前述の主な争点（二一四頁参照）についての判決は次の通りだ。

① 石綿関連疾患に関する医学的知見はいつ集積し、国が被害の実態と対策を認識した時期はいつか。

石綿ばく露と石綿肺の因果関係に関しては一九五九年、肺がんや中皮腫については一九七二年におおむね医学的知見が集積し、国は認識していた。戦前の保険院（助川）調査は、石綿粉じんで石綿肺が起こる可能性を示したデータとして意義はあったが、医学的知見としては仮説にとどまる。

② 国は規制権限を十分行使したか。

国は、一九六〇年までには局所排気装置を義務付けるべきだった。一九七二年時点では石綿濃度の報告・改善を義務付けるべきだった。

③ 国に一次的責任があるか。

国と企業の行為は共同不法行為にあたり、国に一次的責任がある。

④ 労働者の家族や石綿工場周辺住民も保護対象になるか。

周辺住民は旧労基法などで保護される地位にない。労働者の家族は石綿ばく露による疾病とは認められない。

判決後、弁護団はすぐに、「画期的」と評価する声明を発表した。その中で、この判決は、泉南はもとよりすべてのアスベスト被害について国の責任の明確化と被害者救済のあり方の抜本的な見直しを迫り、同じく国の責任を追及している首都圏建設アスベスト訴訟にも大きな励ましとなること、さらには、アスベスト被害が広がっているアジア諸国にもアスベストの危険性に重大な警告を発するものだと、その意義を高く評価した。

他方で④について、「しかしながら、近隣ばく露による深刻な健康被害が認められなかったことは、見過ごすことのできない不十分な点であると言わざるを得ない」と批判した。

原告の岡田陽子さんは、同じく原告で労働者だった母親の春美さんの損害賠償は認められたが、陽子さん自身は認められなかった。

判決は、日常的に石綿粉じんにばく露する機会のあった労働者の家族については、旧労働基準法および安全衛生法で保護される余地があるとしたが、陽子さんについては「石灰化した胸膜プラークは石綿粉じんばく露によると認められる」としたものの、労災上の石綿肺の基準に合致せず、「現在の重篤な呼吸障害が石綿粉じんばく露によるものと認めることはできない」とした。

陽子さんの症状を診断した前出の水嶋潔医師は、仲間の医師四人と検討会を開き、四人一致で石綿肺などと診断した。

「岡田さんのような家族ばく露でも労災が認定基準になり、それに該当しないと切り捨てる。被害を受けた人を拾い上げるのではなく、切り捨てていいのでしょうか」と水嶋医師は述べた。

陽子さんは「母が認められたのはうれしいですが、私は母と同じ環境で石綿にばく露したのに線引きをされるのはつらいです」とハンカチで目頭を押さえた。

母親の春美さんは「苦しみの責任が国にあると認めてもらったことは本当にうれしいですが、陽子を連れて工場に行ったのは一番つらいです」とうつむいた。

原告の南和子さんも、父寛三さんの近隣ばく露が労働者でなかったことから旧労働基準法および安全衛生法によって保護される関係ではないとされ、また「石綿肺に罹患していたと認めるに足りない」とされ、損害賠償は認められなかった。

「労働者の方たちの勝利はよかったです。ただ、もうちょっと近隣ばく露の人たちが出てきてくれたら判決も違ったかもしれません。近隣ばく露の人も含めて全員を救済してほしい」

和子さんはこう言って悔しさをかみしめていた。近隣（環境）ばく露が泉南石綿被害の本質だとすると、この判決は石綿被害で初めて国の不作為を認めた点で確かに画期的ではあるが、労働者と、労働者の家族や近隣住民を分断することで被害の本質から目をそむけた判決と言うことになる。

判決の後、原告、弁護団、支援者はこぞって上京し、国に控訴するなと訴え、政治家にも働きかけて何とか和解協議にもちこみ、被害者全員を救済する政治解決を模索した。

判決翌日の五月二〇日は、雨中の厚労省前に約一三〇〇人が集まり、早期解決を求める請願をした。同日午後には千代田区永田町の社会文化会館で九〇〇人が参加して控訴断念を求める集会を開いた。原告団、弁護団、支援者らは、厚労大臣と環境大臣に面談を申し入れ、連日、厚労省前、議員会館前、首相官邸前で、控訴断念を求めてマイクで訴えた。

弁護団の鎌田幸夫（かまだゆきお）弁護士は、その訴えの中で感じたことをこうつづっている。(66)


私の心に残っているのは、早朝宣伝行動での、ある原告の訴えです。雨が降る中カッパを着たその原告は、厚労省の建物を見上げて、トツトツと訴えました。その人は、四四年間石綿工場で働き、石綿肺と合併症を患い、同じく石綿工場で働いていた夫を胸の病気で四三歳で亡くしています。

「私は、生まれて初めて新幹線に乗って東京に出てきました。私が、石綿のほこりまみれになって作った石綿の糸や布が、自動車や船や色々なものに使われ、国にはたくさんの財産ができました。でも、私に残されたものは、夫の遺影と私の肺に突き刺さったアスベストだけなんです。息苦しくて毎日々、眠れません。一緒に働いた人はエビのように体を反らして苦しみながら次々と死んでいきました。お国のえらいさんたち、時間がないんです。私たちを見捨てないで下さい。ちょっとでも早く救って下さい」

厚労省へ入ろうとする役人達が立ち止まり、じっと訴えに耳を傾けていました。次にマイクを渡された私は、涙が溢れてきて声が出ませんでした。

しかし、判決から一週間たっても厚労大臣との面談は実現しなかった。

五月二六日夜から、日比谷公園に「解決要求テント」を設置し、若手弁護士らが泊まり込んだ。

鎌田弁護士はこう書いている。[67]

> この辺りから風向きが変わりました。国会議員、支援団体、通行人などから、次から次へテントに激励の声が寄せられました。夜、宣伝行動を終えたときに、厚労省の窓から職員の手が振られたといいます。地元の泉南、阪南市長、大阪府知事からの早期解決の要請が出されました。世論は控訴断念へ大きく動きました。

五月二八日、長妻昭厚労大臣が控訴断念の意向を表明し、小沢鋭仁（さきひと）環境大臣も同調したと報じられた。

鳩山由紀夫首相が控訴断念を決断するのではないかとの期待が一気に高まった。

しかし、他の訴訟への影響を懸念する政府内の異論も出始めた。

五月三一日の深夜、弁護団と支援者らは都内のじん肺弁連事務所に詰め、国が控訴するか否かの関係閣僚会議の決定の報告を待っていた。

当時、沖縄普天間基地の移設問題が迷走したり、政治資金問題もあって鳩山首相は苦境に陥っていた。

それで、鳩山首相が仙谷由人（せんごくよしと）国家戦略担当大臣に対応を一任した。

そして、結局仙谷大臣が控訴を決定してしまった。

期待はくだかれた。

翌六月二日、やむなく原告側も控訴した。

原告が命を削って訴え、弁護士や支援者が懸命に運動してあともう一歩で政治解決ができたのに、営々として積み上げてきた努力を土檀場で「お国のえらいさん」がひっくり返した。権力者の持つ権力を見せつけた。

わたしは、ある弁護士から、弁護士仲間である仙谷氏が、「『一審判決で確定させてしまえば、司法が国策を決めてしまうことになる。国が仮に間違っていたとしても一片の判決で決めさせられないから控訴する』と述べたと聞いた」という証言を得た。

これは事実か。確認するため、二〇一四年一〇月三〇日にわたしは仙谷事務所に電話した。

電話に出た仙谷氏はこう答えた。

「そんな発言をした覚えはない。だが、大阪地裁は労働省（現厚労省）が一九六〇年までに（局所）排気装置の設置を義務づける省令を作って強制しなかったのは違法という判決を出した。それは妥当なのか。今の科学的な基準がアタマにあるから当時の規制の仕方が甘かったと言うが、水俣病、四日市ぜんそくなどの公害が問題になり始めたのは一九七〇年代後半だもんなあ。ボクも労働者側で労災問題をやったが、安全配慮義務の話が出てきたのは昭和五〇（一九七五）年代ですよ。それから、（泉南国賠訴訟の）原告の中にはすでに労災（補償）を受けている者や、三菱マテリアル建材（元の三好石綿）から補償を受けている者もおる。最低の生活は補償された上に慰謝料を請求している。一～二年かけても原告に過酷な状態を強いる程度は少ない。だから、（控訴して）適正な第三者（高裁）に判断を求めることにしたんだ」

——しかし、すでに数人の原告が亡くなっています。

「一般論としてやむを得ない。どんな訴訟でも時間との戦いになるわけよ。それから提訴自体、石綿工場を辞めてから何年もたっている。何ですぐに訴えなかったの」

――（原告には自分の病気が石綿が原因だという）知識がなかったのだと思います。

「誰だって知識ないよ。国が規制しなかったから原告が死んだと言えないことはないが、国の責任を問うのは企業の責任を問うのとレベルが違う。そういう感情論を入れるレベルではない。一方的なこと書くと、賠償請求しますよ、ホントに」

仙谷氏といえば、かつては学生運動の闘士で、弁護士を経て社会党議員になり、民主党に移った経歴から、多少は被害者に同情的な発言もあるかと思いきや、全く逆だった。

「お国のえらいさん」になってしまうと、考えも変わってしまうのだろうか。

二　二重の罪

「アホちゃうか」

大阪高裁での控訴審に臨む原告・弁護団・支援者は、第一回期日（二〇一〇年一一月一七日）で高裁に和解勧告を出させ、早期解決を求める方針だった。とにかく時間がない。提訴から五年たち、すでに四人の原告が亡くなっていた。

第一回期日では、「まだ主張が尽きていない」として和解勧告は出されなかった。だが、第二回期日（二〇一一年一月一三日）で三浦潤裁判長は国に二月二二日の進行協議において「和解についての見解を明らかにするよう」求めていた。

そして二月二二日、進行協議が開かれた。その様子は弁護団が記者会見で明らかにした。概略以下のようだった。

国の代理人　国は、一審判決には責任論及び損害論について看過できない問題点があると考えている。本件訴訟を含むアスベスト訴訟は極めて広がりが大きな問題なので、国としては公正で国民の理解を得ることができる解決を目指すためには、客観的で合理性のあることが担保されることが必要と考えている。一審判決を前提とした解決を求める原告と国との間には大きな隔たりがある。判決をいただきたい。

三浦裁判長　和解のテーブルにつくこともできないということか。

国の代理人　そういうことだ。政府部内での検討の結果ということだ。

三浦裁判長　首相官邸までいっているということか。

国の代理人　関係閣僚会議の決定が総理まで伝わっているものと承知している。

弁護団　国は控訴したときには、国も早期解決を望んでいる、裁判所に間に入ってもらった和解、解決も考えるというコメントだったと認識している。今は和解協議そのものにつかないという。控訴時とは政府の考え方が変わったということか。

国の代理人　変わっていない。一審判決には問題点があり、原告との間には隔たりがある。

このやりとりで注目したいのは、国の代理人が、「本件訴訟を含むアスベスト訴訟は極めて広がりが大きな問題」と発言している点だ。これは、全国六カ所の裁判所（札幌、東京、横浜、京都、大阪、福岡）で争われ原告が数百人規模にのぼる建設アスベスト訴訟を指すと思われる。泉南で負ければ他の訴訟への賠償額も膨らむことを国側は心配していることがうかがわれる。

もう一点、三浦裁判長が「首相官邸までいっているということか」と国の代理人に尋ねている点も注目すべきだろう。三権分立のはずなのに裁判官が首相官邸の意向を気にしているようにとれる。

また、国の代理人は政府の考え方は「変わっていない」と発言しているが、この点について原告側の鎌田幸夫弁護士はこう書いている。(68)

私は、アスベスト被害解決に向けた国の姿勢は控訴時と現時点では大きく変わったと思います。「変わった」というより政治的解決から「後退した」ともいえるでしょう。一審判決直後は、一時は（長妻昭）厚労大臣が控訴断念をして被害者の早期救済に乗り出す意向を示していましたし、一転控訴する際にも仙谷（由人）大臣らが一応控訴はするが和解もありうると言及していました。そこからは、政治の意思による解決がまだしも感じられました。

ところが、今回は、一審判決が不満だから和解協議にさえつけないと言うのみです。これでは、控訴したのだから一切和解しないと言っているに等しいものです。そこには、被害解決に向けた積極的な政治の姿勢が全く感じられません。「政治の不在」ともいえる状況です。

このように国の態度が変わったため、判決をとるしかなくなった原告・弁護団・支援者は「高裁で勝利して政治解決に持ち込む」ことに方針を立てなおした。

そして、またしても何回も上京して、国会議員や労働組合などを回り、早期解決を支援してくれるよう訴えた。

大阪高裁前での毎週の宣伝行動や署名集めも続けた。署名は一七万筆も集まり、高裁に積み上げられた。

立証については、一審大阪地裁で因果関係が認められなかった被害者南寛三さん（二〇〇五年没）の三好石綿の近隣ばく露による被害の立証を補充するため、現場検証を申し出た。

これに対して、同年四月一八日、控訴審では異例の事実上の現場検証が行われた。大阪高裁の三浦裁判長以下裁判官三人と厚生労働省の役人数人が寛三さんの長女で原告の南和子さん宅や農地と三好石綿の工場跡地との位置関係や距離などをほぼ半日かけて視察した。

当日は南さんの他にも原告数人が集まった。柚岡さんは、原告の苦しみを厚労省の役人に訴えるチャンスだと考えた。

現場検証終了後、柚岡さんは厚労省の役人に「原告の話を聞いてやってくれませんか」と申し入れた。だが、役人は答えず、帰ろうとした。柚岡さんは南さんの家から阪和線の新家駅まで数百メートルを役人に同じことを訴えながら歩いた。しかし、役人は取り合わない。

「オイ、こら待て！」

柚岡さんは呼びかけたが役人は無視し、駅の構内に消えた。

他方、案内した南さんは、裁判長が現場を見に来てくれたこと自体に意味があると考えた。同年五月一二日付で南さんは大阪高裁に次のような意見書を提出した。

一審の判決は、私自身は敗訴しましたが、皆さんと一緒に戦い、勝ち取った判決であって、誇りに思っています。ただ、一審の裁判官が現地に来てくれなかったことは残念でした。ですから、四月一八日に、高裁の裁判官が現地に来たことで、近隣被害も決して忘れられていないと勇気づけられました。三好石綿の近隣には、私の父以外にも被害者はいますが、一審の判決のため、国に訴えても認めてもらえないと、第二陣での提訴を断念されています。裁判官が現地に来たことは、原告になれなかった近隣の被害者も、勇気づけられたことでしょう。必ず、一審よりも良い判決がなされると信じております。私以外にも大勢いる近隣の被害者のためにも、救済の第一歩となる判決をよろしくお願い致します。

また、弁護団は被害が今も進んでいることを立証するため、一審でも採用された五人の原告の尋問を申請した。

これに対して、控訴審ではこれまた異例の原告の尋問も五人全員が認められ、五月一二日に行われた。原告の西村東子(にしむらとうこ)さん(二〇一二年没)が、証言の途中でセキ込むと、三浦裁判長はいたわりの言葉をかけた。

国側は、認定損害額を減らす主張に終始した。高裁が、国の一定の責任を認めるのはやむをえないことを前提にしているかのようだった。

三浦裁判長は、一九七四年に盛岡地裁判事補に任官し、大阪、札幌、山形などの地裁、家裁の判事を歴任、岡山家裁所長、神戸地裁所長をつとめた後、二〇〇八年から大阪高裁総括判事になった。

経歴を調べると、日弁連が公正な裁判を歪めると批判している「判検交流」の経験はない。[注7]

また、三浦裁判長の出した判決を調べてみると、たとえばこんな判決を書いている。

日本たばこ産業（ＪＴ）が大阪府高槻市に建設した医薬総合研究所で行う実験や取り扱う病原体によって地震時などにバイオハザード（生物災害）が起きるのではないかと心配した住民が、施設の安全性について施設の建築確認を出した同市に建築確認申請図面の情報公開請求をしたが、ほぼ全面非公開と決定された。それで住民は、同市に情報公開を求めて大阪地裁に提訴した。

この事件では、三浦裁判長は二〇〇一年六月に「同研究所で行われている事業活動は、人の生命、身体又は健康を害するおそれがあるとはいえない」などとして原告の訴えを退け、原告が「不当判決」と非難した。しかし、原告が控訴した大阪高裁は同研究所の組み換えＤＮＡ実験などの事業活動が、生命、身体又は健康を害する現実的な可能性を認め、「非公開とすることは権利の乱用」だとして図面の公開を命じ、最高裁がＪＴの上告受理申し立てを受理せず、確定している。

西村東子さん

他方、三浦裁判長は、在韓被爆者が日本滞在中は被爆者援護法に基づいて健康管理手帳を支給されたのに、韓国に帰国したことを理由に打ち切られたのは違法だとして国と大阪府に処分の取り消しを求めた裁判では二〇〇一年六月に「日本居住者との間に差別を生じさせ、憲法一四条（法の下の平等）に反する恐れがある」として、手当ての支給を命じる判決を出した。これは、「在韓被爆者や海外在住の日本人被爆者を含め約五千人とみられる在外被爆者に救済の道を開く画期的な判決」（長崎新聞二〇〇一年七月一日）と高く評価されている。

二〇一一年八月に定年退官が決まっていた三浦裁判長は、泉南石綿国賠訴訟が最後の裁判だった。弁護団とのやりとりの中で三浦裁判長は「ベストを尽くします」とも発言していた。最後に思い切った判決を書いて有終の美をかざるのではないか、一審以上のいい判決が出るのではないか……。

原告、弁護団、支援者らの期待は高まった。

同年八月二五日の大阪高裁判決の日の朝、被害者で原告の原田モツさんが亡くなった。八〇歳だった。提訴後五人目の死者だ。

原田さんは、早期解決を訴える手紙を三浦裁判長に送っていた。

「とにかく　いきがくるしいです　こんな体になるとは思いもしませんでした　私がいきている間にかいけつして下さい　其（そ）の日をまっています」

開廷直前、柚岡さんは国の代理人席に向かって叫んだ。

「グスグスしとるから、また一人原告が死んだやないか！」

そして呼びかけた。

「今日の判決はどうなるか分からんが、原告の命がもたない。弁護士を入れずに国と原告の話し合いで解決し、原告を救済するのが本当の国の仕事ではないのか……」

廷吏が「静粛に」と制止した。柚岡さんは無視して続けた。

「裁判によらず、人道問題として話し合いで解決するつもりはないか」

原告側の芝原明夫弁護団長や村松弁護士が制止した。

「やめなさい！　ここはそんな場じゃありません」「法廷かく乱罪になるよ」

傍聴席の支援者からも「ひっこめ！」と野次が飛んだ。柚岡さんも負けていない。

「今言ったのは誰や、そっちが引っ込め！」

国側代理人は終始無表情だった。

裁判長が入ってきた。三浦潤裁判長はすでに八月五日付で定年退官していた。

判決は、田中澄夫裁判長が代読した（右陪席・大西忠重裁判官、左陪席・井上博喜裁判官）。

主文

1　第一審被告の本件控訴に基づき、
（1）原判決中、第一審被告敗訴部分をいずれも取り消す。
（2）第一審原告らの請求のうち、上記取り消しに係る部分の請求をいずれも棄却する。
2　第一審原告らの当審において拡張した請求をいずれも棄却する。
3　第一審原告らの本件各控訴をいずれも棄却する。

……

原田モツさん

大阪地裁判決を取り消し、原告側逆転全面敗訴の判決だった。
「棄却」「棄却」……と続く裁判長の言葉を原告の岡田陽子さんはうつむいて聞いていた。主文を読み上げるのに一分もかからなかった。

「裁判長、ちょっと待って下さい、不当判決やないですか！」

芝原団長が立ち上がり、叫んだ。

陽子さんが顔をあげたら、裁判長と裁判官は逃げるように去っていった。

原告の南和子さんは呆然とし、裏切られた悔しさに涙があふれた。

同じく原告の佐藤美代子さんは、国側代理人がこぶしを握りしめ、両手でガッツポーズをするのを見た。美代子さんは廊下まで代理人を追いかけて行って叫んだ。

「待ってください、待って下さい、あなた方には、人間の心がないんですか！」

判決は、「産業発展のためには、生命・健康が犠牲になってもやむを得ない」というも同然の内容だった。石綿の被害は、防じんマスクの着用をしなかった労働者の「自己責任」に帰している。

弁護団の村松昭夫副団長は、「生命・健康を至上の価値として最も尊重すべきとする現行憲法の価値基準や従来の判例に対する重大な挑戦と言わざるをえません」と批判した。

判決の翌日、岡田陽子さんは当時入院していた母親で原告の春美さんに裁判の報告に行った。

「泉南の人は、死んでもいいんやて」

「アホちゃうか」

春美さんはこう答えた。

泉南の人は死んでもいい、社会の下積みの人は死んでもいい、在日朝鮮人や同和地区の人は死んでもいい……。このようなことを公言しているのと同義の判決と見なさざるを得ない。三浦判決の核心を、陽子さんの言葉は鋭く突いていた。

それが差別の防波堤たるべき裁判官が書いた判決の本質だった。

春美さんは一陣高裁判決の翌二〇一二年二月、石綿肺で死去した。七六歳だった。

あざむかれた法廷

弁護団の谷真介弁護士は、高裁勝利判決を確信し、判決が出たらすぐに国会議員や関係団体に働きかけ、一気呵成に政治解決につなげるため、判決前に上京し、東京で判決を待っていた。

だが、「敗訴」と聞き、「怒ったらいいのか泣いたらいいのか、それすら分からないくらい」打ちひしがれたという。呆然としたまま、上京してくる原告、弁護士、支援者を待った。

解決要求行動となるはずだった翌日からの東京行動は、不当判決抗議行動に変更せざるをえなくなった。

八月二六日朝、首相官邸前での抗議行動で谷弁護士は判決後初めて原告たちに会った。

弁護士、原告、支援者らが次々にマイクを握り谷弁護士の番が来た。

「(国は) 次々に命が奪われ、時間のない原告さんたちを見殺しにするのか!」

こう訴えていたとき、谷弁護士は「『負けた』という実感、その意味が、初めて腹に落ちました。悔しさで涙を押さえられず、声がつまり、途中で話せなくなってしまいました」という(69)。

その後、国会議員会館での院内集会、厚労省前や千代田区永田町の星陵会館での不当判決抗議集会には、数百人規模の人々が詰めかけ、怒りの声をあげた。登壇者は口々に「不当判決を一緒に跳ね返そう」と原告らを励ました。マスコミの論調もこぞって高裁判決に批判的だった。

八月二八日、原告、弁護団、支援者は原告団総会を開き、全会一致で上告を決め、三一日に最高裁に上告した。

そして、最高裁での勝利のためにも当面する翌二〇一二年春頃と見られる二陣の大阪地裁判決で勝利することに全力を尽くし、通算「二勝一敗」にして政治解決に持ち込むのが新たな原告、弁護団、支援者の方針になった。

それにしても、三浦裁判長はなぜあのような判決を書いたのだろうか。高裁では異例の五人もの原告本人尋問の要求は全員認めたし、事実上の現場検証も行った。原告を負けさせるつもりなら、わざわざそんなことをする必要はなかったはずだ。一体あれは何のためだったのか。

村松弁護士はこう推測する。

「三浦裁判長は、あの判決を書きたかったんでしょうね。定年退官の期日が迫っていましたから、原告側の要求をはねつけ、『偏頗（へんぱ）な訴訟指揮だ』として裁判官忌避が申し立てられたりしたら、忌避が認められることはまずありませんが、期日は確実に遅れる。だから、原告側の要望をすべて受け入れたのでしょう。私たちは『だまされた』ことになります。しかし、『だまされた』方も間抜けかもしれませんが、『だました』方はもっと悪い」

では、原告、弁護士をあざむいてまで三浦裁判長はなぜあの判決を出したのか。

村松弁護士は、「三・一一の福島原発事故もあり、国の財政問題を中心とした攻撃が裁判所にも影響しているのではないかと思わざるをえません」と推測した。

確かに、前述のように二〇一一年二月二二日の進行協議は原発事故前ではあったが、国の代理人である訟務検事は「本件訴訟を含むアスベスト訴訟は極めて広がりが大きな問題」と発言していたし、三浦裁判長も官邸の意向を気にしていた。原発事故後はもっと財政問題を気にしただろう。

水俣病でも財源論から被害者への補償を制限しようとした。宮本憲一氏はこう述べている。[70]

「水俣病の場合も、一九七〇年代の終わりに国の政策がまちがったのは、当時の大蔵省が二〇〇〇人までは補償金を出せるが、それ以上は出せない、という財源論から認定基準を厳しくして、抑え込んだことに原因があります。このように財源問題にこだわって、補償を制限しようとしたことが裏目に出て、今でも五万人を超える被害者が救済をもとめつづけているという、もっと大変な事態をもたらしているわけです。今回も、これからの国の賠償の金額がどうなるという議論は、おそらく財務省など政府部内から出ている意見ではないかと思いますが、財務省の意見に屈せずに、正当な法的判断をしてほしいというのが私の希望です」

二〇一六年八月二三日、NHKの「クローズアップ現代プラス」は『〝加害企業〟救済の裏で～水俣病六〇年「極秘メモ」が語る真相～』という番組を放映した。NHKが入手した加害企業チッソ元副社長の久我正一氏のメモをもとに加害企業を手厚く救済する一方、水俣病患者への補償金を抑えようとした政治家や官僚の思惑を描いた番組だ。

久我メモにはこうある。

「内閣官房副長官は、補償金支出の歯止めが欠落しているとして、（水俣病の）認定に対し、厳しい姿勢を求めた」そして、内閣審議室長が「補償協定の改定、あるいは破棄をせよ。そのままでは、ザルに水を注ぐがごとしだ」と発言したとされる。

当時、自治省審議官として水俣病に関する会議に参加した石原信雄さんは番組の中で「『ザルに水』っていうのは覚えていますよ。だからそこをなんとかね、ここまでだって決めてもらわないと、企業の方も困っちゃうわけですよ。チッソっていう会社を何としても存続させて、（国と県が）払って、チッソが補償金を払えるようにしてやらにゃいかんと。そういう話なんです、全体のストーリーがね」と証言している。

公的資金によるチッソ救済が決まった一九七八（昭和五三）年、環境庁（現環境省）は水俣病の認定基準を厳しくする通知を出した。この通知が出される前、水俣病と認定されたのは申請した人の五一％だったが、翌年以降激減し、わずか四・九％になったという。

このような厳しい認定基準を作ったことを番組のゲストに招かれたノンフィクション作家の柳田邦男さんは、「財源主義というメガネ」という言葉で批判した。国の責任を不問にして財源という視野でしか判断できないという意味だ。

泉南の被害者救済についても、国側の代理人をつとめる法務省の訟務検事が「財源主義のメガネ」をかけていることがよく分かる論文を書いている。

法曹関係者に影響力のある雑誌『判例タイムズ』の二〇一一年一二月（一三五六号）と翌一二年一月（一三五九号）に「規制権限の不行使をめぐる国家賠償法上の諸問題について」と題する論文が掲載された。泉南石綿国倍訴訟や薬害イレッサ訴訟(注8)などを例に、国の規制権限不行使問題で被害者救済の視点に力点を置くことに疑問を呈する論文だ。その結論はこうだ。(71)

「被害者救済の視点に力点を置くと、事前規制型社会への回帰と大きな政府を求める方向につながりやすい。それが現時点における国民意識や財政事情から妥当なのか否かといった大きな問題が背景にあることにも留意する必要がある」

これは、「産業発展のためには、生命・健康が犠牲になってもやむを得ない」という三浦判決の論理と重なる論理だ。そして、やはり国は財源を気にしていたことがハッキリわかる。ここでも「命よりカネ」なのだ。
二〇一二年三月二八日には泉南アスベスト訴訟の二陣の大阪地裁判決、五月二五日には横浜地裁で首都圏建設アスベスト神奈川訴訟の判決、同じく五月二五日には大阪高裁でイレッサ西日本訴訟の判決などが予定されていた。

この論文の執筆者は二人で、いずれも法務省民事訟務課付の二子石亮（ふたごいしりょう）氏と鈴木和孝氏である。二子石氏の経歴を調べると、検事出身で法務省民事訟務課付になった後は、名古屋地検、佐賀地検の検事を歴任し、二〇一六年にまた法務省訟務局に戻っている。他方、鈴木氏は、裁判官出身で法務省民事訟務課付になった後二〇一三年に東京地裁の判事になっており、前述の癒着やなれ合いをまねくと日弁連が批判している「判検交流」の経験者だ。

また、同誌一三五六号の前文で「特集の目的と概要」を書き、二人に執筆を依頼したことを明かしている法務省の中山孝雄大臣官房審議官も裁判官出身で、二〇一三年からは東京地裁部総括判事を務めているが、やはり「判検交流」の経験者だ。

論文の内容や執筆者らの経歴を見ると、この論文が「できるだけ客観的な記述をこころがけるようにしてもらった」（前掲同誌中山氏）と言いつつ、一方的に「国家の論理」を表現したものとみて間違いないだろう。

弁護団は、二〇一二年一月二三日に『判例タイムズ』出版元の判例タイムズ社に「一方当事者の論文を二号に亘って大きなスペースを割いて特集で掲載するというのは極めて不公正、不平等であり、その見識が疑われる」として反論掲載を申し入れた。

だが、同年一月三一日、同社は「出版社にとって、発行する雑誌に何を掲載するか否かは、編集の自由の中で最も重要なものであり、表現の自由の根幹をなす」として拒否した。

「良心を疑う」

当時の弁護団の様子を大阪の病院職員で「泉南アスベスト国賠訴訟を勝たせる会」の伊藤泰司事務局長は、こうふり返った。

「ベテラン弁護士が、『三五年の弁護士人生で最大の屈辱だ』と語っていましたが、三浦判決で弁護団は確かに打ちのめされました。しかし、そのことで覚醒し、逆に『どうやったら三浦判決を打ち破れるか』と皆必死になりましたね」

最高裁に上告する場合、憲法違反と特定の手続上の違反については上告理由書で、判例違反と法令の解釈については上告受理申立書で示すことになっている。

この二つの書面に裁判官を説得する力がなければ、口頭弁論は開かれずに上告棄却か上告不受理になる。それが最高裁の事件の大半だ。逆に口頭弁論を開くという通知があれば、控訴審判決は何らかの変更がなされるのが通例だ。

そこで、説得力のある書面を書き、何とか口頭弁論を開かせるために弁護団は元最高裁判事にアドバイスを求めたり、何回も会議を開いて内容を詰めた。

最高裁への上告に際し、この一陣高裁判決に危機感を募らせた全国の一〇三五人もの弁護士が代理人を引き受けた。もちろん全員が訴訟活動に参加するわけではない。だが、この数は弁護士の世界の「世論」を示す。ちなみに日本の弁護士の総数は、二〇一一年時点で三万四八五人（日本弁護士連合会による）

だから、約三・四%になる。

弁護団は総力をあげて三浦判決を検討し、判決の翌二〇一二年一月、『問われる正義』(大阪じん肺アスベスト弁護団編　かもがわ出版)と題する三浦判決批判のブックレットを出版した。これは、弁護団が最高裁や二陣地裁に提出した準備書面や意見書などのエッセンスを一般に広く知ってもらうためにわかりやすくまとめたものだ。

同書巻頭で弁護団の芝原明夫団長は、「今、この国の正義が問われている」と書いている。そして、「国民のいのちや健康を保護すべき国の責任とは何なのか。それを問われた裁判官の良心とは何なのか。正義とは、何なのか。『生命・健康は最も尊重されるべきである。』私たちは、これがあたり前の正義であると確信している。高裁判決はこれに対する重大な挑戦である」と続ける。[72] 同書には、原告と弁護団の満腔の怒りが満ち満ちている。

同書の中で、原告の原まゆみさんは、判決を聞いた時の気持ちをこう書いている。[73]

「三浦裁判長のことを鬼のように思いました。西村東子さんの尋問では、苦しくてしゃべれなくなった西村さんを、心配するようなそぶりを見せました。その時は、優しい、人の痛みがわかる裁判官だと思いました。あれは全部ポーズだったのですね。刃物がなくても人は殺せる。胸を刃物で刺されたようです」

三浦判決批判の概略はこうだ。

まず弁護団は、国の責任を認めた二〇一〇年五月の大阪地裁判決と認めなかった高裁判決の「分かれ目」は、「生命・健康という最も尊重されるべき法益」を重視したか軽視したかだという。

地裁判決は石綿の病がいかにつらく苦しいものなのかという「重篤性」に注目し、そこから国は規制権限を「できる限り速やかに」「適時適切に行使されるべき」であったとし、国の責任を認めた。

ところが、高裁判決には石綿の病の「重篤性」への言及はない。そして、「判断基準」として、労働環境において、「労働者の生命、身体の安全を確保する対策を講じなければならないことはいうまでもなく」とは述べるが、すぐその後で「しかしながら、それらの弊害が懸念されるからといって、工業製品の製造、加工等を直ちに禁止したり、あるいは、厳格な許可制の下でなければ操業を認めないというのでは、工業技術の発達及び産業社会の発展を著しく阻害するだけでなく、労働者の職場自体を奪うことにもなりかねない」とし、どのような規制を行うべきかは、「当該工業製品の社会的必要性及び工業的有用性の評価と……発生が懸念される労働者の健康被害等の危険の重大性……等」を「総合的に判断することが要求される」としている。

「総合的に判断する」などと粉飾されているが、要するに「労働者の生命、身体の安全」と「工業技術の発達や産業社会の発展」を天秤にかける論理だ、と弁護団は批判する。命よりカネということだ。

だが、公害裁判の歴史の中で、生命・健康の尊重は「揺るぎようのない定着した価値基準」になった。一九七〇年の「公害国会」では、公害の反省に立って公害対策基本法（一九六七年制定）の「経済との調和条項」（筆者注「生活環境の保全については，経済の健全な発展との調和が図られるようにするものとする」という悪名高い条項）が削除された。

ただし、「経済との調和条項」でさえ「生活環境」との調和を問題にしていたのであって、「生命や健康を経済発展と同一の天秤にかけることなど想定していなかった」と弁護団は指摘する。だから、この価値基準を放棄してしまえば、国民が人権救済を求めて行く先がなくなってしまうので、「司法の自殺行為」になるとする。公害被害の救済を阻むのは企業や政府・官僚だけではない。実は、きわめて多くの場面で司法の壁が立ちふさがるのである。

そんな中で、公害の被害者や弁護士、支援者らは苦しい闘いを続けながら、少しずつ司法の壁に穴をうがち、「人権」を拡充してきた。

二〇〇四年の筑豊じん肺訴訟と水俣病関西訴訟の最高裁判決は、国は規制権限を「できる限り速やかに」、技術の進歩や最新の医学的知見等に適合したものにすべく、「適時にかつ適切に」行使しなければならないとした。これが、現在の「到達点」であり、大阪地裁判決もこの判断基準に沿って国の責任を認めている。

しかし、高裁判決は最高裁の「到達点」には一言も触れていない。それどころか、「適時適切」から「適時」を削除し、「産業への配慮」を加える「加除」を行ったと弁護団は三浦判決の「カラクリ」を解き明かす。要するに、三浦判決は国を勝たせるのに都合の悪い基準は削除し、都合のいい基準を勝手に付け加えたというのである。

「適時」を削除した理由は、「〝適時〟を外して、国(行政)の規制権限の行使をはるかかなたの将来課題に置きかえることで、規制権限不行使の違法から国を救い出したい」からだ。

高裁も石綿ばく露で健康被害が生じることが戦前から認識されていたことは弁護団の立証によって認めざるをえなかった。だが、戦前から分かっていたのに今も被害が出続けているのは、国も企業もまさに〝適時〟の対策を取らなかったからだ。だから、〝適時〟を判断基準から削除してしまえば国を免責できるというわけだ。

また、〝産業への配慮〟を付加したのは、高裁判決が自ら書いているように「産業社会の発展を大きく阻害する」からだ。

さらに、弁護団は判決の前提になる事実認定も「杜撰かつ恣意的」だとする。

この裁判の最大の争点は、「昭和三〇年代前半に局所排気装置の設置の義務付けができたかどうか」だ。高裁判決は、「実用的な工学的知見」が確立・普及していなかったとして国の責任を否定している。だが、実際には英、独、米など海外のみならず国内でも戦前から数多くの実用例があったのだ。

そもそも、局所排気装置は掃除機と同じ原理のローテクの単純な機械だ。イギリスでは、一九三一（昭和六）年に政府と業界が合同で局所排気装置の活用方法をまとめ、工程ごとに図と写真を交えた設置例を解説した報告書が発行され、同年「アスベスト産業規則」が制定されている。

ドイツでも、一九四〇（昭和一五）年に「アスベスト加工企業における粉じんの危険の撲滅のためのガイドラン」が制定され、局所排気装置の設置を含む詳細な石綿粉じん対策が定められた。

局所排気装置の効果についてはアメリカ政府の一九三八（昭和一三）年の報告書にも記載があり、集じん効果は実に九五・四％だったとされている。

しかし、高裁判決はドイツの事例は無視し、イギリスの事例は「局所排気装置かどうか分からない」、アメリカにおける局所排気装置の効果や普及状況は不明だと認定している。

朝日石綿工業（現在のエーアンドエーマテリアル）の社員だった藤田正は、一九四一（昭和一六）年、『石綿工業論』を著し、その中で前述のイギリスやドイツの局所排気装置の設置方法についても両国での報告書で使われたのとほぼ同一の図版も使用しながら説明している。これは、戦前から海外の情報がリアルタイムで伝えられていた証拠だ。

しかし、高裁判決は「戦前あるいは戦後間もない時期、局所排気装置に関する技術的情報の詳細が日本に伝えられることはなかった」と決めつけている。

また、昭和二〇年代にすでに局所排気装置を設置していた宮寺石綿（筆者注・現在のミヤデラ断熱＝本社東京都品川区）は、『石綿』という業界紙に「自慢の種は……除じん装置である……とにかく塵は綺麗に吸い取られ、しかも空中の石綿屑は大部分回収される一石二鳥というわけ」という記事を載せている。

高裁判決は、これは「全体換気的な集じん装置」だとして局所排気装置であることを否定する。だが、全体換気装置は換気扇と同じで、粉じんが吸い取られるはずがなく、宮寺石綿が自慢するはずがないと弁護団は反論する。

一方、高裁判決は泉南地域の石綿業界団体であるアスベスト振興会が除じん装置をつけること申し合わせたという一九五八年の新聞記事を持ち出し、何の説明もなく局所排気装置の設置に関する申し合わせを行ったと認定、事業者も労働者も石綿の危険性を認識していた根拠にしている。

同じ「除じん装置」という用語について、一方では「全体換気装置」といい、他方で「局所排気装置」と解釈する。これを弁護団は「杜撰かつ恣意的、不公正な事実認定です」と批判する。

要するに、三浦裁判長が自分の導きたい結論に都合のいいように「除じん装置」という用語の解釈を変えるご都合主義だというのである。

労働省は一九五七（昭和三二）年に『労働環境の改善とその技術――局所排気装置による』という技術書を公表、翌五八（昭和三三）年にはこの技術書に基づいて通達を出し、局所排気装置の設置を行政指導している。だから、いくら遅くともこの五七年当時には義務付けまですることが可能であり、環境改善に効果があったことは明らかだ。

だが、驚くべきことに高裁判決は、実際に特定化学物質等障害予防規則で局所排気装置が義務付けされた一九七一（昭和四六）年に至ってもなお局所排気装置を有効に機能するよう設計・製作することは技術的に相当困難であったと認定しているのだ。

この「技術的困難」とは、それぞれの作業現場の実態に合わせ局所排気装置を設計・製作するのに創意工夫と試行錯誤を重ねる必要があることを指している。

しかし、それは事業者が努力するかどうかの問題であって国が規制できるか否かの問題ではない。

また、高裁判決は規制は困難で実際に国が行った行政指導で十分だったとするが、その理由として局所排気装置が普及していなかったことをあげる。

しかし、弁護団は普及しなかったのは国が規制しなかったからだと反論する。民間企業では利潤に結びつかない局所排気装置などは国が規制しなければ普及しない。逆に規制することによって普及する。自動車の排ガス規制と技術の進歩・普及がその典型例だ。

さらに高裁判決は、「実用的な粉じん対策としていまだ技術上確立していない局所排気装置を設置するよりも、防じんマスクを適切に使用することが効果的であった」と判示する。

だが、本書第二章の被害者原告の証言からも明らかなように、ほとんどの労働者はマスクをつけると息苦しく、視界がさえぎられてかえって危険だからつけていなかった。

何より、まずは粉じんの発生を防止し、局所排気措置で粉じんを拡散させないこと。その上で、マスクは補助的に用いるのが労働衛生の基本だが、高裁判決はその基本に逆らっている。

そして、高裁判決は、国は防じんマスクの法規制を行い、行政指導もし、効果もあがっていた、だから規制権限不行使の違法はなかったとする。その重要な証拠として大阪労働基準局の調査結果を引用し、一九六七（昭和四二）年の防じんマスクの設置率は五〇％だったが、行政指導の結果一九七一（同四六）年には九四％になったとする。

けれども、一九六七年の設置率五〇％は国家検定を受けたマスクの設置率であるのに対して、昭和四六年の九四％はガーゼマスクまで含めた数字だ。この「数字の操作」を弁護団は大阪労働局（旧大阪労働基準局）に開示させた膨大な調査結果を検討する中で見破った。

石綿工場では特級か一級の防じんマスクを設置しなければならないとされていたが、規格を満たすマスクを設置していたのは一九六七（昭和四二）年で四・五％、一九七一（同四六）年でも二六・七％にすぎないのが実態だった。

さらに、一九七二（昭和四七）年に制定された新特化則（特定化学物質等障害予防規則）では、局所排気装置フードの外側の濃度である抑制濃度の定期測定が義務付けられたが報告義務はなかった。事業者に報告する義務を課すことは、国が労働環境を客観的に把握し、被害防止の上で極めて重要だ。しかし、報告が義務付けられなかったため、測定自体も十分に実施されなかった。

この点について、国側証人として出廷した局所排気装置の「権威」とされる沼野雄志（ぬまのたかし）・日本作業環境測定協会常任理事は、こう証言している。

「法に基づく測定が義務付けられて三〇年も経って、未だに測定の実施率が六〇数％というのは異常ですね。もし厚生労働省が四〇％近くの事業場が違反を続けているのが、それで良いと考えているのなら、法六五条（測定義務を定めた労働安全衛生法六五条）は不要です。もしそうでないと考えているのなら、法を守らせる、実施率を上げる努力をするべきです」

国側証人でありながら、沼野氏は国を批判したのである。

また、沼野証人は、「機会あるごとに特殊健康診断と同じように、作業環境測定結果に報告義務を付けていただきたいと申し上げてきました。しかし、厚労省は、お願いするたびに、『規制緩和の時代に規制を強化するようなことはできない』との一点張りだった」とも証言した。

だが、高裁判決はこの国にとって不利な証言は全く無視。それどころか、「測定結果の報告が義務付けられていないが故に測定を行わなかった（怠りがちになった）というのは、使用者が自らの怠慢行為についておよそ筋違いな正当化をすること」とまで事業者（使用者）を非難しているのだ。

これに対して弁護団は、「国が使用者に法を守らせなかった怠慢を、使用者の怠慢を理由にして合理化することこそ、筋違いな正当化です」と反論する。

要するに、各論点から国の責任を免罪し、事業者と労働者の自己責任にしたいという三浦裁判長の意図が透けて見える。だから、「結論ありき」の判決と弁護団は批判するのだ。

『問われる正義』には、泉南の被害者から聞き取り調査をした森裕之（もりひろゆき）・立命館大学政策科学部教授が「大阪・泉南アスベスト国賠訴訟の持つ意味――その国際的影響」と題して特別寄稿している。(74)

森教授は、高裁判決の「『自己責任』の論理は、その遂行が可能な条件が当事者に備わっていることが前提です」とする。

しかし、局所排気装置の設置はコスト面から困難だったことは高裁判決も認めているし、また、当時の泉南の石綿工場や労働者の実態を見れば、彼らが自発的に防じんマスクを着用して作業するなどありえなかったことは容易に想像できるとする。そして、そうした状況を無視して強引に自己責任論を持ち出すことは、「労働災害や公害が生み出される社会や経済の構造を斟酌しない稚拙な判断に他なりません」と批判する。

三浦裁判長は、高裁段階では異例の五人もの証人尋問を許可し、証人は口々に当時の泉南の石綿工場や労働者の実態を証言した。また、故南寛三さんの死の因果関係を調べるために三好石綿工業と南さんの畑の位置関係の事実上の現場検証もした。
原告の南和子さんは、同書で「裁判長は、現地まで見に来て、私にいろいろ尋ねました。あれは何だったのでしょうか。行政の方ばかり見て人間性を欠く判決です。涙が出てきます。被害者の目線に立っていない判決です」と書いている。[75]
弁護団で、国との局所排気装置論争を中心的に担った八木倫夫弁護士は、『法と民主主義』という雑誌に「大阪泉南アスベスト国賠訴訟の判決の状況と今後の展望」という論考を寄せている。[76]
その中で、八木弁護士は大阪高裁判決が国の権限不行使の違法を否定するためには、「局所排気装置等による規制が可能であったという事実そのものを変えてしまう必要があった」とする。
そのために、判決は「局所排気装置が古くから実用化され、効果を挙げていたことに関する膨大な証拠を著しく過小評価するか、無視することにより、局所排気装置の実用化が進んでおらず、設置を義務付けることは困難であったと認定した。故意による誤った事実認定であり、上告審（最高裁）で事実認定がなされないことを考慮すると、証拠の改ざんにも準ずる悪質さである」と非難している。
また、判決は「局所排気装置の設置を義務付けることは困難であったという架空の事実を構築したが、それなら使用禁止すべきであるという反論を免れない。そこで、判決は、被害者らが石綿の危険性を認識しており、防じんマスクに相当の効果があったにもかかわらず、防じんマスクを正しく使用しなかったため、被害を被ったという、これまた証拠に基かない架空の認定を重ねている。原告らは、この架空の認定について、最も強い怒りを抱いている」と述べている。
そして、八木弁護士はこれらの誤った事実認定について、「自由心証の範囲を逸脱すると考えており、裁判官の法律実務家としての良心を疑う」とまで書いている。

確かに、わたしの取材でも一陣高裁判決で「マスクをしなかったのが悪い」とされたことに怒っている原告が多かった。三好石綿の石綿製品や石綿原料をトラックで運搬していて喉頭がんにかかり、大量に吐血して亡くなった満田健男さん（一〇一頁）の妻、ヨリ子さんは「昔のマスクなんかなくても同じ。（裁判長は）一時間でも石綿工場に入ってみてくださいよ」と不満をぶちまけた。

八木弁護士は、一陣高裁判決は、「故意に誤った証拠評価を重ねることにより、本来は導くことの出来ない驚くべき結論を導いており、単なる事実誤認を超えた経験則違反、採証法則違反がある。本判決は、この点からも、破棄は免れない」と結論付けている。

「泣いてられへん」

一陣高裁で負けた後、強大な国家権力を相手にした裁判には、やはり勝てないのか、という無力感にとらわれる原告も少なくなかった。

「だから国を訴えるなんてやめとけと言うたやないか」と家族になじられ、返す言葉がなかった原告もいた。

一陣の最高裁での勝利のためにも当面する翌二〇一二年春頃と見られる二陣の大阪地裁判決で勝ち、通算「二勝一敗」にして政治解決に持ち込むという新しい方針についても、原告の中には「裁判所も役所。同じ役所の上（高裁）が負かしたもんを下（地裁）が勝たせるはずがないねん」と二陣の大阪地裁での勝利に懐疑的な人もいた。

また、「さらに署名を積み上げ、裁判所前での宣伝行動を続けましょう」という弁護団が示した方針に文句を言う原告もいた。署名を集めることや宣伝行動に果たしてどれほどの効果があるのか疑わしい、というのである。

もともと、ほとんどの原告が石綿肺などの重い病を患っており、出かけること自体が「しんどい」。「あの人はよく署名集めに来るけど、あの人は来ない」などと、原告同士のいがみあいもあった。負けると潜在的な不満が一気に表面化する。弁護団への不信感を口にする原告もいた。

柚岡さんは落胆する原告をどう励まし、団結させるかを考えていた。何はともあれ、原告の本音の話し合いが必要ではないか。そこで、月に数回のペースで出してきた『原告通信』でこう呼びかけた[77]。

> 高裁での敗訴を受けて、今後の裁判や取り組みについてもっと知りたい、疑問をぶつけたい、本音で話し合いたいという声が原告の間から出ています。先日の原告団総会は肝心なところをはしょってしまいました。わたし（柚岡）が時間を気にして原告の発言を抑えたためです。反省しています（ほんとうです）。そこでマスコミや支援者も入らない、原告と弁護士数人だけの「ホンネ」でしゃべりまくる・聞きまくる原告懇談会をやりましょう（中略）。
>
> 発言・質問・意見こんなのありですよ。「裁判いつまでかかるんか不安」「生きてるうちは無理なんでは？」「家族にはもうやめるように言われている」「政治家に訴えても右から左へ聞き流しでは？」「暴動起こしたいが構いませんか？」「署名なんかいくらやっても無駄でしょう？」「三浦（裁判長）ら三人の裁判官の自宅に押しかけてはどうか」「街宣車を出したい」「負けたのは弁護士の責任」「三浦（裁判長）のような裁判官に当たったのが不運。交代させられんかったのか？」などなど
>
> ：

土壇場まで追い込まれているのに、そこはかとない「ユーモア」が漂っている。

九月八日、泉南市樽井公民館で原告懇談会が開催された。原告二五人、弁護士四人、それに柚岡さんが出席した。

話題になったことの一つが弁護団の責任問題だった。三・一一の福島原発事故もあって国の財政がひっ迫する中、三浦潤裁判長という特異な裁判長にあたってしまった不運がおそらく主たる敗因だったにせよ、弁護団に責任はないのかという問題だ。

「タチの悪い裁判官であっても原告の悲惨さを伝え、説得できなかったのは弁護団の力量不足」と柚岡さんは言う。

しかし、原告の前で弁護団の責任を問うことは、原告の弁護団への信頼を失墜させかねない。

だが、柚岡さんは、原告懇談会で「負けた原因は弁護団にある」とハッキリ言った。

これに対して、柚岡さんによれば、弁護士の一人は概略次のように弁護団の責任を率直に認めた。

「三浦判決は、国を勝たせるために『原告がマスクをしなかったのが悪い』とか、『原告は石綿の危険性を新聞で知っていたはずだ』など国も言っていないことまで書いている。国の主張については徹底的に反論したが、三浦裁判長がよもやそんなことまで判決に書くとは思わなかった。だが、それを書かせた責任は弁護団にもあると思っている」

けれども、原告からは「原告も弁護団と一緒や。あの人（三浦裁長）を信じてしもたんや」など弁護団をかばう発言が相次いだ。そして、「これからのことを話した方がいい」などと前向きな発言もあったという。

原告の原田モツさんが高裁判決の朝死去したことから、判決言い渡しの前に柚岡さんが傍聴席から立ち上がって裁判の遅さを糾弾したことも問題になり、批判する原告と支持する原告に分かれた。

柚岡さんは、「あの発言をしたのは、原田さんが亡くなったことを国も裁判官も知らんので、裁判を長引かせることが人の命を確実に奪うということを教えたろうと思ったからや」と釈明した。

「判決の後にああいう発言はできんかった。判決前に私たちの気持ちを言ってくれて良かったと思うわ」と柚岡さんを支持する原告もいた。

他方、「暴言や」とか「気分が悪かった。モツさんが亡くなって悔しい気持ちもわかるけど……」と批判する原告のほうが多かったそうだ。

柚岡さん自身は、原告の批判を意に介さなかった。

「裁判官が着席し、ニュース用にマスコミのカメラが回っている時をねらって開廷直前に発言していればもっと効果があったのになあ」と悔いたほどだ。

最大の問題は、原告同士が分裂しそうになったことだった。ある原告は、「原告団の中に石綿工場の元労働者以外の石綿工場の近隣住民で環境ばく露によって被害を受けた人もいることが高裁で負けた原因だ」という趣旨の発言をした。環境ばく露の原告は、一陣大阪地裁でも負けているので、それが高裁判決の足を引っ張ったのではないかと考えているようだった。

しかし、高裁判決はそもそも「産業発展のためには、生命・健康が犠牲になってもやむを得ない」というも同然の論理に貫かれているので、環境ばく露の原告が元労働者原告の足を引っ張ったということはありえない。

公害や原発などに反対する運動が、分裂によって力をそがれた例は少なくない。泉南の場合、環境ばく露の原告と石綿工場の元労働者原告との分裂が想定される最も危惧された事態だった。

弁護士たちは、「団結しないと勝てません。団結こそ勝利のカギ」とこの原告に呼びかけた。

弁護士たちは、それまで何回も原告のもとに通って陳述書を作成したり、法廷での原告の証人尋問では想定問答集を作って原告と予行演習をしたり、あるいは法廷で原告を勝たせるために膨大な資料を調査して証拠を提出し、ち密な論理を組み立てるために何回も弁護団会議を開いて弁論の準備をした。それは泉南の被害を知っていて見棄てた国策の被害に苦しむ原告を救いたいという一心からだ。そして、法廷では原告になり代わり論陣を張った。

柚岡さんによれば、弁護士の一人は、自分がどのような思いで活動しているのか、こう話した。

「被害があるから弁護するのが弁護士。被害者が一生懸命働いたのに、悲惨な死に方をしなければならなかった悔しさを代わりに晴らしたいという思いで活動している。弁護士は原告の話を聞いて頑張ろうという気になる。被害が弁護士や支援者を突き動かしている。だから、被害者は自分のことをしっかり訴えるのが大切です」

原告懇談会終了後、柚岡さんはこの弁護士に、「今日のあなたのお話、久しぶりに胸がジーンとなりました」というメールを送った。

泉南の運動にかかわる人々は、俳句や川柳、短歌などを詠む人が少なくないが、「被害が弁護士や支援者を突き動かしている」ことがよくわかる弁護士と支援者の俳句がある。

酸素吸い　苦しむ人に　励まされ　（弁護士）

カニューレの　姿を浮かべ　ビラづくりに力　（支援者）

「カニューレ」とは、酸素吸入器の管のことだ。このような弁護士や支援者の熱意が、結局は「この人たちについていけば間違いない」と環境ばく露の原告が足を引っ張っていると考えていた原告を動かし、原告を再び団結させたようだ。そして、一陣高裁で負け、追い込まれていた局面で本音を出しあい、みんなが納得したことが泉南の運動にとって非常に大きな意義があった。

懇談会では、印紙代や活動費用についても話題になった。

最高裁への上告では、印紙代が五〇〇万円を超えるので、訴訟救助[注9]の申し立てに必要な書類を集めてもらっていることが弁護士から報告された。訴訟救助が認められれば、印紙代を猶予してもらえる。弁護団は、原告になるべくお金の負担をさせない方針だった（その後、結果として訴訟救助は認められた）。弁護士は手弁当だ。

控訴を断念させるための運動の活動費用には四～五〇〇万円かかった。「財政が苦しいので、運動を広げる中でこれまで以上にカンパを集めるなどして欲しい」と弁護団は要請した。

原告は、カンパ集めに力を入れようということで合意した。

懇談会では、今後の運動をどうするかも話し合われ、東京も大事だが、肝心の地元が分かってくれないと運動は広がらないということになり、最終的には泉南、阪南の地元や大阪市内の繁華街の難波や梅田でもビラを配って泉南の石綿問題をもっと広く知ってもらおうということになった。

ただ、「ビラまきはもう嫌や」という原告もいた。「不当判決に抗議する座り込みとか、デモをやってこましたい」という原告もいた。

柚岡さんもビラまきはまどろっこしく思えた。そこで、三浦裁判長は定年退官してすでに大阪高裁にいないが、この三浦判決にかかわった右陪席と左陪席の裁判官がまだ高裁にいるので、その二人に面会を求めて抗議したいと提起した。

「原告の苦しみを全く理解しない判決を書いた裁判官が今後も公給を受け取って、のうのうと働き続けるのは許せん」

こう柚岡さんが言うと、ある原告は、「裁判所や世論を敵にまわすのはあかん」と反対した。

柚岡さんは、「怒りはまずぶつける。冷静に考えるのはその後でええ。煮えたぎっている怒りのはけ口がないとやってられへん」と訴えた。

原告は止めた。

「暴言、暴動はだめ。黙って座っといたらどうや」

柚岡さんは納得しない。

「こんな不当判決を書いた奴が人として許せないんや。知らん顔をしておるやないけ。なんでこんな判決書いたんや、説明しろと裁判所に言いに行きたい」

しかし、弁護士は冷静で統一された行動の大切さを説いた。柚岡さんは、「六〇歳を超えて前科の一つぐらいついてもどうということないわ」と開き直った。

原告は、「世間に背を向けられたら取り返しがつかないことになるやんか」と柚岡さんに反対した。

その後、三浦元裁判長に抗議する件は、「裁判はあくまで裁判の中で決着をつけるべき」と弁護団が柚岡さんを説得し、結局抗議行動はしないことになった。

一陣高裁で負けた後、ある原告は「私はこのまま負けても、この裁判の原告になってよかった」という趣旨の手紙を弁護団に送った。それは、支援のお願いのために国会議員に会ったり、労働組合を回ったり、集会で訴えたり、原告にならなければ会えない人に会え、できないような経験ができ、世界が大きく広がったからだという。

そして、手紙には「これでおいしいものを食べて元気を出してください」と苦しい生活から捻出したであろうお金が同封されていた。

まったくひどい高裁判決で、弁護団は原告に申し訳ないという気持ちが募っていた。

それだけに、「弁護団が原告と苦楽を共にして来たからこそこういう手紙をくれたんだと思います。励まされましたね」と弁護団副団長の村松昭夫弁護士は言った。

結局、気持ちだけ受け取ってお金は活動費用に回した。

高裁判決の後、岡田陽子さんもしばらく呆然とした。

しかし、やがてふつふつと怒りが湧きあがってきた。

「本当なら、私はまだ仕事ができる年齢です。長男の成長が見たいし、孫も見たいです。人生を返してほしい。こう考えたら、これは泣いてられへんなと思いました」

そして、鼻に酸素吸入用のチューブを挿入し、携帯用の酸素ボンベを引き、再び大阪や東京での集会や国会議員要請、ビラ配り、署名集めなどに奔走した。文字通り「命を削って」訴え続けた。その岡田さんの姿を見て、再び立ち上がった原告もいた。

支援の人々も毎回加わった。「勝たせる会」事務局長の伊藤泰司さんは、裁判所前での宣伝の都度、裁判官と裁判所の職員に三浦判決の問題点を知ってもらうため、宣伝文句を工夫した。

たとえば、三浦判決は、特定化学物質等障害予防規則（旧特化則）で局所排気装置が義務付けされた一九七一（昭和四六）年に至ってもなお局所排気装置を有効に機能するよう設計・製作することは技術的に相当困難であったと認定し、だから規制は困難だったので国が行った行政指導で十分だったとする。これに対して、伊藤さんは裁判所前でハンドマイクでこう宣伝した。

三浦判決は、『国が規制を強めると産業発展を阻害する』と言います。でも本当にそうでしょうか。アメリカで一九六〇年代の終わりから七〇年代にかけてマスキー法という厳しい自動車の排ガス規制法ができました。これに対して、アメリカのＧＭ、クライスラー、フォードという自動車大手は、『規制緩和』を声高に叫びました。日本のトヨタ、ニッサンもこれに同調して規制緩和を働きかけました。ところが、マツダとホンダはこのマスキー法の規制をクリアするエンジンの開発に成功します。大あわてで、トヨタもニッサンもマスキー法をクリアするエンジンの開発に成功します。こうして日本の自動車産業が、世界の最先端をいく技術を獲得していきました。

みなさん、規制は産業発展を抑制するのではなく、逆に規制が産業発展を促進するのです。人類の歴史は「儲けられたら何でもいい」というレベルから、人の命や健康が一層尊重されるように、科学や技術が発展するという道を進んでいるのです。

「断片でもいいから、裁判官や職員の耳に残れば」という気持ちで伊藤さんは声をからして訴え続けた。「ボディーブロー」のように徐々に効果を現わすことを願って。

一〇月六日には、大阪市内の国労会館で高裁判決に抗議する集会が開かれ、約二〇〇人が集まった。原告を代表して武村絹代さんがあいさつした。

絹代さん（一九五七年生まれ）も、三浦裁判長が現場を見に来たり、五人全員の証人尋問も認めてくれたことなどから「勝訴を疑いもしませんでした」という。

高裁判決の前日、母親で原告の原田モツさん（一九三一年生まれ）を病院に見舞った。

「お母ちゃん、明日は判決の報告に来るからな。絶対いける（勝てる）で」

モツさんは、タンがからんで息が苦しく、返事ができなかった。ただ、眼が何かを訴えたそうだった。パーキンソン病も患っていたモツさんは、手がふるえるので何回も書き直して「私がいきている間にかいけつして下さい」（二四八頁で紹介）という三浦裁判長あての手紙を書いた。

鹿児島県吹上町（ふきあげちょう）（現・日置市）でモツさんは生まれた。日本三大砂丘の一つに数えられる吹上浜が歩いて一時間くらいの距離だった。

吹上浜は、東シナ海に面して「白砂清松」が約五〇キロも続く。モツさんは毎年春、絹代さんらを連れて潮干狩りに行き、アサリを掘った。一九六一年頃、一家は仕事を求めて大阪府岸和田市に引っ越したが、晩年、モツさんはよく「吹上町に帰りたい」と言っていたそうだ。

岸和田では、紡績工場で織られた衣類の包装の内職などの仕事をした後、一九七〇年から八三年まで親和石綿という労働者一〇人ほどの小さな石綿工場で働いた。よりのかかっていない篠によりをかけて糸に仕上げるリング（精紡）や、精紡された単糸を二～五本合せてよりをかけるインター（合糸）の仕事などに従事した。

当時は人手不足で、モツさんはリングとインターを担当するなど一人で二役も三役もこなし、「原田さんは背中に目がある」（モツさん陳述書）と言われていた。絹代さんによれば、「やりだしたことはとことんやる性格」のモツさんは仕事が好きで、生活のためもあったが、連日残業した。

工場は粉じんが粉雪のように飛び散り、真っ白で前が見にくく、粉じんが雪のように機械や床に積もっていた。だが、局所排気装置はなく、モツさんも石綿が危険だとは全く知らなかった。

体は丈夫だったが、一九八四年頃から息切れがひどくなり、セキやタンが切れにくくなった。風邪とか気管支炎などと診断されたが症状は悪化の一途で、本当に風邪や気管支炎なのか疑問だった。

長年の疑問が解けたのは、クボタショックの後だった。石綿が社会的な問題になったのでモツさんも二〇〇六年に診察を受けたところ、石綿肺と続発性気管支炎と診断された。自分がなぜ苦しまなければならないのか分かるまで実に二〇年以上もかかったことになる。

息苦しさはひどくなり、寝ていても苦しい。セキが出始めると「のたうち回りたいような」苦しみが続いた。二〇〇七年には毎週のように救急車を呼んだ。

「苦しみから逃れるため、死にたいと思ったことも何度もあります」（モツさん陳述書）。

食事もノドを通らなくなり、体重は二二〜三キロまで落ちた。「足なんか骨に皮がくっついているようでした」と絹代さんはふり返る。

石綿工場では一人二役も三役もこなしたモツさんだったが、ベッドの上で生活するようになった。「ベッドのすぐ隣にあるテーブル式のこたつとポータブルトイレの一辺一メートルほどの三角形が、私の行動範囲の全てです」（大阪じん肺アスベスト弁護団発行のパンフレット『泉南の石綿被害』所収の原田モツさんの証言）。何をするにも絹代さんに頼らざるをえず、「申し訳ないと思うのですが、私も長女もストレスが溜まり、些細なことですぐ口げんかになってしまいます」（同）。

二〇一一年八月二五日の高裁判決の日の朝四時頃、「すぐ来て」と入院先の看護師から電話があり、絹代さんは駆けつけた。だが間に合わなかった。なぜ母親がこんなに苦しい最期を迎えねばならなかったのか。絹代さんは納得できなかった。判決を自分の耳で聞き、確認したかった。絹代さんはその日の午後の判決に臨んだ。

夢にも考えなかった敗訴だった。判決後の報告集会や記者会見にも出席した。記者の質問に答えているうちに涙があふれた。その夜、モツさんの霊前に報告した。

「お母ちゃん、あかんかったわ。けど、負けてられへん」

「経済発展のために労働者は犠牲になっても仕方がない」というも同然の判決は、「人間としての道理」がないと絹代さんは感じた。こんな判決がまかり通っていいものか。また、建設アスベスト裁判の原告らが我がことのように泉南の裁判を応援してくれた。さらに、判決翌日、絹代さんらが上京して首相官邸前に行くと、谷真介弁護士は泣きながら大阪高裁判決の不当性を訴えていた。

「ここまでやってくれる弁護士さんに、負けたままでは申し訳ない」と絹代さんは思った。そして、「勝つまで（裁判を）やる」と決意した。

一〇月六日、絹代さんはこうあいさつした。

本日は、夜の集会にもかかわらず、多くの皆様にお集まり頂きましてありがとうございます。私は、判決当日、八月二五日早朝に亡くなりました原田モツの娘です。

あの日の事は、一生忘れる事は出来ません。母の死に直面した同じ日の午後に、高裁判決で全面敗訴。淡々とした口調で、棄却すると言い放った（裁判長の）冷ややかな言葉は未だに耳に残っています。本当に、私達の申し立ては、理由が無く法に合っていなかったのでしょうか？

私達が裁判を起こしてもうすぐ六年です。被害者は、自分の苦しみ、悲しみを声をあげて訴え続けて参りました。何が原因で、誰が悪くて、どうしてこんなにも苦しい思いをしなくてはいけないのか？

私達原告は、立ち上がりました。何も言えなかった被害者がやっと、弁護士さんを始め、勝たせる会、市民の会、またこうして一生懸命私達を支援して下さる皆様のご支援の下、「無告の民に償え」と、国に対して声をあげたのです。しかし司法は、原告の声を聞き入れる事無く、この判決を言い渡しました。

厚労省の庭に、命は尊い、健康が第一と、命の碑なるものを置いています。けれど国は私たちを守ってはくれないということが良く分かりました。人の命を経済発展と引き換えに軽視したこの判決を決して許す事は出来ません。

でも、真実は、私たち泉南アスベスト被害者にあると信じています。国の誤ちをこれからも訴え続けて参ります。

一生懸命働いた労働者に対して余りにも惨い判決でしたが、私達原告は、無念にも亡くなった方のため又、今現在一生懸命病と闘っている被害者のため、生きている間に「勝訴」の二文字を聞きたいのです。

どうぞ皆様、長い道のりではありますが、泉南アスベストに今一度ご理解とご支援をくださいます様お願い申し上げます。私達は一丸となって、泉南アスベスト訴訟を闘っていく事を、ここで新たに決意表明致します。宜しくお願い申し上げます。

「完膚なきまで」

弁護団は二陣地裁の勝利のため、石綿関連疾患についての医学的な知見を国が十分に知っていて被害が起きることを予想できたかや昭和三〇年代に局所排気装置の設置の義務付けが可能であったかどうかなどの争点について、事実をきちんと認定すれば裁判所が国の責任を認めざるをえない所までさらに多くの証拠を積み上げ、準備書面などを提出した。

元東京地検特捜部検事の八木倫夫弁護士は大阪労働局（旧大阪労働基準局）に石綿工場の労働衛生環境の実態をどのように把握し、監督・指導していたのかが分かる文書の情報公開を請求、三年がかりで段ボール箱七〇箱にもなる大量の文書を開示させた。その中には、泉南の石綿工場の監督官の次のような報告も含まれていた。

一九六七年に同局が泉南地域を中心とした石綿工場を対象に行った『石綿取扱い事業場の衛生管理に関する基礎調査実施結果について』によれば、労働省の通達に定められた規格（特級又は一級）の防じんマスクを備え付けている工場は回答のあった四四カ所のうち、たった二カ所（四・五％）だった。そして、「零細な企業の多い石綿製造工場では、労使共に労働衛生思想が低く、石綿粉じんに対する措置について関心がないため、防じんマスクの着用励行について強力な指導と助言を要することを知った」と記されている。(78)

また、一九八五年に同局の監督官が女性労働者四人のみの零細石綿工場を前年に監督した際に事業主に指摘した事項が是正されているかの確認のために訪ねた際の「監督復命書」にはこう記されている。(79)

「事業主は（中略）監督官が防じんマスクをつけているのを見とがめ、『お前等はうちの工場で扱っているものを毒だと云うのか、それを見た女の子達（労働者達のこと）はどう思うか考えて来たのか。自分には（黒塗り）あり、（黒塗り）が来ないので自分は百姓以外にこの石綿工場を始めた。ちゃんと税金を払ってやっているのに毒だと云うんならたった今からでもやめてやる』とわめき、いくら説得しても聞く耳持たず『やめてやる』をくりかえし、座（ママ）を立って出て行ってしまった」

この監督官は、「監督復命書」に「当該事業は石綿紡織を業にするが（黒塗り）にも加入していないアウトサイダーである」と記している。このような「アウトサイダー」の零細石綿工場が泉南には多数あったと思われる。

また、一九八九年に労働者一三人の石綿工場を監督した監督官の意見はこうだ[80]。

「作業員は近隣に居住する者が多く、子どもの頃から石綿に近親感（ママ）があり有害性に対する意識が低い。したがって徒歩通勤姿のGパン、Tシャツ等で作業し着替えることなく帰宅している。マスクの着用率も半分程度である。事業主側に労働者の教育をするよう指摘（ママ）も、有害性を教育することによる石綿離れ、転職を心配している。したがって石綿による死亡者数の公表も含め、行政側が直接労働者に石綿の有害性について教育、情報公開することが重要と思われる」

行政、つまり大阪労働基準局（現大阪労働局）という国の出先機関が直接石綿工場の労働者を教育し、石綿の危険性の情報を公開すべきだと言っているのである。

あるいは、同年に女性労働者五人のみの石綿工場を監督調査した監督官の意見[81]。

「防じんマスクを装着していない労働者もあり、指摘したところ、労働者、事業主とも『私ら石綿に対する免疫があります』と主張している。話を聞いてみると石綿の有害性をたばこ程度としか見ていない実態があり、有害性、発ガン性等について行政側が具体的、例えば局排（局所排気装置）の必要性、作業衣の着用等、広報する必要があると思われる」

このように現場の監督官は、安全衛生指導の徹底を繰り返し訴えていた。だが、それが労働省の規制の基準と罰則の強化には結びつかなかった。

これらの文書は証拠として提出された。

一陣高裁で負けた後　弁護団は敗因の一つとして被害の重大性が裁判官の腹に落ちなかったから「大した被害ではない」とされ、違法と判断しなくていいとされたのだろうと考えた。

そこで、いかに最高裁や二陣地裁の裁判官の「腹に落ちるように」書面を書くかに腐心した。

たとえば、戦後も国は数回石綿紡織工場の石綿肺罹患者数の調査をしているが、いずれの石綿肺調査でも石綿肺罹患率は一〇％以上で、勤続三年以上では約三〇％、勤続二〇年以上では八〇～一〇〇％になっている。これをただ数字を並べるだけでなく、次のように意味づけした[82]。

このことは、石綿工場に勤務し続ければ、確実に不治かつ進行性の疾病に罹患し、やがて苦しみ抜いて死に至ることを意味している。中学か高校を卒業して石綿工場で働き出した者は、二〇歳前後で三人に一人が石綿肺に罹患し、徐々に症状が悪化し退職を余儀なくされる。また、後述のとおりその内一五～二〇％は肺がんを発症する。四〇歳まで残ったごくわずかの者は全員が病期の進んだ石綿肺罹患者であり、まもなく働けなくなって五〇歳代で死に至るのである。もちろん、就業開始の年齢は様々であり、いったん退職して再度就労する者もいるが、対象者が数百人いる調査でも若年労働者が圧倒的に多く、かつ勤続二〇年以上の労働者が数名しか存しないのは、石綿紡織業が、それ以上働き続けることが不可能な極めて特異で危険な業種であることを物語っている。

そして、このような昭和三四年当時の被害実態は、約二〇年前の保険院調査の頃と同様であった。後述のとおり労働環境（発じん状況）も保険院調査の頃とほぼ同様に劣悪であり、緊急に有効な粉じん対策を実施する必要性があったことは明らかである。

国は、このような石綿被害の重大性を、国自身がとりまとめた研究により十分認識していたのである。

このように数字の意味を「肉付け」すると、石綿紡織業がいかに危ない仕事なのかが読み手にリアルに伝わる。また、一陣高裁の敗因として、弁護団は国側の出した証拠の読み込みが足りなかったこともあると反省した。そこで、国側の証拠を徹底的に読み込み、意味づけした。

そのことによって判明した一つが、前述のマスクの設置率の「数字の操作」だった（二六三頁参照）。原告側の主張を補強するだけでなく、国側の主張をその土台から掘り崩していく作戦だ。

「弁護士になってから、あの期間ほど必死で証拠の読み取りの作業をしたことはありません。『ガケにツメを立ててはいあがる』ような気持ちでした」

小林邦子弁護士はこうふり返った。

そして、谷智恵子弁護士は「完膚なきまで国の主張を潰しました」と話した。

「生き抜くことがたたかいです」

二〇一一年一〇月二六日、大阪地裁の二陣訴訟が結審した。

その日の法廷の様子を「大阪泉南地域のアスベスト国家賠償訴訟を勝たせる会」の『泉南勝たせる会ニュース』はこう報じている。[83]

「もう裁判所には行けないと思ったが、（一陣）高裁判決をみて、死んでもいいからと思って陳述に来た」と語る原告の赤松（四郎）さんなど必死の訴えに傍聴席は静まり返りました。

「高裁判決後の二カ月間で、一四回弁護団会議を開いた。全国の学者や弁護士にも集まってもらった。担当弁護士は休日もなく準備した」（芝原弁護団長）という弁護団の意見陳述は、あらゆる角度から高裁判決の不当性を鋭く突くものとなりました。

前後で矛盾した内容を平然と述べている、事実誤認を平気で行い、それを重要な証拠にして判断している、恣意的な証拠の評価やデータの取り方をしているなどなど、次々に高裁判決内容の矛盾、問題点が明らかになりました。

傍聴席からは、期せずして多数の拍手が起こりましたが裁判長は静止しませんでした。

そして二〇一二年三月二八日　二陣の原告五八人（被害者三三人）は、大阪地裁（小野憲一裁判長）に国の責任を再び認めさせ、総額一億八〇四三万円の賠償を命じる判決を勝ち取った。

判決は、昭和三五（一九六〇）年三月三一日までには石綿工場に局所排気装置を設置することなどが技術的に可能であったのに、国が昭和三五年四月一日以降、昭和四六（一九七一）年四月二八日の旧特化則制定まで、旧労基法に基づく省令制定権限を行使せず、罰則をもって石綿粉じんが発散する屋内作業場に局所排気装置の設置を義務づけなかったのは国賠法上違法だと認めた。

ただ、一九七一年の旧特化則制定後に就労した一人、除斥期間（筆者注・法的権利を行使をしないと権利が消滅する期間。不法行為に対する損害賠償の請求権の場合は二〇年とされる）が経過した二人、事業主からすでに支払われた解決金による損益相殺で全額塡補された一人については認められなかった。

この判決について、弁護団は、「同じ管内の『産業発展のためには国民の生命健康が犠牲になってもやむを得ない』として国を免責した昨年の大阪高裁判決を否定したものであり、大阪高裁判決の不当性がいっそう明らかになった」（声明）などとおおむね評価した。

筑豊じん肺最高裁判決、水俣病関西訴訟最高裁判決の流れが三浦高裁判決で逆流しかけたが、二陣地裁判決は改めて生命健康を至上とする憲法本流の価値観に引き戻した。

三浦判決という「司法の悪意」は、今回の判決の「司法の良心」を際立たせた。

ただ、問題点もあるとする。鎌田幸夫弁護士はこう指摘する。[84]

第一に、今回の判決は、昭和四六（一九七一）年の旧特化則制定以後に就労を開始した原告一名の責任を否定したことです。旧特化則は、局所排気装置の設置を義務づけたものの、許容濃度の規制や測定結果の報告・改善措置の義務付け等がなされておらず、極めて不十分な内容です。実際も旧特化則制定後も被害が発生・拡大し続けたのですから、被害者救済にとって不当な線引きです。

第二に、判決が、主たる責任は事業主にあるとして、国の責任を三分の一に限定したことです。しかし、この判示は、国が石綿の危険性情報を独占し、泉南地域の零細事業主は危険性の認識が極めて乏しかった実態を踏まえないものであり、また、零細事業主の多くが既に廃業しているため被害者救済を限定する結果となるものです。

この他にも、労災受給を慰謝料減額の一事情としたこと、死亡後二〇年経過した二名の被害者を除斥期間として救済しないなど、問題点があります。

同時に鎌田弁護士は、国は石綿被害を発生させただけでなく、解決を長引かせることによって被害者を苦しめ続けている「二重の罪」を犯していることについても糾弾する。

二陣訴訟の被害者三三名のうち、一五名が提訴前に死亡しており、生存原告も日々高齢化と病気の進行、重篤化に苦しんでいます。

一陣訴訟提訴後六年が経過し、この間、七名の被害者が解決を見ることなく、無念のうちにこの世を去りました。病の進行と高齢化に苦しむ被害者らが、かかる長期にわたる過酷な闘いを強いられ、また、解決することを待ち望みながら次々と亡くなっていることの理不尽さを感じます。（中略）国の対応は、石綿被害を発生、拡大させたばかりでなく、裁判を長引かせることによって被害者を苦しめ続けるものであって、強く非難されなければなりません。

大阪地裁二陣の判決直前にも相次いで二人の原告が亡くなった。

原告、弁護団、支援者は改めて「命あるうちの解決を」と訴えるためにこぞって上京、首相官邸前、厚労省前での宣伝行動や超党派の国会議員も参加する院内集会を開催した。そして、国に対してこれ以上解決を先送りすることなく、政治の責任で一日も早い解決を申し入れた。

短期間のうちに、与野党の国会議員一〇二人から「泉南アスベスト被害の早期全面解決を求めるアピール」への賛同が寄せられた。自民党、公明党を含む与野党議員有志も連名で小宮山洋子厚労大臣（当時）に対し、控訴断念を含む早期解決の決断を求める要請を行った。

しかし、国はまたしても無視し、四月六日、控訴期間まで五日も残し、「上級審の判断を仰ぐために」などとして二陣についても大阪高裁に控訴してしまった。

二陣大阪地裁での勝訴の三カ月後、二陣の結審日に陳述した赤松四郎さん（一四三頁参照）が亡くなった。妻の赤松タエさんはその時のことを『泉南勝たせる会ニュース』でこう語っている。[85]

> 私の夫、赤松四郎は、昨年（二〇一二年）六月二七日、地裁判決言い渡しから三か月後に亡くなりました。（中略）
>
> 大阪地裁での判決言い渡し直後、夫は、とうとう限界がきて意識を失い、ＩＣＵに入りました。私たち夫婦には、子どもがいません。意識を失っている夫を前に、「こんなときに子どもがいたらなあ」と思いました。あまりにもひとりぼっちで、こんなに心細いことはありませんでした。一週間ほどで、夫は、なんとか意識を取り戻しました。生きようとしたのだと思います。
>
> ところが、その後また症状は悪化し、私の呼びかけにも答えられない日が続き、とうとう六月二七日、息を引き取りました。私は、間に合わず、最期を看取ることができませんでした。
>
> 私は、一〇年間、夫の看病に追われて生活してきましたが、今ではそれもありません。一日はひどく長く、夫を追って首をつろうかということまで頭に浮かぶ日を過ごしています。
>
> 夫は、亡くなる三か月前「僕の命は一週間か一〇日もったらいい方だと思う。解決を見届けて死にたいです。」と、震える手で裁判所への手紙をつづりました。しかし、この夫の思いはかないま

せんでした。どうか国の責任を認めて、一日も早く解決して下さい。生きている間に救済して下さい。切にお願いします。

二〇一二年七月の『泉南勝たせる会ニュース』の見出しはこうなっている。[86]

「泉南アスベスト裁判　生き抜くことがたたかいです」

わたしは胸を突かれる思いがした。本当にその通りだ。

提訴後、この時点までで、青木善四郎さん、前川清さん、佐藤健一さん、西村東子さん、岡田春美さん、岡本郡夫さん、原田モツさん、そして赤松四郎さんの八人の原告が亡くなっている。

原告にとっては、生き続けることそれ自体が闘いなのだ。

三　みんなの判決

なぜ死ぬのかを知る権利

二陣高裁の審理が始まった。

「勝たせる会」の伊藤泰司・事務局長は、二陣高裁の特徴は裁判長が進行協議（二〇一二年九月、一一月）で、「裁判所として関心をもっていること」として以下の三点を挙げたと報告している。[87]

① アスベスト規制について欧米諸国との比較

② 原判決が昭和四六（一九七一）年以降、国の責任を認めなかったこと（主要国の規制との対比、国が濃度規制を強化しなかったことは問題なかったのか、濃度の評価指標を設定したのが遅すぎたのではないか）

③ 慰謝料額やその減額に関する妥当性

このうちの①と②に関連して、二〇一二年一一月二七日の第二回口頭弁論で弁護団は意見陳述した。その日の法廷の様子を『泉南勝たせる会ニュース』は、こう報告している。(88)

「日本政府のアスベストの全面禁止は、欧米の国々と比較して特別遅いわけではない」

――これは国側の主張であり、一陣高裁三浦判決でも判示しています。

しかし本当は、欧米諸国で、一九七〇年代から八〇年代にかけて、アスベストの低濃度ばく露の危険を回避するために、事業者に厳しい濃度規制を課していました。

その結果、欧米諸国では、アスベストの使用量が七〇年代から減少し続け、八〇年代には事実上使用できなくなっていました。しかし日本政府はこうした濃度規制をしなかったため、一九九〇年に再びアスベスト輸入量のピークを迎えました。これは間違いなく国の規制権限不行使を示すものです。紙浦（かみうら）（健二（けんじ））裁判長は、第一回の期日後の進行協議で、原告と被告国の代理人に対し、「日本のアスベスト規制と欧米諸国との違いについて関心がある」と述べていましたが、これに見事に応えるものとなりました。弁護団が欧米から資料を取り寄せ、翻訳して必死で頑張ってこれを明らかにしました。（中略）法廷後の報告集会では、「楽観はできないが、展望が出てきた、元気が出てきた」と励まし合いました。

また、この日の法廷では、③に関連して「使用者（事業主）と国の責任割合」について、伊藤明子弁護士は国が損害全部に責任を負うべきだという意見を陳述した。[89]

国は、「国の責任は、使用者に対して最低基準の規制を設け、その義務を履行させることによって労働者の危害防止や安全衛生を後見的に確保するもの」、ゆえに「二次的・補充的責任」なのだ、だから使用者の責任よりも限定されるべきだ、と主張しています。（中略）

しかし、泉南地域でこれほど深刻な石綿被害が何十年にもわたって発生し続けた原因や、被害を防止するにあたって本来国が果たすべきだった役割を、具体的に見た時、国の責任は二次的・補充的だとは言えません。

国が使用者に義務付ける「最低基準の規制」は、とりあえず、あるいは、一応、何らかの規制さえしていれば足りるというものではありません。最新の医学的知見と技術の進歩に適合した、国民の生命・健康被害を防止するために有効かつ適切な「最低基準の規制」でなければなりません。本件では、このような「最低基準の規制」として、遅くとも昭和三五（一九六〇）年までに局所排気装置の設置を義務付けるべきであったのに、国がこれを怠ったことが違法とされています。国は、「最低基準の規制」と称して防じんマスクの備え付けを義務付けていましたが、これでは石綿粉じん対策として極めて不十分でした。使用者が、防じんマスクの備え付け義務をちゃんと守っていたところで、石綿被害を防ぐことはできなかったのです。つまり、そもそも使用者が守るべき「最低基準の規制」である局所排気装置の設置義務が定められていなかったのですから、これが定められていたことを前提に、国の役割は後見的だとか、二次的・補充的だとか言うことはできないはずです。

「最低基準の規制」とは国民の生命・健康を守るものでなければならず、それは局所排気装置であって国が言うような防じんマスクではないと伊藤弁護士は「最低基準」を確認する。その上で、泉南の石綿工場の事業主は、労働者と共に働いており、石綿の危険性についての知識がなく、また資金もなく、到底「最低基準」の局所排気装置の設置など期待できなかった、だから国による規制が求められていたと次のように述べる。

国は、筑豊じん肺訴訟判決を引用し、労働者の危害防止や安全衛生は、「基本的には、使用者の主導の下に労使の協議等によって実践されるものである」と主張しています。これは、使用者は、労働現場の近くにいることから、健康被害やその原因物質の危険性を一番良く把握しているはずであり、それ故、その対策も、使用者の主導の下、労使協議等において実践されるべきであるし、実際にもそれが期待できるという前提に立った主張です。

しかし、泉南地域の事業主は、石綿の危険性を十分に知らされないまま、労働者と一緒になって凄まじい石綿粉じんに曝露しながら働きました。その結果、自らも生命・健康を害した被害者も少なくありません。小規模零細で、知識も資金力も乏しい事業主が、自ら進んで石綿の危険性情報を入手したり、高いコストのかかる局所排気装置を自主的に設置することなど、現実には到底期待できませんでした。また、このような労働現場で労使協議など期待できるはずもありません。

一方で、国は、戦前から、石綿の危険性を誰よりもよく知っていましたし、泉南地域の深刻な石綿被害の実態も、そして使用者の主導ではおよそ被害防止を実践できないことも、十分に把握していました。このような泉南地域における石綿被害の防止にあたっては、何よりもまず国の強力な規制こそが求められていたのです。現実に、使用者に多くを期待することができなかった本件においては、労働者を保護すべき国の役割は極めて大きく、その責任は、一次的、直接的であったというべきです。（中略）

「（国は）使用者の主導ではおよそ被害防止を実践できないことも、充分に把握していました」ということについては、たとえば弁護団が大阪労働局（旧大阪労働基準局）に開示請求して入手した現場の監督官の報告（二八〇頁で紹介）を読めば明らかだ。

その上で、伊藤弁護士は筑豊じん肺と泉南との違いから国の責任の重さを説く。

国が、国の責任を三分の一に限定した裁判例として引用する筑豊じん肺訴訟では、使用者のほとんどが大規模な炭鉱企業であり、組織化された労働組合が存在し、近代的な労使協議が予定されていました。また、じん肺の危険性に関して、国と炭鉱企業は同じレベルの認識を持っていたと認定されています。このような筑豊じん肺訴訟と本件とでは、被害防止にあたっての国の役割も、またその責務を怠った国の違法性の程度も、自ずから異なるのです。

本件で、国の規制権限不行使と損害との間に相当因果関係が認められる以上、使用者の責任の有無、あるいは国の責任が二次的・補充的か否かにかかわらず、国が損害全部について賠償責任を負う、これが法理論上、争いのない当然の帰結であることは、準備書面で詳しく述べたとおりです。加害者が国だから、というだけで、理論的な根拠もなく国の責任を限定し、被害者に泣き寝入りを強いることは、公平、公正とは言えません。

言うまでもなく、生命・健康は、憲法上、最大の尊重を要する権利です。本件では、国の全部責任を認めることこそが、生命・健康被害を防止するための「最低基準の規制」さえ怠った国の重大な責任を明確にするのです。

伊藤弁護士は、一陣高裁の三浦判決で逆転敗訴（二〇一一年八月二五日）した後の集会で、「中皮腫・アスベスト疾患・患者と家族の会」の世話人の古川和子さんが話した言葉が忘れられないという。配管工事業を営み、石綿を扱っていた夫を、古川さんは石綿関連疾病で亡くしている。

「人は誰でもなぜ死ぬのかを知る権利があります」

この古川さんの言葉を聞いて、伊藤弁護士は「確かにそうやなあ。患者が死ぬのは誰が悪かったんか、何がどう悪かったんか、それを明らかにするために裁判をやっているんや」と思ったという。

国が悪かった。だから、当然その責任は全部国にある。

二〇一三年一月一七日、二陣訴訟の原告、仲谷親幸（なかたにちかゆき）（一九四一年生まれ）さんの自宅で臨床尋問が行われた。『泉南勝たせる会ニュース』から抜粋して紹介する。[90]

私は、平成一八（二〇〇六）年七月に、石綿肺で、じん肺管理区分二（非合併）の認定を受け、平成二二（二〇一〇）年九月に、肺がんでもう手術できないと告知されました。

体がしんどくて、今では、寝ころぶか、座ってテレビを見ているだけの生活です。立って動くのは、ご飯や、トイレ、お風呂の時だけです。茶碗一杯のおかゆか、おかずも、数口だけ食べる程度です。筋肉がすっかり衰えてしまい、体重は五〇キロほどです。やせ細ってしまっています。

自分で立ってトイレやお風呂が出来なくなるのも、時間の問題かも知れません。

昨年の夏頃から、せきがひどくなってきています。たんが出ない空ぜきで、昼でも夜でも、激しくせき込んでいます。どんなにせき込んでもたんが出ないので、苦しいばかりです。がんで肋骨（ろっこつ）が溶けてしまっていたため、せき込むと、背中のあたりが痛みます。夜中も「ガハッガハッ」とせき込みます。

もう何も楽しいこともなくなりました。

昨年夏に、医師から頭の骨に転移しているといわれました。そして、先生に、前回のように放射線治療が要ると言われました。放射線治療は、苦しみばかりです。そのとき私は、本当に腹立たしく、もう人間をしているのが嫌になりました。このとき幸い、再検査で転移がありませんでしたが、しかし、何時また転移が見つかるかしれません。

最初の宣告から二年近く経ちました。その時でも、もう、残り時間は短いことを覚悟していました。医師から、骨や、脳に転移する可能性が高いと言われております。骨に転移すると言葉にできないほど激しく痛むのだそうです。脳に転移すると、もう何もかも分からなくなってしまい、家族の顔も忘れてしまうと思います。そんなふうに絶対になりたくない、と、恐怖に耐える生活に、もう疲れてきてしまったというのが本音です。

三五年間石綿紡織工場で働き、真っ白になるほど石綿粉じんを頭から浴びる作業でした。その結果が、肺がんと、石綿肺です。もう苦しみばかりの毎日です。考えれば考えるほど腹立たしい思いです。

泉南の国賠裁判の一陣が高裁で敗訴し、私たち二陣は勝訴したのに控訴され、深く失望しています。せめて、生きている内に、早く解決してほしいと思います。

仲谷親幸・輝子夫婦

仲谷さんは、この臨床尋問が行われた半年後の二〇一三年八月に亡くなった。「もう人間をしているのが嫌になりました」とまで仲谷さんを苦しめたのは誰だったのか。「なぜ死ぬのかを知る権利」を奪われたまま、仲谷さんも逝った。

妻の輝子さんによれば、仲谷さんは菊作りが趣味で「赤ちゃんの頭くらいの大きさの菊を作っていました」という。二〇一四年一〇月に仲谷さん宅を訪ねると、廊下に菊作りに使っていた植木鉢が所狭しと並べられていた。

原告には時間がない。弁護団、支援者の焦燥感は一層つのった。

柚岡対弁護団論争

だが、国は訴訟を引き延ばそうとした。弁護団によれば、国側はこれまでも、原告書面の提出から六カ月もたってから反論を行うとか、証人尋問期日を大幅に先延ばししようとするなどの引き延ばしを図ってきた。そして、結審期日についても先送りしようとした。

訴訟が長引けば長引くほど亡くなる原告も増える。国側にもそれは当然分かっている。にもかかわらず、引き延ばそうとするのは原告が死に絶えるのを待っているのかと疑わざるをえない。

だが、退官する紙浦裁判長と交代した大阪高裁の山下郁夫（やましたいくお）裁判長は、二〇一三年五月一五日の法廷後に行われた進行協議で国の引き延ばしを許さず、八月二八日結審と決めた。

同年六月二三日、第二〇回原告団総会で、弁護団副団長の村松弁護士は、次のような運動方針を提起して了承された。

① 二陣高裁の勝利判決時の「今度こそ、政治による早期解決」を求める大運動の準備を行う（仕込み）。同時に、それは、最高裁での闘いも視野に入れた運動となる。

② 政治の舞台東京での運動がカギになることから東京で今までにない大運動を展開する。

③ 東京でこれまでの枠を越えた泉南解決を求める支援組織を立ち上げる。

④ 東京の支援と共に、「今度こそ、政治による早期解決を！」の広範な世論作りと政治への働きかけを強化する（当面八月～判決直後まで）。そのための東京での常駐体制の確立と毎月の議員要請行動など。一一月をメドに東京での運動の結節点として大集会を行う。

⑤ 広くカンパを募り、大運動の財政的な基盤も確立する。

そして、「早期解決」を求める署名活動や政権与党等に支援を要請することも決まった。

この署名活動や政権与党にも支援を要請すること、その他弁護団の提起した方針や原告団・弁護団の運動のあり方に対して、柚岡さんは、弁護団会議や勝たせる会の会議、その後の食事の場やメーリングリストなどで異論を唱えてきた。

だが、村松弁護士は、「多くの場合、柚岡さんの意見には前提事実の誤解や決めつけが多かったことから、弁護団は、それを一つ一つ正しながら反論、対応するには時間的な問題も含めて限界があると感じていました。しかし、どうしても修正をしておかねばならない事項や柚岡さんの役割からほっておけないと感じた事項に関しては、労をいとわず対応しました」という。

論争になったのは次のような問題だ。

(1) 署名活動への疑問

(柚岡) 七年間に四回も大規模な署名活動をすることに、また原告支援者の活動の中心にこれを置くことに疑問を持ち続けてきた。その時間と労力、費用、効果を考える時、旧態然としたやり方を続けることは、極言すれば、創意工夫を欠いた怠惰な業とまで思う。石綿に限らず、この国の反公害運動や革新的な活動全般に当てはまることだ。

(村松) 署名活動を「旧態然としたやり方」「創意工夫を欠いた怠惰な精神のなせる業」と決めつけ、それを「この国の反公害運動や革新的な活動全般に当てはまる」とまで拡大するとは。裁判の署名活動は、それ自体が世論を裁判所に伝える有効な手段です。病気で思うように動けない原告にもできること。それに全国から寄せられた多くの署名は間違いなく原告らを励まします。それを運動の軸にすることでニュースの発行、街頭宣伝、集会、ネット活用など多様な取り組みが連動して発展します。現に、泉南の運動がそれを証明しているのではないですか。

強いて柚岡意見を善意に解釈すれば、署名活動の意義や位置づけを議論しないまま署名運動をやることに対する批判なのでしょう。私も、柚岡意見が当てはまる運動に出会ったことがないわけではありません。

ただ、少なくとも、私や弁護団は、常にその点に留意して方針を提起し、みんなが納得するまで議論するようにしてきました。そうでなければ、それこそ「創意工夫を欠いた怠惰な精神のなせる業」に堕していたでしょう。

（2）裁判所の傍聴券の配り方への疑問

（柚岡）傍聴券を配る時のやり方、ありゃあなんだ？　炎天下にロープを張ってヨークシャー、ランカシャーの羊よろしく、大のおとなを長時間囲い込むなど、無礼この上ないではないか。弁護士の皆さんそうは思わんか？　お上意識丸出し、規則だから文句言わずに従えと言わんばかり。不満は募り文句の一つも出て当然だ。ちょっと前まで、よく職員に詰め寄った。

「早く抽選はじめてや」「暑いのなんとかしてよ。病人がいるんやで！」「ほかのやり方ないんかいな？　あたま働かしてや」

これに対し、我が芝原弁（芝原明夫弁護団長）や鎌田弁（鎌田幸夫弁護士）から度々注意を受けた。曰く「無駄」「小役人を責めても仕方ない」「彼らはただ上から言われた通りにやってるだけ」「そうでなく正式に文書で申し入れを」。

一見正論に見えるが、この言い方は、〈権力は末端を通じて発現される〉という、基本的な事実を無視していると思う。末端を叩くことでこそ、大もとの「悪」に迫ることができるからだ。

愚かな規則を作ってよしとしている法務省の幹部連中に、我々草莽の声は届くべくもない。もし届くとすれば、大阪地裁の一角でいざこざがあったことを彼らが知った時か、有象無象（うぞうむぞう）がうるさく言うて来て仕事にならん、何とかしてほしいと「小役人」が上に泣きついた時か、あるいは現場が混乱し業務に支障が出た時。その時初めて彼らは動く。

（村松） 傍聴券配布の改善を求める柚岡意見には、なるほどとうなずきます。私などは、感覚的にはおかしい、改善の余地はないのかと思っていましたが、声を出しませんでした。

ただ、どうも柚岡意見の本筋はそこではなく、「けんか」のやり方のようですね。「末端を叩くことでこそ、大もとの『悪』に迫ることができる」「現場が混乱し業務に支障が出た時。その時初めて彼らは動く」ということを言いたいようですね。芝原さんや鎌田さんの意見もそこに対するものです。

一つだけ言えば、本当に変えようと思うのであれば、「末端を叩く」にしても、その「末端」の共感、なるほどと思われるような「叩き方」の工夫が必要では。やっぱり変えるには多数の支持、共感が不可欠です。

ちなみに、二〇一三年八月二三日、「泉南地域の石綿被害と市民の会」代表世話人名義で柚岡さんは、大阪地裁所長あてに傍聴券の配布方法について改善を求める要望書を出した。主たる要望は、「傍聴希望者を縄状の仕切りで囲い込むのは牛羊の類を処理するに似て著しく個人の尊厳を損なう。酷暑、厳寒、降雨の時、高齢者や罹患者は難渋するので戸外ではなく建物の中で傍聴券を配布してもらいたい」というものだった。

だが、裁判所からの返信はなかった。

（3）法廷では野次が禁止され、裁判用語も権威主義的、また弁護士の声が小さいことが多く、さらに弁護士同士が先生と呼び合うことへの疑問

（柚岡） 法廷秩序なるものを守らせたいのは弁護士も同じで、それをはみ出すと不愉快な表情を示すことが度々あった。傍聴席からの抗議の声や発声を一律に規制することもおかしい。原告や支援者が抑えがたい思いや感情を発露するのは自然なことでないのか。威圧的暴力的、法廷妨害でない限り認めてもよいではないか。その程度の度量を日本の司法界は示せないのか。

法廷での弁護士の声が小さく、聞き取りにくいことも問題にした。傍聴席から「あんたの言うてること、聞こえまへんで」と。弁護士の目の先にあるのは裁判官と国側だけで、傍聴人のことは意識にないのではないか。

他にも、裁判用語の権威主義的な言葉も気になる。例えば「判決言い渡し」という言い方だ。これは「お上」が下々に「言い渡す」ということだが、だれも異議を挟もうとしない。結局、あんたら「原子力村」と同じ、「司法村」の住人や。裁判官や検事と仲間意識があるんではないか？

さらに、原告や支援者が弁護士に「先生」をつけること、それが当然という雰囲気に対しても違和感を覚える。弁護士同士「〇〇先生」と呼び合うことも奇妙で聞き苦しい。

（村松） 法廷や裁判での「ルール」に従ったやり方に対する柚岡さんの問題提起には、問題意識を

持つことなく日頃からそうした「ルール」に従ってきた者として、なるほどとうなずくことも多くあります。

しかし「『原子力村』と同じ」という言い方はこれもためにするレッテル張りとしか言いようがありません。われわれ弁護団の一種の「権威主義」を批判するにしても言葉がひとり歩きする危険を感じます。

(4) 厚労省などの官僚にどう対応すべきか

(柚岡) 石綿被害を救済(この用語嫌いです)してほしいとなんども厚労省や環境省に行った。出て来る担当者はいつも下っ端の役人で、質問もなければ意見も述べない。ただ我々の話を聞きおくだけ。ある時は若い女一人ときのう今日入ったような者が不機嫌そうに顔を出した。こちらが名刺を渡してるのに、自分は渡そうとせん。弁護士や(反)公害(運動の)リーダーは文句も言わずに、いつもの嘆願をるる述べるだけ。

対決調で迫らないからなめられているんでないか?「責任の所在をはっきりさせよ。名刺持ってないなら取りに戻れ」とか、「遠方から来ているんだ。しかるべき上司を出せ」となぜ要求しないのか? トラブルを回避するために、言うべきことも言わないことに大いに異議ありだ。

一般支援者も運動のリーダたちもなんと心優しい日本人であることよ。英国の羊以上に従順で素直、もの分りがよいようだ。おかげで権力は益々気ままにやり放題。

この状況を打ち破るためには、些細なことを見逃さず、自分の立っている場所で果敢に声を上げるしかない。そして我が弁護団と運動のリーダーにお願いしたい。少々の無軌道があっても制止しないでほしい、けしかけや励ましは必要ないが、せめて「見て見ぬふり」をしてほしい。

かの「WE　ARE　THE　99％」の反貧困運動は、マンハタッンの小さな公園を占拠して始まりました。公園使用規定を無視して「違法」に、です。(注9)

（村松） 厚労省などとの交渉の場面でも、省を代表して出てきている以上、仮に言うところの「下っ端役人」であっても正面から説得するために被害や解決を訴え続けることは大事だし、その役人の態度が不当であれば堂々と強く抗議する。柚岡さんに言われるまでもなく、実際にもそうした姿勢で一つ一つの場面での闘いを進めているつもりです。

おそらく、柚岡さんのいろんな批判は、失礼ながら、なかなか事態が動かない中での一種の「あせり」からのものではないでしょうか。

柚岡さんによれば、弁護団は、「人はいつか必ず分かってくれる。分かってくれるまで被害の深刻さを説明し、説得を続ける。（イソップ童話の）北風か太陽かで言えば太陽。暑くすればオーバーを脱ぐ」と考えている。

これに対し、柚岡さんは、「大企業の社員は大半が『社畜』。中央官僚は権力志向のエリート集団。ともに被害者を見ようとしないので、説得が功を奏すると考えるのは甘い。オーバーは脱がない」という。そして、「もし脱ぐとすればそれは、我々がかけつづける不断のプレッシャーにたえかね、脱いだ方が得策と判断した時。だから、北風か太陽かで言えば北風で行くべきだ」と主張する。

時によって、「あんたの給料の出どこは毒物（石綿）を売りつけて稼いだ中からだろうが！」「被害者に膝まづいて赦しを請いなさい！」といった強い言葉が出たのもこのためらしい。

（5）政権与党にお願いすることへの疑問

（柚岡）裁判に勝ちたい。生活に困窮し老いゆく原告たちにいくばくかの金を握らせたい。この思いは彼らの実情をよく知る立場にいる私にとっても切実だ。しかし、だからと言って誰彼なしに支援を要請して回ることが正しいとは思わない。今政権党の一角にいる者たちは、言わば石綿被害を野放しにした元凶であり、泉南の告発の被告席に座ってしかるべき者、ないしはその後輩たちだ。また、従軍慰安婦問題に見られる右翼国粋主義的な政党にまで「哀訴嘆願」することは、江戸時代、百姓が悪代官に膝まづいたことに似て、私の心情とは大きく異なる。

（村松）これも決めつけや、あえて言えば上から目線。原告に失礼では。「原告たちにいくばくかの金を握らせたい」。柚岡さんは銭金で原告を支援しているのかもしれません。

しかし、裁判に立ち上がった原告らの思いや運動への参加を銭金だけで云々するのはどうでしょうか。貧しくても原告の裁判やそれに参加しての思いはもっと多様で、ある意味より人間的ではないかと思います。

それと、泉南の運動を政権党に膝まづいての「哀訴嘆願」運動としか見てないのは正直情けない限りです。金も権力もない弱いものが、本当に勝とうと思えば、共感を広げ支持を広げるしかないではないですか。政権党であろうがなかろうが、正論を掲げ、切り込み、支持を広げるのは当然です。とはいえ、どうしてここまでやらないと解決しないのか、本来政治家が率先して動くべきではないか等々、何度思ったかしれません。

しかし、やっぱり訴え続けるしかない、それが結論です。それもせずに高尚なことを言っていても事は動かない、そう自分を納得させていることも事実です。

（6）裁判勝利か個人の成長か

（柚岡）理由にこだわらず裁判に勝てばよい、という考え方はあるかも知れない。しかしより大事なことは、その裁判で運動の主体がどれだけ成長したか、次の時代を切り開くための個々人の力量がどれほど鍛えられたかではないかと思う。原告も支援者もそして弁護士も。

それがないと「負けたら何にもならん」という裁判至上主義に陥るのではないだろうか。

尊敬する村松弁（護士）とは反石綿という理念で一致しているつもりだが、そこに至る手法の問題では意見を異にする。このことを常々感じている。裁判の結果がどうであれ、「正しいことを最後までやり抜いた」「みなが鍛えられ賢く強くなった」。足かけ七年に渡る我々の活動の結果が、そのようであることを心から願っている。

（村松）重要なことは、柚岡さんが求める「みなが鍛えられ、強くなる」闘いも、裁判勝利、早期解決にこだわり、そのためにできることは全てやりきるという闘いの中でこそ達成できることではないかということです。

私は、基本的には、本気の闘いをやらない限り（条件が許す限りですが）、「鍛えられ、強くなる」ことなどあり得ないと思っています。そして、その本気の闘いは、決して旧態依然としたやり方を続けることではありません。表面的には、旧態依然としたやり方に見えても、大事なのは、勝つことの意義を共有し、そのためには何が必要なのか、何をどうしなければならないかをみなで議論し、実際に具体化し行動する、こうしたことの中でこそ鍛えられ、強くなるのだと考えています。泉南の闘いは、不十分でもそれを目指している闘いではないでしょうか。

柚岡さんが、「負けたら何にもならん」という「裁判至上主義」を批判することに対して、弁護団から「柚岡さんは裁判に負けてもよいと思っているんですか」と問われたことがある。

「それは一面正しい。糾弾されてしかるべき者らに正義面をさせないことが大切。負けることで世間の同情を引き、人々を覚醒させ、啓もうすることになる。だが、それは一面まちがいでもある。勝って原告たちに幾ばくかの金を握らせて死なせてやりたいから。自分は弁護士の何倍も彼らの苦境を知る身だ」

こういう矛盾を柚岡さんは感じるという。

柚岡さんからすれば、弁護団は「裁判に勝つためには妥協を惜しまず、どこにでも行き、誰にでも頭を下げる」と映り、柚岡さんは「相手がだれであれ言うべきことは言い筋を通す」という違いがあるという。

この柚岡さんの考え方の根底には、学生時代に剣道を始めるきっかけになった新渡戸稲造の「武士道」の精神がある。「武士道」は、肉体的な強靭さだけでなく、精神的な強さも追求する。だから、「相手がだれであろうと臆せずにものを言うことは強くあることの根幹だ」ということになる。そして、このような強い個人が増えることがやがてこの国を変革する力になると柚岡さんは考えている。

わたしたち日本人の多くは周囲の「空気」を読んで黙ってしまう。これが柚岡さんをいらだたせる。この空気を読む日本人の没主体的な傾向を「悪しき習い性」だと柚岡さんは考えている。柚岡さんから筆者へのメール（二〇一六年六月一八日）の一部を紹介する。

経営陣による不正会計を薄々知りながら黙っていた東芝社員。上だけを見ていたヒラメたちは今会社存亡の淵で辛吟する。津波の予想数値を隠した東電、燃費を不正申告した三菱自動車、免震データごまかしの東洋ゴム、これら大手会社の社員も同じ責任を負うべきだ。残業代をくれないからと退職する若者。悪徳会社に強く迫らない。不良経営者と交渉して俺のカネだから返せと言えない。組合を作って会社と対峙するような気力もない。嫌韓反中本を拒否できない本屋と店員。ヘイト(デモ)が押しかけて来たらどうしようかとビビる。商人の気概などハナからない。保護者の要請が強いという理由で部活をやめられない教師集団。学校は学問するところ、「スポーツしたいなら地域のクラブに行け」と言えない。親と教委の反発が怖い。不満をかかえてずるずる続ける。テレビのインタビューで顔を隠してしゃべる市民。「〜とか」や「〜の感じ」など、曖昧言葉を使って自分の意見をはっきり言わない若者。「〜の可能性もあるかもしれない」とどちらにも取れる表現を多用するマスコミ人。断言してあとから追及されるのが怖いんだろう。近隣のクレームを受けて幼稚園や保育所の建設をストップした自治体。住民の勝手な要求をはねつけられない。保育所不足を打開するために必要と判断したはずなのに。体を張って説得する公務員ではなかった。一本の爆破予告電話で休校にする学校管理者。ウソと思いつつ、もし本当だったら自分たちの管理責任が問われる。とりあえず休校が無難そう。生徒の勉強より自分の立場を気にする保身家のやりそうなことだ。かくて脅迫者は増長し同じ事件を繰り返す。これら近年の日本人に見る特性はすべて、個人の弱さと保身から来る悪しき習い性だと思っている。

そして、このような日本社会の特徴と傾向が社会の改革を目指す運動にも色濃く表れていると柚岡さんは考えている。それで、これまで紹介した問題をあえて提起した。

しかし、柚岡さんの歯に衣着せぬ言動が時に誤解されたり、怒りを買ったりすることにもなった。

ただ、結果を見れば、原告は確かに「鍛えられた」。ある遺族原告は次のような歌を詠んでいる。

街頭で　夫亡くした　無念さを　語る言葉が　我強くする

あるいは第二章二節で紹介した三好石綿で働き「びまん性胸膜肥厚」になった原告の石川チウ子さん（七七頁参照）はこう述べている[91]。

二〇〇六年に入って、阪南医療生協でみてもらうと「びまん性胸膜肥厚」と診断され、労災が認められましたので、生活保護からは脱しましたが、体も生活も苦しい現実が続き、生きることに疲れていました。

国が被害対策を放置したことは裁判になってはじめて知りました。裁判になってはじめて闘うことを知り、多くの人たちの協力があって、生き抜くことに力が湧いてきました。

すでに書いたように、石綿の病は苦しさが募る一方で、良くなることはない。だから、「生きることに疲れて」しまう。しかし、みんなと「闘う」ことで生き抜く力が湧いてきたとは、この泉南石綿国賠訴訟の運動がいかに原告に大きな励ましになっていたかが分かる。

原告の多くは、集会や街頭宣伝でマイクを渡されても当初はうつむきがちで、ポツリポツリとしか話せなかった。

しかし、次第に見違えるようになっていった。自分の言葉で被害を語るようになった。これは、弁護団や支援者が異口同音に指摘することだ。二〇〇六年から集会などで何回も石川さんの訴えを聴いてきたわたし自身も同感だ。

だが、柚岡さんは不満だ。

「あれだけの被害を受けたのだから、原告の中から反公害闘争の闘士が育って当たり前やろう。貧困の中で学ぶ余裕もなく生きてきたのだから仕方がないとも思うが……」

泉南漫才

このように、柚岡さんは弁護団の提起した方針に違和感を感じることも少なくなかったが、自分の考えは封印し（まわりはそうとは思っていないようだが）、運動を分裂させるようなことは決してしなかった。それは「自分は公害運動をやったことがないので弁護団の方針に代わる対案を出せないし、自分に力がないのはよう分かっている」からだという。

そして、何より弁護団が原告のために本当に一生懸命やっていると感じていたからだ。

弁護士は、普通は仕事を依頼されて、それにこたえる立場だ。

しかし、泉南石綿国賠訴訟の場合は、弁護士が被害者を掘り起し、運動の方針を提起し、国会議員を回り、集会の段取りをし、署名集めなども原告や支援者と一緒になってやっていた。谷智恵子弁護士は、

「弁護士は原告、支援者とダンゴになって働きました」とふり返った。

また、弁護士は全員が柚岡さんより歳下だが、若手弁護士に批判されても柚岡さんは受け止め、自己を相対化する視点があった。

他方、村松弁護士にも前節（2）の「傍聴券配布の改善を求める柚岡意見には、なるほどとうなずきます。私などは、感覚的にはおかしい、改善の余地はないのかと思っていましたが、声を出しませんでした」というように柚岡さんの批判を受け止める客観的な視点があった。

そして、「皆に迷惑かけて嫌だって言う人もいるけど、柚岡さんがいなかったらこの闘いができなかったのは事実」と柚岡さんの役割を認めている。他の弁護士も「困ったおっちゃん」と言いながらも、柚岡さんの異論を聴く懐の深さがあった。

伊藤明子弁護士はこう語った。

「柚岡さんは、あえて嫌われ役・悪役を演じることで、議論や変化を期待しています。なかなか出口が見えず、得てして予定調和的・自己満足的になりがちな運動にとって、一石を投じることはとても大切なことなのだろうとは思います。議論自体を楽しむ側面が強いのと、前提事実の誤解が多々あるので面倒ですが……。ただ、その立ち位置からすると、少しくらい見え隠れしても不思議でない私利私欲はゼロ。手柄話や苦労談もしません。意見や方法論が違っても、柚岡さんが『原告・被害者のため』に活動していることへのゆるぎない信頼があったから、最後まで一緒にやってこれました。柚岡さんも弁護団を信頼してくれており、ギリギリの場面では『原告・被害者のため』に弁護団の判断を尊重してくれました」

このように、相互に相手の批判を聞き、自分を省みる客観的な視点があったことが互いの信頼感を高め、社会的な運動によくある内部分裂による足の引っ張り合いという最悪の事態に陥らずにすんだ要因ではないだろうか。

柚岡さんも弁護士も言いたいことを言い合った。柚岡さんら支援者も出席する弁護団会議について、柚岡さんは「議論を深められなかった」と不満だが、支援者の澤田慎一郎さんは、「濃密な議論の場でした。弁護団会議をマスコミも含めて誰にでもオープンにしているのは珍しいのではないですか。これは、芝原団長の方針のようでした」と話した。

パリ第七大学准教授のポール・ジョバンという社会学者が、日本の社会運動の研究のために泉南石綿国賠訴訟の運動を調査し、弁護団会議で闊達な議論がかわされている様子を見て、「思考が解放された弁護団」と評したそうだ。

自分を客観視することは、自身のありかたを突き放して見ることにつながる。それは、自分のあり方を笑ってしまうことにもなる。はたから見ていると、柚岡さんと弁護団・支援者・原告の関係は漫才の「ボケ」と「ツッコミ」のような役割分担ができているように感じた。

ある支援者は、柚岡さんについて「役者を楽しんでいる」と評した。

実際、原告団総会や原告、弁護士、支援者らの新春の集いなどで、柚岡さんは何回か自分で漫才の台本を書き、原告や支援者に演じてもらったことがある。その一部を紹介する。

演ずるのは支援者の「ちいちゃん」と原告の「かあちゃん」だ。

ちいちゃん　署名あつめ、みんなよう頑張ってくれてはるなあ。

かあちゃん　泉佐野の駅とか天王寺公園の入り口でやろう？

ち　四天王寺の境内まで出かけたんやてねえ。
か　寒いのにご苦労さんやなあ。
ち　今月の終わりに二万人分裁判所に出すんや。
か　近所回りや知り合いのとこも軒並み行かんと。
ち　ほんまや、やるしかないわ。
か　署名集めてたら、いろんな人来るんやてえ。
ち　いろんなてどんなん？　かあちゃん。
か　だれやったかな、「この近くにおいしいお寿司屋さんありませんか？」て聞かれたらしいよ。
ち　こまるなあ、そんなん。
か　こんな人も居たわ。名前書いてもらった後「住所もお願いします」と言うたら、「住所不定」なんやてえ。天王寺公薗で寝起きしてるそうや。
ち　そら、たしかに「不定」やわ。政治の問題やね。
か　ちいちゃん、ひげ面の男の人署名してくれた話、聞いてる？
ち　ええやん、ひげ生やしててもええやんか、それがどうしたん？
か　女装してんねんて、その人。口紅つけて、スカートはいて。石川さんとこに来たんやて。
ち　ちょっと変わった人も来てくれたらええわ、石川さんびっくりしたやろね。
か　ナンパされかかった話は聞いている？
ち　ナンパ？　なに？　それ？
か　聞きたいやろ、ちいちゃんこんな話好きやろ？

ち　教えて、教えて。聞きたいわあ。

か　満田（ヨリ子）さんがまわってたら立派な身なりの紳士が近づいて来て、「今日何時に終わりますか？」て聞くんやて。

ち　へええ、なんて答えたん？

か　「あと少しですけど、どうかされましたか？」て言うたんやて。

ち　どうなったん？　満田さんどうなったん？

か　まあ落ちついてよ。そんなにせきこまんと。その人言うには、「お茶でもご一緒にいかがかと思いましてね」って。

ち　正真正銘のナンパやんか、それって。で、どうしたん？

か　署名してもらった以上は粗末に出来んやろ、満田さん丁寧に断ったらしいで。

ち　ということは、署名してもらってなかったらついて行くという意味？　あかんでえ、それは。

か　あほなこと言わんとき。満田さんてしっかりもんやで、ちいちゃん。

ち　マイク宣伝した時もなんかあったそうやなあ。

か　そうよ、市民の会の「あの人」なあ。

ち　「あの人」って誰よ？

か　「あの人」やがな、問題よう起こす人や。もめごとよう作る人。

ち　ああ、わかった、「あの人」や。

か　そう、「あの人」な、裁判所の前でマイク持ってわめいてたんやて。

ち　わめいてたて、皆さんに訴えてたんやろ？

か　まあな。そしたら自転車に乗ったおっちゃんがそばに来て、最後まで、じっと聞いてくれたんやて。

ち　ありがたいなあ、アスベスト禁止、被害者救済、よう分ってくれはったやろなあ。

か　そう思うやろ、ちいちゃん。ところがそうやないねん。終わったらすぐ、「あの人」のそばに寄ってきて、「教えてほしいことあるんやけど」て言うんやて。

ち　わかった、国賠訴訟て何でっか、と聞いたんちゃう？　裁判て普通の人わかりにくいんもんね。

か　ちがう。

ち　ちがうかあ、泉南の被害者はどのくらいいますか？　とか、まだ工場は残ってますか？　とか……。

か　そんなんやない。

ち　一体なんやねん、おっちゃんの教えてほしいことって。

か　「マイクの線ないのに何でスピーカーの声聞こえるんでっか？」やて。

ち　ええっ？　コードレスマイク知らんのかいな？　音声を電波で飛ばすんや。きょうび小学生でも知ってるで。まいるなあ。

か　コードレス初めて見たんやろなあ。

ち　で、どうしたん？「あの人」、怒ったやろ？　気い短いでえ。

か　怒鳴りつけたんやて、「おっさん、早よ帰れ！」って。

ち　じっと聞いてくれたんやもん、「あの人」自分で名演説やった、と思たやろにねえ。そうや、忘れてた。これ聞いとこ。裁判所のトイレでビラまきした話、あれからどうなったん？

か　これも「あの人」や。ビラまくとき、頭下げんと目の前に突き出すだけやから、誰も受け取ってくれへん。
ち　そら受け取ってくれへんわ。「お願いします」とか「読んでください」とか言うて頭下げて頼まんと。武村（絹代）さんや山田（カヨミ）さん湖山（幸子）さん、みなさん上手やでえ。
か　一陣の原告さん二陣の原告さん、みんなビラまきの名人や。
ち　下手なんは「あの人」だけやなあ。
か　ほんまや。しょうがないから裁判所の便所ひとつずつ回って、置いてくるんやて。
ち　えらいことやるなあ。そう言えば前に、「女便所の方あんたやってくれへんか」て頼まれたことあったわ。断ったけど。
か　わたしも断った。「そんなことようせん、くさい目せんでもいっぱい配ってます」って。
ち　「宣伝物禁止」てどっかに貼ってたやろ？　警備の人に怒られるで。
か　警備に怒られる前に伊藤さんに怒られたそうや。
ち　伊藤さんて伊藤明子さん？　小柄な神戸の弁護士さん？
か　そうや。「あの人」ほかのことでも伊藤さんによう怒られてるで。伊藤さんの言うことは、割とよう聞くんやて。変なやろ？
ち　「俺は嫁さん以外怖いもんなしや」て言うてたけど、伊藤さんも怖いんやな。一人ぐらい怖い人おってくれてよかったわ。
か　ここだけの話やけどな、「あの人」伊藤さんと小林さんと谷さんに弱いんやて。女の人にはあかんね。そう言えば、なんでもハイハイて聞いてるわ。

ち　へええ、知らんかったわ。覚えとこ。ところでこの三人の先生、「アスベストシスターズ」いうて、
全国的に有名なんやて。かあちゃん知ってたあ？

か　知ってるでえ、アスベストいうたら、この三人の内だれか出て来るんやて。

ち　そうか、すごいことやねえ、ご苦労かけてるんや。かあちゃん、また「あの人」やけどな、東
京へ行ったとき最高裁判所のトイレでもビラ撒いたんやてえ？

か　ちいちゃんよう知ってるやんか。大阪であかんさかい東京や言うて行ったんよ。一階おわって
二階へ上がろとしたら警備の人二人寄って来て、「どこへ行かれますか？」って。

ち　どうしたん？

か　「二階のトイレに行きたくて」とか何とか言うたら、「トイレはどこも一緒です！　一階で済ま
せて下さい！」て怒られたんやて。そりゃそうやわな、二階のトイレだけ特別仕様でもないや
ろし。

ち　ほんまに困ったもんやなあ、逮捕されたらどないするつもりや？　弁護士さんついてくれるん
かいな？

か　うちらの先生は弱いもんの味方やゆうけど、「トイレのビラまきで不当逮捕！」なんて、弁護
するの嫌がると思うで。

ち　そりゃそうや、勝ったところでだれも褒めてくれへんしな。

市民の会の「あの人」とは言うまでもなく柚岡さんのことだ。
社会的な運動の中で、運動の参加者が活動それ自体を「ネタ」にして漫才の台本を書き、参加者が演

じ、皆で楽しむというのはあまりないことだろう。いかにも「お笑い」好きな大阪らしい。

この「泉南漫才」で笑えば感情的なしこりも残らないだろうし、原告、弁護士、支援者の仲間意識も強まるだろう。

この泉南石綿国賠訴訟の裁判や集会などを取材して毎回感じるのは、お互い不満や批判はあるようだけれど、結局「みんな仲がいい」ということだった。そして、その感想は毎回強まっていった。

魂（たま）よ安かれ

二〇一三年七月一五日、柚岡さんは次のような短歌をメーリングリストに投稿した。

「連休の一日、いつものように衝き上げるものがあって、六首詠みました」


南和子になり代わり。

介護に明け暮れ、早く死んでほしいとまで思った父だったが、逝って一〇年ともなると、恨みつらみは大分薄れた。根っからの百姓だった父は、毎年田植えの時期になると新しい作業足袋を、村の行きつけの店で買った。夏の一日、そんな父を想い出しながら、夫と自分の足袋を洗う。

亡き父の　なじみの店の 門先に　田植え足袋並ぶ 季節となりぬ

父逝きて　早や一〇年の 炎天下　心静かに 田植え足袋干す

石川チウ子になり代わり。

先月はじめ故郷の隠岐で小学校の同窓会があって、久しぶりに島に帰った。当たり前ながら皆老い、一緒に島を出た同級生はぽつぽつと欠けていた。中でも、泉南で石綿の仕事についた者は、軽重の差はあっても一様に肺を病み、不安を抱えていた。死んだものは多い。幸いまだ体が動くわたしだ。勝手知った島を自分の足で巡り歩いて、彼らを慰めたいと思っている。

病む友の　老いゆく友の　闇深し　隠岐の島々　尋ねて歩かん

武村絹代になり代わり。

高裁判決当日の朝、母（原田モツ）は死んだ。病の苦しさから無理を言い、仕事を持つわたしを苦しめた母だったが、娘として十分なことをしてやれたのかどうか、今になって自分に問う日々だ。母はしきりに生れ故郷である吹上町（薩摩半島）に帰りたがった。死ぬまでにもう一度吹上の海を見たかったのだろう。

「病気が治ったらね」と逃げ口上のように言いながら日が立ち、果たせなかった。悔いが残る。

裁きの日　みまかりし母再びの　訪れなしに吹上の浜

過日、早急に対処の要があって（神戸市在住の）伊藤明子さん（弁護士）に電話したところ、いま準備書面の最終段階でそれどころではないと断られてしまった。

土日なし、菓子パンと牛乳の類を食しながら、石綿裁判の業に当たる若い弁護士である。ひとり彼女に限らず、過酷な日々を送る弁護士諸兄姉に、感謝と敬意を捧げるとともに、健康管理の懸念を伝えたい。

さんざめく　街の灯は知らず　夜もすがら　神戸の女は　仕事するらし

いずみ野の　高台に来て見ゆ神戸の灯　君は仕事の最中なるらし

恐山のイタコのように、柚岡さんは他者に憑依するごとく「なり代わり」心理を詠む。その柚岡さんの影響か、原告や弁護士にも俳句や短歌をたしなむ人が少なくない。「歌のある運動」が泉南石綿国賠訴訟運動の一つの特徴だ。

二〇一三年七月、原告の藪内昌一さんが亡くなった。藪内さんは、柚岡さんより一学年上で同じ小学校に通い、自宅も近所だったが、貧しい家計を助けるため石綿工場で働いていたので小学校にもろくに通えず、柚岡さんには藪内さんの記憶が全くなかった。

他方、裕福に育った柚岡さんは大学に進み、学生運動や部落解放運動にもかかわり、差別や人権について人一倍敏感だと自負していた。その自分に藪内さんの記憶が全くなかったのが「ごっつうショック」だったことが石綿被害者の支援を始める一つのきっかけになった（四六頁参照）。

葬儀の席で、柚岡さんは次のようにあいさつした。

藪内昌一君追悼とご参列者へのあいさつ

藪内昌一君の死があまりに突然のことだったので、多くの方から一体どうなったんだという声を聞きました。妹のOさんとNさんに代わり、私の方から説明させていただきます。

八月二日朝、共通の知人であるMさんから、昌一君が亡くなったとの電話が入りました。急いで駆けつけたところ、警察官が数人来ていて、これは普通の死ではないなと分りました。Nさんが二七日夕方本人にあっていることや、二八日づけの朝刊が残ったままだったこと、外出着でなく寝る前の下着姿で布団の上にあおむけの状態だったことから、亡くなったのは二七日夜〜二八日朝の就寝中だったと推測できます。警察にもそう説明し、遺体を検死のうえ納得してもらいました。

発見されるまで六日経っています。一年で最も暑い時期に六日間遺体が放置されたらどうなるか、容易に想像できると思います。自分の目で確認したのは、私と二人の妹さんでした。Oさんは兄の姿を見て家の外へ走り出、そこでへたり込むしかありませんでした。これ以上のことは言葉にすることを控えさせていただきます。

私は彼とともに、石綿問題で八年間活動してきました。一時生活に困った時に皆さんにお世話かけたこともあったと聞いていますが、性格は非常に優しく、友人や知り合いを大切にする、親切心いっぱいの人でもありました。

今日来られている中村千恵子さんは、原告や被害者の顔を絵手紙の形でたくさん描いておられます。

彼女は言います。「いろんな顔を見てきたが、これほど素朴で、優しい表情の男は知らない。この人の目は天真爛漫な子どもの目そのもの」だと。

彼は、小学生の時から母親を助けて石綿の工場で働きました。長じて石綿肺という病気を発症し、長年苦しんだことをご存じの方も多いと思います。泣きごとをあまり言わずいつも明るかった。裁判の時は妹たちにも声をかけて毎回三人で出席しました。しんどい体で東京行動にも度々参加しています。ちょっと頼りげないところもありましたが、根はほんとうに誠実な男でした。自宅横の小さな畑に、花やサボテン、ゴーヤ、サトイモなどを作ってよく届けてくれました。自分で梅干しを漬けて樽にしていたのには驚きました。

薮内昌一さん

数年前大腸がんを手術したあと一人暮らしの彼が心配で、よく自宅を訪ねました。「おおきに」「おおきに」を繰り返しながら、門口まで出てあいさつをする律義な男でした。その薮内君が、こんな悲しい死を迎えるとは思いませんでした。実を言いますと、七月に入って私は公私とも非常に多忙になって、彼の自宅を訪ねることができませんでした。突然の死は、肺と心臓に病気をかかえる身にはやむを得なかったにしても、もう少し早く発見してやることは出来なかったのか、と思うと悔いが残ります。

私ごとになりますが、先月末このすぐ近くで、子供の時から弟同様に思って行き来してきた者をなくし、弔辞を読みました。今日の何倍もある大きな葬儀でしたが、一週間あとに又このような形でお別れの挨拶をすることになってしまい、言葉がありません。

今はただ、拙い短歌一首を霊前にささげて、お別れの挨拶と致します。

夏空や 魂(たま)よ安かれ 三つ坪に　作り残りし苦瓜を採る

「花壇をきれいに作って、原告に切り花を配ったりして心優しい男だった。みんな彼が好きだった」柚岡さんは、こう悼んだ。

鬼気迫る弁論

二〇一三年八月二三日、二陣高裁(山下郁夫裁判長)の最後の弁論が行われた。この日は、小林邦子弁護士も弁論に立った。

小林弁護士は、二陣地裁が一九七一年に国は特定化学物質等障害予防規則(旧特化則)を制定し、局所排気装置を義務付けたので七二年以降の国の規制権限不行使の違法はないと判断したが、「七一年以降も国の石綿粉じんの濃度規制が著しく合理性を欠く違法なものであった」ことを論証した。七一年以降の国の規制権限の不行使が認められれば、同年以降に石綿工場で働き始めた原告の西村東子さん、佐藤健一さん、赤松四郎さんの三人(いずれも故人)が救われる。だから、これは二陣高裁の重要な論点だ。弁論の概要は次の通り。[92]

昭和四〇（一九六五）年代前半までには、比較的低濃度の石綿ばく露でも石綿肺を発症しうることや、石綿粉じんには肺がんや中皮腫などの発がん性があることも明らかになっていました。

だから、旧特化則で局所排気装置の設置を義務付け、石綿粉じん濃度の「抑制濃度」（局所排気装置のフードの外側の濃度で性能要件）を決めただけでは必要な規制を行ったとはいえません。

しかも、抑制濃度は七一年時点で一cc当たり三三本で七五年に五本に引き下げられましたが、英国は六九年に二本の濃度規制（筆者注・抑制濃度ではなく許容濃度＝労働者へのばく露濃度による規制）を始めました。だが、二本では石綿肺すら防止できないとして八三年には一本に、八四年にはさらに〇・五本に引き下げたのです。

他方、日本で「管理濃度[注10]」という独自の方式で濃度規制が開始されたのは八八年になってからで、英国の濃度規制開始から一九年後、七一年の旧特化則制定からでも一七年も後です。

国はこの遅れについて「管理濃度という独自の方式を考案するのに時間がかかった」と主張しています。

しかし、そのような言い訳が通用するのでしょうか。その一七年もの間、原告らは日々石綿粉じんに曝（さら）され続けたのです。国の規制が適時適切に行われたものでないことは明らかです。

しかも、一九八七年に環境省大気保全局企画課が監修して出版した『石綿・ゼオライトのすべて』という本には、「石綿はそれ自体がん原性のある物質であり、したがっていかなる低濃度でも安全とする最小の閾値（いきち）（これ以下なら安全という境になる値）はない」という記述があります。つまり、国自らが石綿の発がん性には閾値がないことを認めていたのです。

それにもかかわらず、八八年に国が定めた管理濃度は石綿肺すら防止できない二本でした。八八年当時英国は〇・五本、米国は〇・二本だったことからすれば、わが国の規制値の緩やかさは異常です。

八四年の大阪労働基準局（現大阪労働局）の文書では、「（泉南地域を管轄する）岸和田署の現状は、四五事業所のうち、報告があった三三事業所のうち、二本／未満は一つのみである」とされています。だから、罰則の担保のない行政指導では改善が進まなかったことがわかります。

旧特化則が制定された七一年以降に泉南の石綿工場で働き始めたのは、一陣原告の赤松四郎さん、一陣原告の佐藤健一さん、そして一陣原告の西村東子さんの三人ですが、全員すでに死去しています。

一九五五年から一九九八年までの石綿紡織業の労災認定数は管理四他要療養者が一九八人、死亡者は一五〇人。このうち（七一年の）旧特化則制定から一〇年後の一九八一年から九八年までの管理四他要療養者数は七八人（四〇％）、死亡者は九〇人（六〇％）です。

また、八六年六月の大阪労働基準局の内部資料も「昭和五一（一九七六）年以降に就労を開始した者からも、死亡者や要療養者が出ており、昭和五〇（一九七五）年代の作業環境に起因して被害が発生している」と明確に指摘しています。

以上からすれば、（七一年制定の）旧特化則では規制が不十分であったため（七一年以降も）被害が継続したことは明らかです。

これに対して国は、「わが国と諸外国では濃度規制の手法が異なるから単純に比較することはできない」「わが国では、管理濃度による濃度規制を開始するまでには一定の期間を要したが、世界中どこでもやっていなかった独自の方式を考案するためには資料の収集や専門家による検討や議論が必要だったから仕方なかったのだ」と主張しています。ここでいう「一定の期間」とは旧特化則の制定から一七年間というものです。

以上の弁論をふまえて、小林弁護士は最後に満身の怒りを込めて国にこう問いかけた。

そこで、私は、国の代理人に問いたい。国が準備書面で述べた主張を、昭和四六（一九七一）年以降、石綿紡織工場で働き、石綿肺や肺がんにかかった人々、そしてその遺族の方々に面と向かって言うことができますか。

管理濃度の検討に一七年間を費やしたことをもって、「国はやるべきことをやってきた」と自らに恥じることなく言い切れますか。

被告席の国の代理人や厚労省の役人は下を向いて無表情で聞いていた。

「答えろ！」

柚岡さんが傍聴席から怒鳴った。

裁判長が「静かに」と制した。

当日の様子を小林弁護士は、「声が震え、足も震えていたと思います。あそこまで弁論で感情を出したのは弁護士になってから初めてです」とふり返った。

『泉南勝たせる会ニュース』は、「小林邦子弁護士の鬼気迫る弁論は、二〇〇六年五月の提訴から七年

にわたる原告全員の思いを代弁するものでした」と書いている。(93)
この日で二陣高裁は結審し、判決日は一二月二五日と決まった。

戦闘意欲低下をくいとめた連帯

結審後、原告、弁護団、支援者らは「今後の取り組み予定」として次のような取り組みを決めた。

- 勝利判決と早期解決をめざす東京スタート集会【八月二八日（水）四谷。主婦会館】
- 裁判所周辺の宣伝行動。公正判決署名提出現在約二〇万筆、目標三〇万筆！
- 各分野での「共同アピール」運動（消費者団体、女性団体、労働組合、医師、科学者、研究者等）
- 『命て　なんぼなん？』（原一男監督による泉南石綿国賠訴訟のドキュメンタリー映画）上映会開催。すでに上映会は三〇カ所で開催し、約一七〇〇人が観た。
- 泉南の石綿公害をわかりやすく描いたマンガ『石の綿』（神戸大学人文学研究科倫理創成プロジェクトと京都精華大学機能マンガ研究プロジェクト制作・かもがわ出版二〇一二年）の原画展の開催（一カ所）。
- 首都圏での支援体制の強化　勝たせる会事務局長の東京常駐
- 早期解決へ向けての国会議員賛同要請
- 判決時の大集会、早期解決に向けた政治への働きかけ
- カンパのお願い

柚岡さんは二〇一三年八月二六日にメーリングリストに次のようなメールを送った。

先だって村松氏から、(八月)二八〜二九日以外に(九月)一六日と二一日も原告を出せと言って来た。東京に多人数を繰り返し送り込む余裕は、も早ない。なんとか二件はこなしたが、「市民の会」の会計については、金が底をついて久しいことは諸兄らよくご存じのはず。誰もこの件を言い出さない。「大勢で」「繰り返し」など、どこの国の話かと思う。

年明け以降原告に不都合相次ぎ、戦闘意欲は低下の一途だ(この辺りの事情は谷智〔恵子〕弁〔護士〕に報告済み)。原告A 体調極度に悪化、原告B 体調悪く意欲も無し、原告C 体調理由に当分身を引きそう。和歌山勢は原告D以外崩れた。いずれも少し前まではよく頑張ってきた者たちだ。何とか気力体力の残っている者一〇人ほどを束ねて突っ走るつもりだが、この間の原告・支援者の相次ぐ死は、皆の自信と意欲を削いだ。懇親会やこのML(メーリングリスト)で馬鹿話をしている俺も同じだ。

二陣高裁判決を前に、原告の士気は体力の低下とともに落ちていった。

支援者と弁護団は、ここで何とか原告を支えようとふんばった。財政は、当面柚岡さんと弁護団が立て替え、カンパも募ることでしのぐことにした。

東京には、「勝たせる会」事務局長の伊藤泰司さんが常駐することになった。

伊藤さんは、院内集会の準備や国会議員に泉南国賠訴訟の状況を随時知らせる国会通信の発行と全国会議員の議員会館を回ってのポスティングなどの他、東京の労組など延べ三〇〇団体を回り、支援やカンパを要請した。

労組回りなどで伊藤さんが繰り返し訴えたのは「原告は、石綿が身体に悪いとは知らず、家族のために一生懸命働いた」という点だ。そこに多くの人々が共感してくれた。そして、国を相手に闘っていることを尊敬の目で見られることもあったという。

泉南石綿国賠訴訟への連帯の輪が広がっていった。

大阪高裁の結審にあわせて、「公正な判決を求める公害・薬害・労災被害者共同アピール」が発せられた。大阪西淀川大気汚染公害訴訟原告団、ノーモア・ミナマタ訴訟原告団、水俣病不知火患者会、イタイイタイ病対策協議会、薬害ヤコブ病東京原告団、全国トンネルじん肺根絶訴訟原告団、関西建設アスベスト大阪訴訟原告団、同京都訴訟原告団、首都圏建設アスベスト訴訟統一原告団、中皮腫・アスベスト疾患・患者と家族の会……。

これらの被害者は、戦後の日本を支えた人々だ。そして、次々と公害、薬害、労災に倒れていった。泉南の人々の被害を「わがこと」ととらえたアピール文はこうなっている。

> 私たちは、公害、薬害、労災（アスベスト・じん肺）の被害者です。（中略）二〇〇六年の提訴から七年の間、（泉南の）原告たちはひたすら苦しみを訴え続けてきました。しかし、本当の 苦しみを理解してもらうのはとても難しいことです。息のできない苦しさは傍で見ている家族でも、実際に自分が体験（発病）して初めてわかるほどであり、生きてぃる限り進行形で苦しみが増す生き地獄です。
>
> 何をしても苦しい、眠ることも食べることもできない、いつも「苦しい」の言葉しかない毎日を送りながら、原告たちは「自分は何のために生きてきたのか」とくり返し考えます。

生きるために、家族のために働いてきたことを後悔はしないけれど、他の仕事を選ぶ選択肢がなかったことを思うと、差し迫る死の恐怖より、こんな死を迎えなければならないことが悔しいのです。

これまで日本の、いくつもの公害などによる理不尽な被害を受けた者は、皆、社会の底辺で働きながらこの国を支えてきました。皆、選択肢の少ない、または選択の余地のない中で働き生きてきたのです。

公害や薬害、アスベストやじん肺などの労災は、一度発病するとその根治のための治療法がありません。四大公害といわれる新潟水俣病・四日市ぜんそく・イタイイタイ病・熊本水俣病の被害者も「こんな苦しみが待っていることを知ってぃたら」と思わない日はなかったはずです。

しかし、彼害者たちにそれを避ける選択肢がどれほどあったのでしょうか。この世の中には、汚ぃ水溜りを避けて通れる人と、避けることができずに浸かってしまう人がいるのです。

泉南アスベスト国賠訴訟は、劣悪な労働条件でも生きるために働かざるを得なかった原告たちが、命の重さを問うものであり、高度成長を遂げたわが国の負の遺産として目をそむけてはならない被害です。

裁判所は、そのような被害に苦しむ原告の最後の頼みの綱です。今、身動きもならない原告が思うのは、「こんな苦しみは自分だけで終りにしてほしい」と、自分の苦しみが何の意味もないもので終わらせたくないとの思いです。

誰もがたった一度の人生を幸福に生きる権利を有し、それを奪うことは許されないはずです。

私たち全国の公害、薬害、労災（アスベスト・じん肺）の披害者は、裁判所が、本来国民のいのちと健康を守るべき国の誤りを正し、公正な判決を下されることを期待し、信じています。

石綿疾患の苦しさは体験しないとわからず、生きている限り苦しみが増す「生き地獄」であること、原告たちは「自分は何のために生きてきたのか」とくり返し自分の人生の意味を考えること、他の仕事を選ぶ選択肢がなかったことを思うと、死の恐怖よりこんな死を迎えなければならないことが悔しいこと、しかし、この世の中には汚い水溜りを避けて通れる人と避けることができずに浸かってしまう人がいること、原告たちは自分の苦しみが何の意味もないもので終わらせたくないと願っていること……。

被害者の心中を的確に表現したアピール文だ。同じような症状に苦しむ公害被害者だからこそ書ける文ではないかとわたしは感じた。

このような連帯こそ、「汚い水溜り」を避けることができずに浸かってしまった人々を救い、やがては「汚い水溜り」それ自体をなくしていくことにつながるのではないだろうか。

論理的で倫理的な判決

二〇一三年一二月二五日、二陣大阪高裁判決は、三たび国を断罪した。

山下郁夫裁判長は、国の規制権限不行使の責任を明確に認め、総額約三億四四〇〇万円の支払いを命じた。

弁護団副団長の村松弁護士は次のように評価した。

今回の判決は国の責任を厳しく認定した。一陣高裁判決を完全に否定するとともに、二〇一二年三月の二陣地裁判決をも大きく超える判断をしている。国の規制権限不行使の違法を昭和三三（一九五八）年から平成七（一九九五）年まで認めた。局所排気装置の設置義務付けをしなかった点、濃度規制を見直さなかった点、防じんマスクの着用を義務付けなかった点など、基本的な粉塵対策全般にわたって、国は規制権限をきちんと行使しなかったと認定した。

一陣高裁判決と比較して二陣高裁判決で非常に重要なのは、国は技術や医学的知見の進展に従って、できるだけ速やかに適時適切に規制権限を行使しなければならないとした点だ。労働安全衛生を守るという大原則に立っている。筑豊じん肺最高裁判決、関西水俣病最高裁判決と同じ判断基準に則り、判断した。

この点、一陣高裁判決は、もう一つ前の最高裁判決（クロロキン事件[注11]）の判断基準を引用していた。今回の判決は、最新の最高裁判決に従った判断だ。二陣高裁判決は、国の主張を一つ一つ全てとりあげてこれらを明快に否定している。一陣高裁判決と違って、今までの最高裁判決の流れに沿うもので、非常にすぐれた判断だ。最高裁にはこの二陣高裁判決に沿って早急に判断していただきたい。

他に、国は被害者に対して使用者とは別に直接的に責任を負っているとして責任の限度を従来の三分の一から二分の一にした点、石綿工場に出入りしていた運送業者の損害賠償も認めた点、損害賠償額についても個別の減額理由をすべて否定し、それどころか増額した点など国の主張をことごとく文字通り「完膚なきまで」明快に論破していると評価した。

また、村松弁護士は裁判のあり方についてはこう述べた。

二陣の裁判体は、裁判所の関心事項を審理の経過の中で明確にしてきた。その中で双方が主張立証を尽した。例えば局所排気装置の設置義務付けについては、国の主張立証を尽くさせようということで証人を採用して尋問を行った。私たちも死力を尽くしたが、国も裁判所の訴訟指揮に合わせて必要な主張立証を重ねた中で、今回の判決が言い渡された。

手続き的にも、不意打ちなどのない、公平かつ公正に出された判断であり、その重みは重要だ。最高裁には、そういう重みのある判決であることをわかっていただきたい。また、豊富に証拠を拾い、とりわけ国自身の公的文書等をふんだんに引用したうえ、詳細な事実認定を行っているのも重要である。

一陣高裁判決（三浦判決）は一一八頁、二陣高裁判決（山下判決）は三三八頁に及び、約三倍だ。もちろん頁数が多ければいいというものではない。しかし、事実認定は一陣高裁よりはるかに詳細だ。その認定した事実に基づき、自然に結論を導いている。だから説得力がある。

関連して、伊藤明子弁護士はこう評価した。

今回の判決は、被害者がかわいそうだから救済をということで出された判決ではない。労働大臣は労働関連法規の目的に従って規制を行わなければならない、石綿が有用だからといって健康被害が出ているのに規制をしなくてよいということにはならない、局所排気装置はコストがかかって利益に結びつかないから行政指導では実効性がなく規制が必要など、当たり前のことを判断しているだけ。こうしたことを豊富な事実を丹念に積み上げて、公正に判断した。だからみんながいい判決だと評価している。被害者救済のための、被害者寄りの判決というのでは全然ない。当たり前のことを当たり前に判断した。最高裁は、一陣高裁判決の後、二陣高裁判決が出るまで待っていたはず。今こそ、最高裁の出番。早期に公正な判断をお願いする。

「豊富な事実を丹念に積み上げて、公正に判断した。だからみんながいい判決だと評価している」それは、「被害者がかわいそうだから救済をということで出された判決ではない」「被害者救済のための、被害者寄りの判決というのでは全然ない」からだ。つまり、きちんと証拠に基づき事実を客観的に認定し、論理的な判断を貫けば、自然に被害者を救う倫理的にも高い判決になり、みんなが納得する「みんなの判決」になるということだろう。

マスコミもこぞって高く評価した。

建白書「事件」

年が明けて二〇一四年一月六日から、原告、弁護団、支援者はまた上京し、厚労省前での街宣、集会などによって国は最高裁に上告せずに政治解決に応じろと訴えることになった。

しかし、これまでも政治解決を願って、国会議員にさんざん働きかけてきたのに政治は動かない。業を煮やした柚岡さんは、安倍晋三首相あてに直訴する建白書をしたためた。そして、一月六日に上京する新幹線の中で数人の原告に自分が書いた建白書の内容を説明し、首相官邸に届けるため同道するよう説得した。

「逮捕されんやろか」

「逮捕なんかされるかい、オレが保証する」

弁護団に相談すると止められると思い、集会が予定されていた厚労省前には向かわず、柚岡さんは原告数人を連れて東京駅から直接首相官邸にタクシーで乗りつけた。

「この建白書を安倍首相に渡したい」

官邸に入ろうとする柚岡さんを「警備担当」と名乗る者が阻止する。同行した南和子さんらも口々に「安倍首相に建白書を渡したいんです。通してください」と要求した。

三〇分以上も押し問答を続けた。

やがて「上司」とおぼしき職員が出てきて道を挟んだ内閣府に行くよう指示した。

職員の先導で内閣府に着き、守衛に用件を伝えた。

しばらく待つと職員が来て、建白書を受け取った。

そして、やっと官邸に届けることを約束した。

建白書の内容はこうだ。

建　白　書

安倍内閣総理大臣におかれましては、日夜国務にご精励の段、大慶に存じます。

ご承知と存じますが、昨年末の泉南アスベスト（石綿）訴訟の二陣控訴審判決で、大阪高裁は、国の対策の遅れが労働者らの健康被害につながったことを認め、金員の支払いを命じました。国は判決を重く受け止め、真摯に救済に取り組むと同時に、今高裁判決を受け入れ、控訴しないことを強く要請致します。

大阪府の南部泉南地域は、戦前からアスベスト紡織製品の生産が盛んで、戦後は鉄鋼・造船・自動車・重化学産業に不可欠の資材を供給しつづけ、経済発展に貢献しました。

裁判では国がいつアスベストの危険性を認識し、相応の対策を講じたかが争点となりましたが、判決は、産業発展を優先させた国の責任を認めなかった一陣高裁判決を明確に否定し、昭和三三（一九五八）年には石綿疾患発症の医学的判断が確立していたこと、また、石綿粉塵の濃度規制が欧米先進国に比べ一〇年以上遅れたことを指摘、国の不作為は明らか且つ違法であると認定しました。

泉南のアスベスト工場は殆どが零細企業と家内工業です。被害は従業員だけでなく、経営者や下請け、その家族に及んでいて、企業責任の追及は最早不可能です。今回の判決は当地域の実態に即した、極めて常識的な内容を含んでいます。規制すべき期間を一審の一二年から三七年に拡大したこと、運送中に曝露したと見られる運送業者を救済の対象としたことでも、筋の通る判決となっています。

裁判を起こして以来七年有余が経過しました。小さな原告団ではありますが、この間に一三人が死亡、生存者は半数を切りました。残る患者原告も日に日に病状が進む中で、苦境に耐えています。「生きているうちに公正な確定判決をいただきたい」というのが、原告と家族に共通した切実な願いであります。

内閣総理大臣の御英断を賜り、控訴せず今判決を確定させるべきこと、建白書を以ってお願い申し上げる次第です。

二〇一四年一月六日

泉南石綿被害国家賠償訴訟原告　共同代表　南　和子
原告満田より子　原告藤本幸治　原告湖山幸子
泉南地域の石綿被害と市民の会代表　柚岡一禎
副代表　中村千恵子

その後、柚岡さんと原告は厚労省前に行った。すでに集会は終わろうとしており、弁護士らは激怒した。

「集会で話す予定の原告もいたのは柚岡さんも知ってるやろう。私らに一言かけて欲しかった。そうすれば『今官邸に行ってます』と言えた。市民（原告）の自発的な行動は止めませんよ」

これに対して柚岡さんはこう反論した。

「嘘や、事前に話したら絶対止められてた」

翌一月七日、国は一陣に続きまたしても最高裁に上告してしまった。

一陣と二陣の二つ裁判が最高裁に係属することになった。

もらい泣き

その後も、同年五～六月の三週間にわたり、原告、弁護団、支援者は交代で上京し、「田村（当時厚労大臣）はん　泉南原告に会うてんか！」行動（略称「おうてんか行動」）と名付け、毎日厚労省前で厚労大臣との面会と「政治解決」を訴え続けた。

しかし、田村厚労大臣は泉南の原告に「会うて」くれず、政治解決はついに最後までかなわなかった。

最高裁判決を前にして、二〇一四年八月三日、泉南市のサラダホールで原告団総会が開かれた。

村松弁護士が、一陣、二陣共に最高裁への上告が受理され、九月四日に口頭弁論が開かれることが決まったと報告した。

最高裁は、通常は下級審の審理を検討して判決を書くので口頭弁論を開くのは異例だ。開くのは下級審の判決をひっくり返す時だと村松弁護士は説明した。

二陣高裁は勝っているが、一陣高裁は負けている。だから、「ひっくり返す」のはどちらの判決なのか。もちろん、最高裁が二陣高裁判決を支持する可能性は十分にある。だが、一陣高裁判決を支持して「負ける可能性も排除できない」という。

国（法務省）の訟務検事が『判例タイムス』という雑誌で泉南石綿国賠訴訟について「財政的に大変なことを考慮すべきだ」という趣旨の論文を書いたり（二五四頁参照）、建設アスベストの神奈川訴訟（横浜地裁）では国は異例の二五分もの長い弁論をするなど今までにない力を入れている。それで、「国は相当危機感を持っている」と村松弁護士は情勢を報告した。

この総会で、柚岡さんは「負けた場合はどうするか話し合っておいた方がいい」と提起した。柚岡さんは、あえてその場の雰囲気にそぐわないことを言い、「悪役」を演じるふしがある。

傍聴していたわたしは、「勝利を期待しすぎて負けた場合の原告の落胆が大きくなりすぎることを懸念し、落胆の度合いを少しでも少なくするために、柚岡さんはわざと問題を提起したのではないか」と感じた。実は、この時、柚岡さんは最高裁では「負ける」と思っていたという。村松弁護士の情勢報告にもあるように「国が総がかりできている」と感じていたからだ。

「縁起でもない」

「柚岡さんは言い過ぎなんやないですか」

原告から次々に反発する声があがった。

伊藤明子弁護士は、「一陣高裁の三浦判決は被害者を切り捨てる枠組み。最高裁は二陣高裁判決の方を取るだろうと弁護団は確信してます」と原告を励ました。

村松弁護士も、「ここは、負けた時のことを議論する場ではありません。個人的には負けた時にどうするかというハラは持っているが、最後の最後まで勝つために頑張りましょう」

原告の江城正一さんは、鼻に酸素チューブをつけた身で、苦しそうだが深刻ぶらずにひょうひょうと話した。

「トラブルはやめとこ。とにかく生きてる限り、頑張りましょう。私らがん細胞持ってます。判決まで絶対生きな、あかん」

会場の雰囲気がなごんだ。柚岡さんは反論しなかった。

原告はみな重い病を抱え、しのびよる死の恐怖と闘っている。情勢も決して楽観できない。だが、不思議なことに会場の雰囲気はなぜか明るい。

この総会では、もう一点、環境（近隣）ばく露の原告岡田陽子さん、同じく環境ばく露の被害者南寛三さんの遺族原告の南和子さん、亡くなってから二〇年以上たってから提訴し、「除斥期間」を過ぎている原告の二人、合計四人の上告は認められず、従って敗訴が確定したことも村松弁護士から報告された。

また、最高裁の争点としては、局所排気装置を国が義務付けた一九七二年以降も被害が発生しているので、七二年以降に就労し、石綿肺などになった故佐藤健一さん、故赤松四郎さん、故西村東子さんの七人の遺族原告への国家賠償が認められるか否かがポイントだと説明された。つまり、元労働者の原告が分断されるか否かという問題だ。

最高裁判決の日、法廷に入場する原告と弁護団（2014 年 10 月 9 日）

岡田陽子さんは、「私の環境ばく露のケースの敗訴は決まったけど、元労働者の方たちがみんな救済されるいい判決がほしいです。これ以上、原告を線引きしてほしくありません」と話した。

総会が終わった後、岡田さんはマスコミ各社の囲み取材を受けた。岡田さんも酸素チューブをつけているが、取材に答え続けた。途中「胸が痛い」と何回か胸を押さえた。「汚い話ですが、セキをすると一緒にもどすこともあります」と最近の体調について話していた。

総会後は立食パーティ式の懇親会になった。参加者のスピーチが続いた。

その中で、南和子さんは「私はどうすればいいのでしょうか」と涙ながらに訴えた。

南さんは、岡田陽子さんと共に真っ先に原告の名乗りをあげ、約八年間の裁判闘争を原告の先頭に立って引っ張ってきた。だが、最高裁では審理すらしてもらえず、門前払いが決まってしまった。

労働者と環境ばく露で亡くなった和子さんの父・南寛三さんは、「塀があるかないかの違いじゃないですか。（差別するのは）おかしいですよ」と悔しい思いを語った。

和子さんはこの点がどうしても納得できない。女性弁護士の中にはもらい泣きをする人もいた。

歴史の本流

二〇一四年一〇月九日午後三時過ぎ、最高裁判所を飛び出してきた伊藤明子弁護士と奥田慎吾弁護士が誇らしげに垂れ幕を掲げた。

「勝訴」

「最高裁　国を断罪」

「オー」というどよめきが支援者からわきあがった。

万歳する人、握手を交わす人、涙をぬぐう人……。

最高裁第一小法廷（白木勇裁判長）は、局所排気装置の義務付けが遅すぎたとして石綿被害について国の責任を認めた。

二陣は約三億三〇〇〇万円の賠償額が確定、一陣は賠償額算定のため、高裁に差し戻されたが、二陣の基準で算定される。

「最高裁　国を断罪」の幕を掲げる伊藤明子弁護士（右）と「勝訴」の幕を掲げる奥田慎吾弁護士。左端は支援者の森下光幸さん（2014 年 10 月 9 日）

柚岡さんも控えめに両手でガッツポーズを作った。「控えめ」なのは、提訴から八年以上がたち、すでに原告一四人が亡くなっているからだ。最高裁前には亡くなった一四人の顔写真がプリントされた横断幕も支援者の森下光幸さんらによって掲げられた。

また、最高裁判決は、国が局所排気装置を義務付けた一九七一年で労働者を分け、それ以降に就労した故佐藤健一さん、故赤松四郎さん、故西村東子さんの遺族原告七人への賠償も認めなかった。

「昭和四六年（一九七一年）以降は泉南の石綿の最盛期やったんよ……」

健一さんの妻美代子さんは泣きくずれた。泉南の石綿産業の実態を見ようとせず、国が局所排気装置を義務付けたことをもって労働者を救われる人と救われない人に分断してしまう理不尽。司法は人権を拡充する判例を作ることに及び腰だった。

小林邦子弁護士は、七二年以降の被害も認められるよう渾身の力を込めて立証したのに認められず、最高裁から記者会見を行う議員会館へ移動するタクシーの

柚岡一禎さん（2014年10月9日）

中で佐藤美代子さんと二人で泣いた。

美代子さんは、「よう頑張ってくれた、ありがとう」と小林弁護士の手を握り、労をねぎらってくれたという。

原告らは、最高裁判決の出た九日の夜から一〇日にかけて塩崎恭久厚生労働大臣（二〇一四年九月の内閣改造で田村憲久前大臣と交代）の謝罪と被害者全員の救済などを求めて厚労省と断続的に交渉を続けた。だが、厚労省の職員は「判決を精査して検討する」として即答せず、一五日に回答することになった。原告、弁護士、支援者は再度上京しなければならなくなった。

一〇日の交渉後、厚労省の小林洋司大臣官房総務課長は、「一陣は大阪高裁に差し戻され、形式としては訴訟は継続中。係争中の相手とは会わないのが不文律です」と話した。この期に及んでもまだ「形式」にこだわる官僚的な態度に原告、弁護士、支援者らは激怒した。

鎌田幸夫弁護士は、「厚労省から、最高裁の判決直後に勝訴が確定した二陣原告に賠償金を支払いたいとの連絡がありました。お金だけ払って謝罪はしないで済まそうということなのでしょう」と推測した。

その後も抗議と謝罪を要求し続け、やっと一〇月二七日になって塩崎厚労大臣は原告を東京・霞が関に呼んで謝罪した。

その席で、原告側は、大臣が泉南に来て直接謝罪することや裁判で救済されなかった原告の問題などの政治解決のために協議することを求めた。

ただ、大臣が謝罪した後の記者会見では、原告の反応は一変した。

「（塩崎大臣は）優しいお方だなあ。大臣の言葉を亡くなった主人に聞かせてあげたかった」

「優しい方だと思いました。涙がとまりませんでした」

大臣が直接謝罪をしたことに好感を持った感想が原告から相次いだ。

原告は、長年求めてきた大臣との面会と謝罪がやっと実現したことに興奮し、喜びをかみしめているようだった。

大臣の謝罪後、原告と大臣が懇談した。マスコミ退場後の主なやりとりは次の通りだ（弁護団がまとめたメモを読みやすくするために一部改変）。

2014 年 10 月 10 日、最高裁判決の翌日、厚労大臣の謝罪などを求めてビラをまく岡田陽子さん

原告・岡田陽子さん

私は母親と同じ時間アスベストにばく露しました。裁判所で認められた人だけへの謝罪でしょうか。家族ばく露についても考えていただけないでしょうか。本当に苦しかった。不安でした。こういう思いをするのは私が最後になるような取り組みをお願いしたいと思います。

原告・南和子さん

私の父は、石綿工場の窓から飛散する粉じんを吸いこんで石綿肺で亡くなりました。父は農業に精を出し、毎日田畑で農業していましたが、粉じんは大量に、真っ白に、米やたまねぎまで舞い散って、大量に吸い込むのです。そうしたことで石綿肺になりました。肺に突き刺さった石綿は取り出すことができない、一生刺さったまま。けれども裁判では近隣住民は認められませんでした。私は不服です。何の保証もないということはとても哀しいことです。一三年間も寝込んでしまった父を私が一生懸命、看病してきました。けれども、こんな判決で本当に辛い思いをしました。線引きなしで周辺住民も助けていただきたい、補償の対象にいれていただきたいと願っております。

原告・佐藤美代子さん

私の主人佐藤健一は昭和四九（一九七四）年から三二年間、石綿工場で働きました。でも判決で昭和四七（一九七二）年以降は線引きされました。線引きされた昭和四七年以降の被害者は三人とも裁判中に命を亡くしました。とてもくやしくて胸が張り裂ける思いです。大臣は，勝訴した原告には大変申し訳ない、心よりお詫びしたいとおっしゃいました。でも，私たち敗訴した原告にはお詫びの言葉はないのですか。人の命は軽い重いありますか。人の命はみんな平等だと思います。大臣、このDVDを見たことがありますか（石綿の病に苦しむ佐藤健一さんのDVDを差し出す）。見たことがあるのならば、今この場で感想を述べてください。もし、まだ見てないなら、後で結構ですから一度見て必ず弁護士の方へ感想を聞かせてください。このDVDを見たならば、昭和四七年で線引きできないはずです。苦しんで苦しんで亡くなって。私は今胸が張り裂けそうです。最後に、本当のお詫びの心があるならば、私たちの住む泉南へ来て一人一人の顔を見て、手を取り、話しかけてほしいと思います。

塩崎大臣

まず、岡田さんから石綿工場で（母親と）同じように石綿粉じんを浴びたという話がありました。お気持ちはわかります。今回、我々としてはまずは裁判所で不作為責任（を指摘されたので）一陣訴訟の和解解決を目指した裁判の中で話したい。

周辺の南さんの話がございました。お父様が大量の石綿を浴びた話。今回最高裁では認められなかったのですが、それについても，やはり話し合いは裁判所を通じてやるのが一番、結論も早くでるし、公正。裁判所の中で話し合いをしていこうと思います。

今回、工場に出入りしていた運送業者については（賠償が）認められた。（南寛三さんのような近隣ばく露についても）話し合いをしていきたいと思う。

佐藤さんのご主人のＤＶＤは見ていません。見させていただいて、弁護士に私の感想を述べさせていただきたいと思います。昭和四七年以降の線引きの問題は、どのような解決ができるのか裁判所で話し合いたい。一定の結論が出たので、後はいかにスピーディーにその結論のもとで話し合いをするかが大事。裁判所には、私から伝えている。

泉南の地に来い、一人一人に会った上で謝れということについては検討させていただだい。

「勝たせる会」事務局長の伊藤泰司さんは最高裁判決についてこう語った。

「人の命の重さは、人類の歴史が始まってからずっと重くなってきています。しかし、放っておいてもそうなるわけではありません。『人のいのちを第一にせよ』という人々の闘いの発展があり、選挙で為政者をして『このままでは自分たちの支配が危うい』と考えさせるようになれば、政策は変わっていきます。そして、裁判でまともな判決をかちとることは、そういう流れを確かなものにするクイになると思います。大阪の片田舎の八人から始まった裁判でしたが、国民の命の重さを認めさせる歴史の中で一つの重要な訴訟の勝利となったと言えると思っています」

「人の命を重くする流れを確かなものにするクイになるのが裁判」

裁判というものの本来の使命を的確に言い表した言葉だ。三浦判決のような逆流もあるが、長い目で見れば歴史の本流は人の命を重くする方向に向かっているのは確かだろう。

そういう流れを強めるために、縁の下の力持ちを買って出る支援者がいた。

伊藤事務局長によれば、原告、弁護団、そして支援者らは全国六五〇〇団体の賛同をもらい、合計四回九〇万の署名を集め、一〇〇回を超える大阪地裁・高裁前での宣伝行動を行い、全国会議員に六十数回の泉南国賠訴訟の状況を伝え、支援を訴える通信を配り、一〇回以上の国会議員会館での院内集会を開き、最高裁では一五回の宣伝行動と公正な判決を求める要請行動を行った。一陣高裁敗訴後の最高裁上告では一〇〇〇人以上の弁護士に代理人になってもらうよう働きかけた。

原告、弁護団、そして支援者らのこのような地道な運動の積み重ねによって日本の裁判の歴史にまた一本「命を重くするクイ」を打ち込み、日本人の命の重さを重くした。

一二月二六日、泉南石綿国賠訴訟の一陣は、大阪高裁で和解が成立した。

和解条項はおおむね以下のような内容だ。

① 厚生労働大臣は、大阪・泉南アスベスト国賠一陣訴訟、二陣訴訟の最高裁判決において、昭和三三（一九五八）年五月二六日から昭和四六（一九七一）年四月二八日まで、石綿工場における石綿粉じんばく露防止のために旧労働基準法に基づく規制権限を行使して局所排気装置の設置

を義務付けなかったことが国賠法の適用上違法と判断されたことを厳粛に受け止め、被害者、遺族ら関係者に深くお詫びする。

② 国は、原告らに対して既に最高裁判決で確定した二陣訴訟と同様の基準で賠償金を支払う。

③ 厚生労働省は、大阪・泉南アスベスト国賠一陣訴訟及び二陣訴訟の最高裁判決において国の責任が認められた者と同様の状況にあった石綿工場の元労働者らについても、同判決に照らして訴訟上の和解の途を探ることについて、周知徹底に努める。

④ 厚生労働省は、大阪府泉南地域における旧石綿工場の残存アスベストに関し、地方公共団体の対応の促進について関係省庁に伝達する。

この和解を受けて、翌二〇一五年一月一八日、塩崎厚労大臣は泉南を訪れ、改めて原告に面談し、謝罪した。

その前に大臣は原告共同代表の岡田陽子さん宅を訪ね、亡くなった母春美さんの遺影の前で頭を下げた。だが、陽子さんには心がこもっているようには感じられなかった。

ただ、面談の席では塩崎大臣に儀礼上「母も少しは慰められたかと思います」と言った。

しかし、救済されなかった岡田さんたちの問題について政治解決を求める原告側に対し、大臣は明確には答えなかった。

政治解決が認められなかったら、岡田さんは石綿健康被害救済法しか救済の道がなくなる。だが、仮に救済法の対象になったとしても、すでに書いたように（五八頁）同法は司法が国の責任を認めていない時点で作られたもので、労災に比べて給付水準が著しく低い。

マスコミが退出した後、岡田さんは大臣にこう質した。

「救済法で子供が養えますか、ゴハン、食べられますか」

「要望がないので救済法(で救済すること)でいいものと思っていました。要望があれば出してください」

と大臣は、答えた。

弁護団は、「要望はいろいろ出しています。また出しましょうか」と口添えした。

大臣はそれ以上答えられなかったという。

南和子さんも大臣の謝罪は「仕方なくしている」と感じた。

南さんは、大臣の「勝った人には謝罪します」という言葉が引っ掛かった。

そして、前年の一〇月二七日に東京で大臣と面談した際に大臣が、工場に出入りしていた運送業者についても賠償が認められたことを引き合いに出して、「(近隣ばく露についても)話し合いをしていきたいと思う」と答えたことについてその後どうなったのか質問した。

しかし、大臣は直接答えなかった。

南さんは納得できなかった。面談が終わり、大臣が廊下を歩いてくるのを南さんは先回りして会場の出口近くで待ち受けた。

そして、ＳＰに止められそうになったが大臣にかけ寄り、頼んだ。

「周辺住民の南です。周辺住民のこと、もう一度お願いします」

「南さんですね、分かりました」

と大臣は答えた。

南さんは、原告はもっと怒るべきだという。

だが、面談の席でも大臣に「ようこそ泉南へお越しくださいました」と歓迎してしまう。「恥ずかしい」「専門的なことはよう言わん」と引っ込み思案になってしまうのが歯がゆい。

「優しいと言えば優しいが、水俣病にしてもB型肝炎にしても被害者はもっと怒ってますよ」

岡田さんと南さんは最高裁では門前払いされていたにもかかわらず、最後まで運動の先頭に立った。それは、「『私たちはダメだったけど、みんな良かったね』とみんなで喜び合いたいからです」と南さんは話した。

八年に及ぶ裁判を岡田さんはこうふり返った。

「つらい闘いでした。私たちは認められなかったけど、石綿の被害者は労働者だけではないことは分かってほしい。私たちが口をつぐむと途切れちゃうので、これからも言い続けないといけないと思っています」

宮本憲一・大阪市立大学名誉教授はこういう。

「水俣病も同じですが、公害は、医者が見つけても社会問題にはならない。被害者が告発して初めて公害になる。これは長年公害を研究してきた私の結論の一つでもあります」

岡田さん、南さんが勇気をふるって最初に国賠訴訟の原告に名乗りをあげたからこそ、後に続く人々が出てきて、最高裁の勝利につながった。

そして、岡田さん、南さんらが告発を続けることが、泉南の石綿被害を「公害」にし、いつか石綿被害者すべてを救済することにつながるだろう。

二〇一五年七月三〇日、大阪地裁で第三陣として賠償を求めた石綿工場の元労働者と遺族ら一五人の和解が成立した。提訴からわずか四カ月のことである。ここに岡田さん南さんたちの八年に及ぶ苦闘の効果がハッキリ出ている。その後も少しずつ和解が進み、結局第三陣で和解したのは二〇一六年九月までの合計で被害者二五人（原告三八人）になった。

第三陣の和解に先立つ二〇一五年四月一九日、戦前の「イシワタ村」の一角に石綿の碑が建立された。石碑は関係者の総意で、「泉南石綿の碑」と命名された。そこには「慰霊」の文字はない。差別され、貧しく、仕事を選べなかった人々が石綿を業とすることで国策の犠牲にされ、身体をむしばまれながら亡くなっていったが、他方で石綿によって彼らが生き延びることができたという面もあるからだ。原告、弁護士、支援者らが集い、うららかな春の一日、故人をしのび、互いの労をねぎらいあった。石碑には、柚岡さんの歌が刻まれている。

新緑を　吸い込みいや増す悲しみぞ　息ほしき人のあるを知るゆえ

あとがき　〜「群像の勝利」〜

国は被害が出ることを知っていた。対策をとろうと思えばできた。でもやらなかった。

この「知ってた、できた、でもやらなかった」という大阪泉南石綿国家賠償請求訴訟のスローガンは、泉南の石綿被害だけでなく、さかのぼれば南米移民や満蒙開拓、アジア・太平洋戦争、戦後の高度経済成長期の水俣病などの公害から二〇一一年の福島原発事故にも通ずる近代日本の国家的「棄民政策」を分かりやすく言い換えた言葉でもあると言えるだろう。

近年も、風力発電やエコキュートによる低周波音による頭痛、耳鳴り、不眠などの被害、携帯基地局の電磁波による同様の被害など新しい「棄民政策」の被害者が全国各地で生まれている。

いつまでたっても同じことの繰り返しのように見え、絶望的な気分にもなる。

しかし、他方で、泉南石綿国賠訴訟の支援者で元病院職員の伊藤泰司さんが言う「人の命の重みを重くする」判決が勝ち取られ、判例という形で積み上げられているという確かな事実がある。そして、このような判例の積み重ねによって一歩一歩国策の誤りが正され、人の命は重くなっていく。その重要な一歩に、泉南石綿国賠訴訟の勝利も位置付けられるだろう。

では、なぜ泉南石綿国賠訴訟は勝てたのか。

その答えを探していて、「群像の勝利」という言葉が脳裏に浮かんだ。国（農林水産省）が長崎県で進めた諫早湾干拓事業によって漁獲量が激減した長崎、佐賀、福岡、熊本の有明海沿岸四県の漁民が、干拓のために有明海の一部である同湾を閉め切った潮受け堤防の排水門の開門を求めた裁判を二〇〇四年に起こした。諫早湾は、魚介類の産卵場であったことから「有明海の子宮」と呼ばれていた。

福岡高裁は二〇一〇年に五年間の排水門の開門を命じ、当時の民主党政権の菅直人首相が受け入れたために判決が確定、漁民は歓喜した。

その勝因として、漁民側弁護団の堀良一弁護士があげたのが「群像の勝利」という言葉だ。傑出した指導者がいたわけではない。だが、漁民、弁護士、支援者がそれぞれの役割を十二分に果たし、協働したことが勝利につながったという意味だ。ただ、大変残念なことに、その後諫早湾干拓は国が確定判決を守らないという「憲政史上初めて」（弁護団による）の信じがたい暴挙に出て開門を拒み続け、漁民の闘いは今も続いている。

しかし、漁民側の馬奈木昭雄（まなぎあきお）弁護団長はきっぱりと言った。

「わたしたちは絶対負けない。なぜなら勝つまで闘い続けるから」

「棄民政策」を頑として推し進める国家に対峙する人々の不屈の闘いが、原発問題でも沖縄の基地問題などでも続いている。

泉南の原告、弁護士、支援者らも勝つまで闘い続けた。その勝利にも、傑出したリーダーがいたわけではない。それぞれがそれぞれの役割を十二分に果たした協働が勝利につながった。

原告は、石綿の病を得るとはどういうことか、普通に息ができない苦しさとはどのようなものか、遺族は治療方法のない石綿の病で苦しむ被害者を看病し、「ミイラのよう」になって死んでいく哀しさを集会や陳述書、メディアの取材などで自らの言葉で懸命に語り、判決の本質を鋭い言葉で突いた。

被害者で原告の岡田陽子さんは、二〇一一年の大阪高裁判決（三浦潤裁判長）が、「産業発展のためには、生命・健康が犠牲になってもやむを得ない」というも同然の内容だったことを、「泉南の人は、死んでもいいんやて」と当時入院していた母親の春美さんに説明した。それを聞いて、

「確かにそうだ、要するにあの判決は泉南の人は死んでもいいということなんだ」

とわたしは三浦判決の本質を再認識した。

陽子さんの説明を受けて春美さんの返事も核心をついていると感じた。

「アホちゃうか」

事実上「泉南の人は死んでもいい」などと判決に書く神経は、まさしく「アホ」と言うしかない。

春美さんは、在日朝鮮人の夫と共に石綿工場で石綿のホコリにまみれて働き詰めに働き、「息ができひん」と訴えて亡くなっていった。

弁護士は、このような原告の姿に感応し、この原告を勝たせたいと資料を渉猟して証拠を蓄積し、膨大な訴状、準備書面、意見書などを作成したり、あえて心を鬼にして、いまわの際で苦しむ原告の姿をＤＶＤに収め、裁判所で上映した。その映像は、支援者、取材に来たメディアの記者の心を揺さぶった。

支援者は、そのような原告を親身に支え、裁判所への送迎、裁判所や厚労省前でのビラまき、署名活動、集会準備、カンパ要請、ニュースレターの発行などに奔走した。

ただ、原告同士の間にも確執があり、原告と弁護団、支援者の間にも第三章で紹介したような運動方針をめぐって、あるいは感情的なもつれからいくつも問題があったようだ。

しかし、運動にとって最悪の内部分裂にいたらなかった大きな要因は原告、弁護士、支援者が他の人の主張に耳を傾け、自らをふり返る姿勢を持っていたからではないかとわたしは取材していて感じた。

支援者である泉南市の不動産管理業・柚岡一禎さんは、運動のあり方に対して「空気を読む」ことなく、問題提起を続けた。それは時に誤解され、怒りを買った。しかし、運動の参加者の中では最年長に近いが、柚岡さんは批判を受け止めた。

一般的には、年下の者に批判されるとメンツを考えて自説を曲げない人が多いのではないだろうか。しかし、柚岡さんは「自分には代案がだせないから」と最後は弁護団に従った。そして、原告の裁判所への引率などの雑務から悩みごとの相談まで原告を陰で支えた。弁護団や支援者も「困ったおっちゃん」と言いながらも柚岡さんを受け入れる度量があった。

また、柚岡さんは誰もが持つ差別性に自覚的だとわたしは感じた。本書で柚岡さんを「主人公」にしたゆえんだ。

クボタショックの後、柚岡さんたち支援者と弁護士の主宰する医療と法律の個別相談会に藪内昌一さんという人が来た。藪内さんは、家庭が貧しく、小学校にすら満足に通えず、糸くずをほぐして再生糸にする反毛工場で働き、後年石綿工場で働いて石綿肺を患っていた。住所をみれば柚岡さん宅の近所で年齢も近いのに、柚岡さんに藪内さんの記憶は全くなかった。

「子どもは残酷やと言うけど、貧乏人のことは意識にのぼらんかったんやろうな」

と柚岡さんはふり返った。

柚岡さん自身は、石綿工場を経営し、村会議員もつとめて地元の名士だった祖父の孫として裕福に育ち、大学にも進学した。学生運動にも没頭し、部落解放運動にもかかわった。

だが、学生運動からは遠ざかり、その後は父の工場を継いでいつのまにか学生時代の理想を忘れ、それどころか労働者を搾取する側になっていた。

ここで柚岡さんは、真摯に自分の生き方をふり返る。

「薮内を知らんできた自分が許せない。ごっつうショックやった…」

以後、柚岡さんは被害者の発掘と支援にのめり込んでいく。このような差別性は、柚岡さんだけではなくわたしにもあるし、誰にでもあるだろう。

多くの人はその差別性を見て見ないふりをして、ごまかして生きているのではないだろうか。少なくともわたし自身はそうだと柚岡さんの話を聞きながら感じた。たとえば、近所のマンションの解体現場で防じんマスクすらつけずに働いている労働者を気にかける人は少ないのではないだろうか。

このことは、熱心な支援者の一人で、取材当時は大学生だった澤田慎一郎さんも問題にしていた。地元泉南には、一九五〇年代から「イシワタきちがい」とののしられながらも石綿工場に押しかけては石綿の危険性を説いていた梶本政治さんという医師がいた。だが、石綿産業が地場産業でもあった泉南では、梶本医師の警告は無視された。

「国が悪かったと国の責任にしているだけでは、わたし個人との関係が見えなくなってしまうのではないか。そして、また同じような問題が起こるのではないかと思うのです。本当の解決には、自分に何ができたのか、と個人と社会を結びつけた形で考えなければならないのではないでしょうか」

こう澤田さんは語った。「あなたにとっての石綿問題とは何ですか」と澤田さんに問いかけられているようにわたしは感じた。

もちろん、第一義的には危険な石綿を厳重な規制をせずに使用させ続けた国家の「棄民政策」が悪い。だから、裁判に訴えて「人の命の重みを重くする」運動が必要だ。

しかし、無関心という形で結果的に「棄民政策」を許してきたのは結局はわたしたち国民ではなかったか。その無関心の差別という自覚は、運動の中での自らのあり方を客観視することにもつながるだろう。柚岡さんは、そういう姿勢で原告や運動を支えていたように見えた。

ぎくしゃくしたこともあった原告、弁護団、支援者の三者の関係は、徐々に絆が強まり、最後は全員が仲のよい家族のようなって、素晴らしいハーモニーを奏で、そしてついに感動的な大団円を迎えた。その姿はとても美しく、輝いて見えた。

ただ、泉南石綿国賠訴訟は勝利したが、同じ石綿問題でも建設アスベスト訴訟は国と建設労働者の攻防が続いている。その他、石綿被害者が起こしたいくつもの訴訟も続いている。

たとえば水俣病は、原因物質である水銀の排出を止めれば被害の拡大を防ぐことができる。その意味で、「フロー（流出型）公害」と呼ばれる。しかし、石綿公害は石綿製品の製造を止めても建築物や廃棄物のストックとして石綿がある限り被害が拡大し続ける。宮本憲一・大阪市立大学名誉教授はこれを「ストック公害」と命名した。だから、今後も石綿の被害は続く。恐るべきことに、村山武彦・東京工業大学教授（社会工学）は今後四〇年間（二〇〇〇年から二〇三九年）に一〇万人の中皮腫患者が出ると予測している。宮本教授は「史上最大の社会的災害の可能性があります」と指摘している（『アスベスト問題』岩波ブックレット）。

だから、誠に残念ながら今後も石綿公害の被害者の裁判も続くことになるだろう。ただ、その際の基準となる判例は泉南石綿国賠訴訟になるのは間違いない。泉南の勝利には、そのような普遍性がある。

原告や遺族のみなさんには、話したくない辛い出来事や思い出したくない体験を語っていただいた。弁護士のみなさんには裁判や運動で苦心した点、特に一陣高裁の三浦判決の敗北からいかに立ち上がり、ひっくり返したかについて語っていただいた、支援者のみなさんにはどのような思いで原告を支えていたかを語っていただいた。それぞれの方々が、かけがえのない証言をしてくださったことに心からお礼を申し上げたい。

それから、弁護団には、訴状や陳述書、証拠のみならず、貴重な資料、写真などもご提供いただいた。弁護団の村松昭夫弁護士には、「柚岡対弁護団論争」（第三章）という形で、表には出しにくい運動内部の議論について率直に話していただいた。また、伊藤明子弁護士は、拙稿の法律面での間違いをチェックして下さっただけでなく、わたしのしつこい質問にも親切に答えていただいた。

最後に、柚岡さんとの出会いがなければ本書は成立しなかったことを申し添えたい。一見とっつきにくいが、人を引き付ける不思議な魅力を柚岡さんは持っている。

今年、柚岡さんにも石綿プラークがあることが判明した。泉南石綿被害の底知れなさを改めて感じた。本書の原稿がほぼ出来上がりつつあった頃、「まだ話していないことがある」と柚岡さんからメールがきた。それは、学生運動から「逃げた」という体験だった。その負い目を払拭したいという思いも泉南石綿国賠訴訟にのめりこんだ理由だとのことだった。

隠しておけば隠せるのに、正直に語ってくれた。自分の弱さを見つめる気高さをわたしは感じた。「結局、個人が強くならないと、この国は変わらない」というのが柚岡さんの持論だ。「強さ」とは、自分の弱さから目をそむけないことから出てくるのではないだろうか。

現代書館の吉田秀登さんには、この間なかなか完成しない原稿を粘り強く待っていただき、『国家と石綿』という本書のテーマを的確な題名としてご提案いただいた。

取材を始めてから出版まで、結局一〇年もかかってしまった。原告がどんどん亡くなっていくのに、遅々として進まない執筆に焦燥感が募った。せっかく貴重な証言を聞かせていただいたのに完成した作品をお届けできなかった方々には本当に申し訳ない気持ちだ。
せめて、原告のみなさんの苦しみと闘いのこの記録を墓前に捧げ、心からご冥福を祈りたい。

二〇一六年一〇月九日
泉南石綿国賠訴訟の最高裁での勝訴から二周年の日に

永尾　俊彦

注

第一章

(1)泉南地域とは、大阪府と和歌山県の府県境にある岸和田市、貝塚市、泉佐野市、泉南市、阪南市、熊取町、田尻町、岬町の五市三町を指す。

(2)中皮腫は、肺を包む胸膜や腹部を包む腹膜などの表面をおおう「中皮」に発生するがん。潜伏期間は二〇～五〇年と長いが、発症すると半年から二年程度で亡くなるケースが多い。

(3)石綿肺は、石綿粉じんを大量に吸い込むことで発症する「じん肺」の一種。肺が線維化し、呼吸困難を引き起こす。潜伏期間一五～二〇年とされる。

第二章

(1)労災認定は、労働者のケガや病気などが業務に起因するものかどうか労働基準監督署が認定する制度。認定されると療養補償などが給付される。

(2)胸膜プラークとは「胸膜肥厚斑」のことで、肺を入れている胸郭を覆う壁側胸膜にできる〝かさぶた〟のような石綿を吸入した跡。

第三章

(1)間質性肺炎とは、酸素を体内に取り込んだり、炭酸ガスを排出するガス交換の場を形成している肺の骨格的な肺間質に炎症がおこり、徐々に間質の線維成分が増えて（線維化）、組織の柔軟性が失われる病気。

(2)その後、石綿被害者の団体や世論に押され、政府は二〇一〇年七月に重症の石綿肺とびまん性胸膜肥厚を対象に追加した。

(3)疫学調査とは、地域や集団を調査し、病気の原因と考えられる要因と病気の発生の関連性を統計的に調査すること。奈良県立医科大の車谷典男教授らは、兵庫県尼崎市のクボタ旧神崎工場周辺に住んだり、働いていたりして中皮腫を発症した患者の多くが、風下にあたる工場の南側に分布していることを疫学調査によって明らかにし、クボタの石綿と周辺住民の健康被害との因果関係を裏付けた。

(4)クボタは、尼崎にあった旧神崎工場で石綿を使った水道管などを製造していたが、周辺住民らの石綿被害との因果関係は認めていない。だが、「石綿が影響していなかったとも言い切れない」という立場で、補償金ではなく、救済金という名目にしている。

(5)「じん肺法」について前出の水野医師は「その大部分は『健康診断』に関する事項であって、予防のための『環境管理』『作業管理』についての規制は極めて不十分な『ザル法』」と評している(大阪労災職業病対策連絡会『労働と健康』二〇一〇年一月一日発行、七頁)。

滑石肺は珪酸化合物が原因物質で砕石場やゴム工場など、蝋石肺はろう石が原因物質でろう石鉱山など、黒鉛肺は炭素が原因物質で電極工場など、アルミ肺はアルミニウムが原因物質で金箔工場など、珪肺は遊離炭酸が原因物質で鉱山やトンネル工事などで労働者に発症するじん肺。

(6)吉田時子さんは、泉南石綿国賠訴訟の第三陣の原告になり、二〇一五年に提訴、和解した。

(7)「判検交流」とは、裁判官(判事)と検察官(検事)が互いの職務を経験しあうために人事交流をすること。日弁連は、裁判官が法務省の訟務(しょうむ)検事と言われる国の代理人を務めた後に裁判所に戻って、国を相手取った損害賠償請求訴訟を担当するのは裁判の公正を損なうと批判している。国の味方をした者が、国が訴えられた裁判でアンパイアとして公正な判断ができるのかという批判だ。

(8)薬害イレッサ訴訟とは抗がん剤イレッサの副作用によって間質性肺炎を発症、死亡した患者の遺族が、販売元のアストラゼネカ社と承認した国を相手に損害賠償を請求した事件。二〇一一年九月までに公式発表だけで八三四人が副作用の間質性肺炎で死亡した、とされる（「薬害イレッサ弁護団ホームページ」）。二〇〇四年に遺族原告合計一五人が東京地裁と大阪地裁に提訴した。

二〇一一年三月、東京地裁は製薬会社の責任を認め、国の責任も一部認める判決を出したが、同年一一月、東京高裁は一転、国や製薬会社の責任を否定した。

他方、大阪地裁は同年二月、製薬会社の責任を認め、国の責任も一部認めたが、二〇一二年五月、大阪高裁は、一審判決を取り消し、製薬会社と国の賠償責任を認めず、原告敗訴の判決だった。二〇一三年四月、最高裁は両高裁判決を支持する判決を出した。

(9)米国で上位一パーセントの富裕層と残りの九九％の経済格差が拡大していることに抗議し、若者らが富裕層への課税強化などを訴えて世界的な金融機関が集中するニューヨークのウォール街で二〇一一年九月に始めた草の根デモ。特定の組織はなく、リーダーはいない。インターネットなどで結びついた参加者が、ウォール街近くの公園に野営しながら、経済格差の解消を求めた。運動は米国各地や他国にも広がった。

(10)「管理濃度」とは、労働環境の濃度のこと。局所排気装置などによる労働環境改善の必要があるか否かを判断する指標で、労働者への悪影響を最小限にすることを目標とした個人ばく露濃度とは異なる。弁護団は、「管理濃度は、作業者個人のばく露濃度ではなく、作業場の平均濃度を管理対象とするシステムである点で、作業者が必ずしも保護されないという問題点がある。よく知られているように、作業環境の濃度には大きなバラツキがあり、個人ばく露濃度と作業環境濃度の間には、数倍から数十倍のバラツキがある」「作業場の平均濃度が低くても、個人ばく露濃度が同等であるという保証はどこにもないので、欧米では個人ばく露濃度を対象とする規制が行われてきた」と主張している。
また「抑制濃度」とは、局所排気装置のフード外側の濃度で局排装置の性能検査のための指標。

(11)クロロキンは、もともとはマラリヤの薬だったが、慢性腎炎やてんかんなどにも使われた。一九五九年にクロロキン網膜症という視野が狭くなる副作用が報告され、日本のクロロキン網膜症患者は一〇〇〇人以上に及んだ。アメリカでの報告や警告があったのに、厚生省（当時）が情報公開や製薬会社に対する指導など適切な対応をとらなかった。しかし、最高裁は、一九九五年七月、「医薬品の安全性の確保及び副作用による被害の防止については、当該医薬品を製造、販売する者が第一次的な義務を負うものであり、また、当該医薬品を使用する医師の適切な配慮により副作用による被害の防止が図られることを考慮すると、当時の医学的、薬学的知見の下では、厚生大臣が採った前記各措置は、その目的及び手段において、一応の合理性を有するものと評価することができる」などとして原告の訴えを棄却した。

引用文献

第一章

（1）日本石綿協会『石綿（せきめん）』一九四七年四月一四日
（2）日本バルカー工業株式会社『日本バルカー工業五〇年史』一九七七年、四頁
（3）同書、同頁
（4）ニチアス株式会社『ニチアス株式会社百年史』一九九六年、五頁
（5）『樽井（たるい）町誌（ママ）』一九五五年、四〇六頁
（6）同書　四〇五頁
（7）柚岡一禎「泉南の石綿業史と潜在的被害についての一考察」『労働法律旬報』二〇〇六年二月一〇日号、二二頁。柚岡さんからの取材により表記と表現を一部改変。
（8）前掲『石綿』。泉南郡役所『泉南記要（ママ）』（一九一六年、八五頁）と信達町役場『信達紀要』（一九五三年、四一頁）では、誠貴が創業したのは明治四五（一九一二）年になっている。
（9）信達町役場『信達紀要』一九五三年、四一頁
（10）泉南市『泉南市史』一九八七年、六三三頁
（11）前掲『石綿』
（12）中皮腫・じん肺・アスベストセンター編『アスベスト禍はなぜ広がったのか』日本評論社二〇〇九年、三九頁
（13）前掲『泉南市史』六三三頁

(14) 前掲『ニチアス株式会社百年史』五頁
(15) 前掲『樽井町誌』四〇七頁
(16) 『泉南記要』一九二六年(大正一五)年版、五七頁
(17) 『泉南記要』一九一七(大正六)年版、八五頁
(18) 外村大『朝鮮人強制連行』岩波新書二〇一二年、三頁
(19) 横山篤夫『戦時下の社会~大阪の一隅から~』(岩田書院)二〇〇一年、二六七頁
(20) 大阪府朝鮮人強制連行真相調査団『泉南における朝鮮人強制連行と強制労働』一九九一年、四七頁
(21) 前掲『樽井町誌』四〇八頁
(22) 前掲『日本バルカー工業五〇年史』一八頁
(23) 前掲『ニチアス株式会社百年史』二七頁
(24) 朝日新聞二〇〇五年一〇月一四日
(25) 参議院大蔵委員会会議録一九五二年六月一三日
(26) パンフレット『大阪・泉南アスベスト国賠訴訟　原告最終弁論~より詳しく知っていただくために~原告の主張要旨と年表』[二〇一〇年一月発行]の「原告ら代理人最終弁論」四四頁
(27) 日本石綿協会『石綿』一九四八年七月一五日
(28) 南海道総合研究所『泉州の地場産業』一九八四年、八〇頁
(29) 細井和喜蔵『女工哀史』岩波文庫一九九九年、三九九頁
(30) ダイヤモンド社『朝日石綿工業抄史』一九六九年、四八頁
(31) 通商産業大臣官房『昭和三二年工業統計表　品目編』一九五九年
(32) 通商産業大臣官房『昭和四七年工業統計表　品目編』一九七四年
(33) 通商産業大臣官房『昭和五五年工業統計表　品目編』一九八二年

(34) 大阪府商工部『大阪の地場産業その2』一九八一年、五一八頁
(35) 前掲『大阪の地場産業その2』五一七頁
(36) 前掲『大阪の地場産業その2』五一八頁
(37) 同、同頁
(38) 大阪府立商工経済研究所『大阪地場産業の実態——その10　石綿製品製造業』一九六七年、一八頁
(39) 同、一五頁
(40) 同、二五頁
(41) 前掲柚岡一禎「泉南の石綿業史と潜在的被害についての一考察」『労働法律旬報』二〇〇六年二月一〇日号、二二一〜二二三頁
(42) 奥村宏『株主総会』岩波新書一九九八年、一五一頁
(43) フィナンシャルタイムズ一九九七年四月九日
(44) 柚岡一禎、大阪地裁に出した『意見書』二〇〇九年四月

第二章

(1) 厚生労働省ホームページ　http://www.mhlw.go.jp/bunya/roudoukijun/faq_asbest02.html
(2) 東京都環境局ホームページ　http://www.kankyo.metro.tokyo.jp/air/faq/asbestos/#Q3
(3) 政府広報　https://www.gov-online.go.jp/useful/article/201203/2.html
(4) 独立行政法人・環境再生保全機構ホームページ　https://www.erca.go.jp/asbestos/what/higai/syoken.html#kyoumaku
(5) 大阪じん肺アスベスト弁護団・泉南地域の石綿被害と市民の会『アスベスト惨禍を国に問う』(かもがわ出版)二〇〇九年、二九頁

(6) 宇城市（旧松橋町）における石綿問題に係る健康管理システムの概要（熊本県宇城市）

第三章

(1) 泉南市『泉南市史』一九八七年、九二一頁
(2) 大阪府民健康プラザ『大阪府泉佐野保健所尾崎支所六〇年の軌跡』二〇〇四年、二五頁
(3) 柚岡一禎『労働旬報』二〇〇六年二月一〇日、二四頁
(4) 永尾俊彦『世界』二〇〇六年八月号、二四四頁
(5) 金賛汀『朝鮮人女工のうた』岩波新書一九八二年、一二八頁
(6) 同、一三〇頁
(7) 林治、村松昭夫弁護士によるホンテス工業株式会社・森田道雄社長の聞き取り調査二〇〇六年四月一七日
(8) 前掲『労働旬報』、一三三頁
(9) 梶本政治が作成して石綿工場や行政機関などに送付していたプリント一九九三年一一月一六日
(10) 梶本政治プリント一九七七年七月一〇日
(11) 梶本政治プリント一九七八年一二月二二日
(12) 柚岡一禎、小林邦子弁護士らによる栄屋石綿紡織所代表、益岡治夫聞き取りメモ二〇〇六年七月二一日
(13) 梶本政治プリント一九七七年七月九日
(14) 梶本政治プリント一九七七年一二月三〇日
(15) 梶本政治プリント一一九九三年一一月九日
(16) 梶本政治プリント一九九三年一一月一六日
(17) 前掲益岡治夫聞き取りメモ
(18) 信達町役場『信達紀要』一九五三年、四三頁

(19) あおぞら財団付属西淀川公害と環境資料館エコミューズ　http://www.aozora.or.jp/ecomuse/la_pollution
(20) 助川浩ら『アスベスト工場に於ける石綿肺の発生状況に関する調査研究』一九四〇年、一頁
(21) 同、同頁
(22) 助川浩ら『労働科学研究』昭和一三（一九三八）年三月号所収『アスベスト工場従業員の衛生学的考察（第一報）』、一六頁
(23) 同、一三頁
(24) 同、一四頁
(25) 前掲助川浩ら『アスベスト工場に於ける石綿肺の発生状況に関する調査研究』、三頁
(26) 同、三二頁
(27) 同、同頁
(28) 同、同頁
(29) 水野洋『医学史的に見た保険院調査の意義と石綿健康障害の経緯』二〇〇八年、一三頁
(30) 水野洋『労働と健康』（第二一七号　二〇一〇年一月一日発行　大阪労災職業病対策連絡会）所載「アスベストによる〈健康被害〉問題の本質は何か」六〜七頁
(31) 前掲水野洋『医学史的に見た保険院調査の意義と石綿健康障害の経緯』八頁
(32) 前掲助川浩ら『アスベスト工場に於ける石綿肺の発生状況に関する調査研究』、九四頁
(33) 瀬良好澄『大阪の労働衛生史』（大阪の労働衛生研究会）一九八三年所載「二一　大阪の石綿肺」、八九頁
(34) 同、九〇頁
(35) 同、同頁
(36) 同、九一頁
(37) 同、同頁

(38) 同、九〇頁
(39) 同、九一頁
(40) 同、同頁
(41) 同、九三、四頁
(42) 同、九四頁
(43) 宮本憲一講演「アスベスト災害と日本の対策」二〇〇七年六月一六日、東京の墨田健康プラザ
(44) 厚生労働省、環境省など七省庁「政府の過去の対応の検証について(補足)」二〇〇六年九月二九日
(45) 大阪アスベスト弁護団　訴状二〇〇六年五月二六日　http://www.asbestos-osaka1.sakura.ne.jp/material/siryo-sozyo.html
(46) 岸和田労働基準監督署「石綿紡織業に対する特別監督指導計画について」一九八四年
(47) 大阪労働基準局「石綿に係るNHKの取材について」一九八六年
(48) 大阪労働基準局「石綿に関する本省指示」一九八六年
(49) 岸和田労働基準監督署「石綿紡織業従事労働者(死亡分)の分析　昭和三〇(一九五五)年~昭和六二(一九八七)年一一月」一九八八年頃
(50) 粟野仁雄(あわのまさお)『アスベスト禍』集英社新書二〇〇六年、一六〇頁
(51) 同、一六四頁~五頁
(52) 宮本憲一他編『アスベスト問題』岩波ブックレット二〇〇六年、五九~六〇頁
(53) 同、六〇頁
(54) 国会会議録　衆議院経済産業委員会二〇〇五年八月三日
(55) 朝日新聞二〇〇五年八月一日
(56) 前掲『アスベスト禍はなぜ広がったのか』四頁

(57) 永尾俊彦『日経エコロジー』二〇〇六年三月号、三五頁
(58) ニチアス株式会社『ニチアス株式会社百年史』一九九六年、一二三頁
(59) 井部正之『日経エコロジー』二〇〇九年一月号、七六〜七七頁
(60) 岸本卓巳　証人調書二〇〇八年一〇月一日、二三頁
(61) 岸本卓巳　証人調書二〇〇八年一一月一九日、二頁
(62) 同、四四〜四七頁
(63) 毎日新聞二〇〇八年一一月二〇日
(64)『泉南アスベスト国賠原告団ニュース』二〇〇九年四月一八日
(65) 泉州の祭りと民謡を記録する会『泉南地域の盆踊り』泉南歴史民俗資料社一九九二年、二〇頁
(66) 鎌田幸夫『北大阪通信』二〇一〇年六月二九日　http://www.kitaosaka-law.gr.jp/jouhou/tuusin/100629.htm
(67) 同
(68) 鎌田幸夫『北大阪通信』二〇一一年三月三〇日　http://www.kitaosaka-law.gr.jp/jouhou/tuusin/110330.htm
(69) 谷真介『北大阪通信』二〇一一年一〇月五日　http://www.kitaosaka-law.gr.jp/jouhou/tuusin/111005.htm
(70)『環境と公害』（岩波書店）二〇一二年七月「大阪・泉南アスベスト国賠判決をめぐって」緊急座談会
(71) 判例タイムズ社『判例タイムズ』二〇一二年一月一五日（一三五九号）
(72) 大阪じん肺アスベスト弁護団編『問われる正義』（かもがわ出版）二〇一一年、二頁
(73) 同、一五頁
(74) 同、五五頁
(75) 同、一六頁

(76) 八木倫夫『法と民主主義』日本民主法律家協会二〇一二年一〇月号「大阪泉南アスベスト国賠訴訟の判決の状況と今後の展望」
(77) 『原告通信』二〇一一年九月二日
(78) 大阪労働基準局長『石綿取扱い事業場の衛生管理に関する基礎調査実施結果について』一九六八年
(79) 大阪労働基準局監督官「監督復命書」一九八五年
(80) 岸和田労基署「石綿製品製造事業場の実態に係る調査的監督調査票」一九八九年
(81) 同
(82) 一陣高裁判決に対する最高裁への「上告受理申立理由書」二〇一二年一月　第二章第三じん肺としての石綿被害の重大性と国の認識
(83) 大阪泉南地域のアスベスト国家賠償訴訟を勝たせる会『泉南勝たせる会ニュース』二〇一一年一一月
(84) 鎌田幸夫『北大阪通信』二〇一二年四月二〇日　http://www.kitaosaka-law.gr.jp/jouhou/tuusin/120420.htm
(85) 『泉南勝たせる会ニュース』二〇一三年三月二七日
(86) 『泉南勝たせる会ニュース』二〇一二年七月三〇日
(87) 公害・地球環境問題懇談会『公害・地球懇ニュース』二〇一三年八月号
(88) 『泉南勝たせる会ニュース』二〇一二年一二月
(89) 伊藤明子弁護士陳述書二〇一二年一一月二七日
(90) 『泉南勝たせる会ニュース』二〇一三年四月一七日
(91) 『泉南勝たせる会ニュース』二〇一三年六月一八日
(92) 小林邦子弁護士意見陳述書二〇一三年八月二三日
(93) 『泉南勝たせる会ニュース』二〇一三年九月二〇日

大阪泉南石綿問題関連年表

年号	出来事
一八九六年	久保貢、栄屋誠貴共同出資の久栄商店の事業を引き継いで、大阪府西成郡下福島村に日本アスベスト株式会社設立
一九〇七年	栄屋誠貴が泉南郡北信達村に水車動力の栄屋石綿紡織所設立
一九一〇年	日韓併合（朝鮮半島の多くの農民が土地を失い、日本へ）
一九一一年	工場法制定（一二歳未満の就労禁止、一二時間労働制などが規定されたが、一九四七年の労働基準法の制定により廃止）
一九一九年	泉南郡新家村に三好石綿工業所（現三菱マテリアル建材）設立
一九二一年	柚岡寿一が泉南郡東信達村に柚岡石綿紡毛工場を設立
一九三〇年	英ミアウエザー・プライス報告（二〇年以上石綿を扱った労働者の六六％が石綿肺に罹患）
一九三八年	国家総動員法制定（労働衛生分野での法規制が緩和）
一九四〇年	保険院の助川浩医師らが『アスベスト工場に於ける石綿肺の発生状況に関する調査研究』をまとめる（泉南郡を中心に石綿工場一四、労働者六五〇人を調査、勤続二〇年以上では石綿肺罹患率一〇〇％）
一九四一年	アジア・太平洋戦争開戦（四九年まで石綿輸入途絶）
一九四五年	アジア・太平洋戦争敗戦
一九四六年	日本石綿協会設立
一九四七年	旧労働基準法、旧労働安全衛生規則制定

一九四九年	石綿原料の輸入再開
一九五三年	梶本政治医師が泉南で開業、石綿の危険性の警告を続ける
一九五七年	瀬良好澄医師らによる泉南地域の石綿被害実態調査（泉南地域を中心に三二工場八一四人を調査、一一％が石綿肺、勤続二〇以上は石綿肺罹患率一〇〇％）
一九六〇年	じん肺法（じん肺の予防と健康管理などによって労働者の健康保持に寄与するのが目的）制定 瀬良医師ら、泉南地域で本邦第一例の石綿肺合併肺がんの症例報告
一九七〇年	ニチアス、青石綿の使用を中止
一九七一年	特定化学物質等障害予防規則（旧特化則）制定。石綿は有害物質の一つに指定、石綿工場に局所排気装置の設置を義務付け ニチアス、国内工場での青石綿の使用中止。同社は、韓国の企業・第一化学と「第一アスベスト」という合弁企業を設立、韓国で青石綿製品の製造を続けた
一九七二年	労働安全衛生法施行、旧特化則を同法省令として再制定（新特化則）
一九七四年	石綿輸入量、年間三五万二一一〇トンで第一のピーク
一九七五年	吹き付け石綿の原則禁止（含有率五％以下であれば規制外）
一九八一年	泉南地域を所管する大阪府泉佐野保健所尾崎支所が一九七八年から八一年に住民二万七〇〇〇人の石綿ばく露調査を実施、一五九人に胸膜プラーク
一九八四年	岸和田労働基準監督署、大阪労働基準局に石綿肺の死者は一九五六年から八三年までの累計で七五人、要療養者は同期間の累計で一四二人に達しており、「驚くべき疾病発生状況を示している」と報告
一九八六年	ＩＬＯ、石綿条約採択（日本は二〇〇五年まで批准せず） 横須賀で、米空母ミッドウェーが石綿廃棄物を不法投棄

一九八七年	学校の校舎などの吹き付け石綿が社会問題になる（「学校パニック」） 廃業した石綿業者が現在の阪南市の男里川（おのさとがわ）の河原に石綿原料など約三〇〇トンを不法投棄
一九八八年	岸和田労基署、管内の石綿労働者の平均寿命が男約一四歳、女約一九歳も短いという「マル秘」報告書をまとめる 石綿輸入量、年間三二万三九三トンで第二のピーク WHO、青石綿と茶石綿の使用禁止を勧告
一九九〇年以降	欧州各国が続々と全石綿の原則使用禁止に踏み切る
一九九二年	旧社会党、「石綿製品の規制に関する法律案」を国会に提出したが、自民党の反対で審議入りすらせず、廃案
一九九五年	日本も青石綿、茶石綿の輸入・製造・使用禁止
二〇〇四年	日本もようやく全石綿の原則使用禁止
二〇〇五年　六月	クボタショック
七月	環境省、「アスベストの健康影響に関する検討会」設置。だが、座長に就任した桜井治彦・慶大名誉教授が日本石綿協会の顧問をつとめていたことが報道で発覚、桜井氏は辞意表明
八月三日	塩川哲也議員（共産党）の衆議院経済産業委員会での質問で、一九八九〜二〇〇二年の間に通産省（経済産業省）の出身者三人が日本石綿協会に専務理事として天下っており、財団法人・建材試験センターにも同省などの出身者が天下っていたことも判明
八月二三日	「大阪じん肺アスベスト弁護団」が大阪市内で緊急集会開催。それほど宣伝しなかったのに、八十数人が参加

	九月一日	同弁護団の電話相談　約八〇人の相談者を受け付けた。
	一〇月一四日	阪南市で「泉南地域の石綿被害を考える市民の会」と同弁護団で「泉南地域の石綿産業と隠れた被害」と題する集会開催
	一一月二七日	泉南市で医療と法律の個別相談会。石綿工場の元労働者五八人中三二人（五五・二％）に石綿肺（疑いも含む）
	一一月	栄屋石綿紡織所が廃業
二〇〇六年	三月	石綿健康被害救済法施行
	三月一一日	阪南市で緊急集会「アスベスト被害と国の責任を明らかにする」を開催
	五月一四日	国賠原告団結成集会
	五月二六日	大阪泉南石綿国賠訴訟一陣提訴
	九月	石綿の全面（製造、輸入、譲渡、使用）禁止
二〇〇七年	一月一〇日	旧三好石綿の労働者と近隣の農業者ら一九人が旧三好石綿（現三菱マテリアル建材）に補償を請求する請求人団を結成し、訴訟外での補償を求めることに
	二月二日	泉南地域で二回目の一斉健診法律相談会
二〇〇八年	九月	三菱マテリアル建材との間で、補償協定締結、和解
	一一月一六日	大阪泉南地域のアスベスト国賠訴訟を勝たせる会を結成
二〇〇九年	一月二四日	三〇万署名スタート集会開催
	九月二四日	二陣提訴
二〇一〇年	五月一九日	一陣、大阪地裁判決で勝訴
	六月	三菱マテリアル建材二次請求団三三人全員の補償協定も成立

二〇一一年　八月二五日	一陣、大阪高裁判決で逆転敗訴
二〇一二年　三月二八日	二陣、大阪地裁判決で勝訴
二〇一三年　一二月二五日	二陣、大阪高裁判決で勝訴
二〇一四年　一〇月九日	最高裁勝訴（二陣勝訴、一陣は賠償額算定のため高裁に差し戻しになったが、二陣の基準で算定）
二〇一五年　一月一八日	塩崎恭久厚労大臣が泉南を訪れ、原告らに謝罪
二〇一五年　七月三〇日	大阪地裁で第三陣の一五人と国との和解成立。二〇一六年九月までの合計で被害者二五人（原告三八人）が和解

永尾俊彦（ながおとしひこ）
一九五七年、東京都生まれ。
毎日新聞記者を経て、ルポライター。
主な著書
『貧困都政――日本一豊かな自治体の現実』（岩波書店）二〇一一年
『公共事業は変われるか』（岩波ブックレット）二〇〇七年
『ルポ　諫早の叫び』（岩波書店）二〇〇五年
『干潟の民主主義』（現代書館）二〇〇一年
等。

国家と石綿
――ルポ・アスベスト被害者「息ほしき人々」の闘い

二〇一六年十一月三十日　第一版第一刷発行
二〇一七年　二月　十日　第二版第一刷発行

著　者　永尾俊彦
発行者　菊地泰博
発行所　株式会社現代書館
東京都千代田区飯田橋三―二―五
郵便番号　102-0072
電　話　03（3221）1321
F A X　03（3262）5906
振　替　00120-3-83725
組　版　プロ・アート
印刷所　平河工業社（本文）
東光印刷所（カバー）
製本所　積信堂
装　幀　伊藤滋章

校正協力・沖山里枝子

ISBN978-4-7684-5789-4
定価はカバーに表示してあります。乱丁・落丁本はおとりかえいたします。
http://www.gendaishokan.co.jp/

活字で利用できない方のための
テキストデータ請求券
『国家と石綿』